中等职业教育国家规划教材

电子技术技能训练
（第3版）

张大彪　主编
韩敬东　杨俊华　副主编

电子工业出版社
Publishing House of Electronics Industry
北京·BEIJING

内 容 简 介

本书是根据教育部颁布的面向21世纪中等职业教育国家规划教材《电子技术技能训练》教学大纲编写的。

全书由3部分组成。第1、2、3章为基本电子技能训练部分。第4章为电路仿真部分。第5章为专业实训部分。第3版教材突出工程类中等职业教育特色，贯彻"案例教学"、"项目教学"、"任务驱动"等先进教学理念，内容和形式都有所创新。通过学习和训练，可使学生学会阅读电原理图和PCB图，熟悉常用电子元器件的选择、测试，掌握电路焊接和组装技能，学会使用电子仪器调试电路的方法并能处理安装调试过程中出现的问题。

本书内容深入浅出，适合中等职业学校电子工程类专业的学生和广大电子爱好者阅读。

为了方便教师教学，本书还配有电子教学参考资料包（包括教学指南、习题答案），详见前言。

未经许可，不得以任何方式复制或抄袭本书之部分或全部内容。
版权所有，侵权必究。

图书在版编目（CIP）数据

电子技术技能训练/张大彪主编．—3版．—北京：电子工业出版社，2009.2
中等职业教育国家规划教材
ISBN 978-7-121-07720-3

I．电… II．张… III．电子技术—专业学校—教材 IV．TN

中国版本图书馆CIP数据核字（2009）第002937号

策划编辑：杨宏利
责任编辑：刘文杰
印　　刷：河北虎彩印刷有限公司
装　　订：河北虎彩印刷有限公司
出版发行：电子工业出版社
　　　　　北京市海淀区万寿路173信箱　邮编　100036
开　　本：787×1 092　1/16　印张：16　字数：410千字
版　　次：2002年6月第1版
　　　　　2009年2月第3版
印　　次：2025年7月第16次印刷
定　　价：24.20元

凡所购买电子工业出版社图书有缺损问题，请向购买书店调换。若书店售缺，请与本社发行部联系，联系及邮购电话：（010）88254888，88258888。

质量投诉请发邮件至zlts@phei.com.cn，盗版侵权举报请发邮件至dbqq@phei.com.cn。

本书咨询联系方式：（010）88254592，bain@phei.com.cn。

前言

本书是根据教育部颁布的面向 21 世纪中等职业教育国家规划教材《电子技术技能训练》教学大纲编写的。电子技术技能训练是中等职业学校电子类专业的一门综合实践课，它以培养现代化产业需要的、高素质的中级电子专门人材为目的，既着眼于电子技术基本技能训练，又努力培养新技术、新器件的应用能力。

第 3 版教材突出工程类中等职业教育特色，贯彻"案例教学"、"项目教学"："任务驱动"等先进教学理念，内容和形式都有所创新。全书由 3 部分组成。第 1~3 章为基本电子技能训练部分，包括电子元器件使用、常用仪器仪表的使用、电子产品生产工艺、印制电路板的设计制作方法、电路焊接组装调试等基本电子技能。第 4 章为电路仿真部分，介绍了 Electronics Workbench 电路仿真软件的使用。第 5 章为专业实训部分，提供了 10 大类 30 余种实用电路的制作调试资料。教材重点放在电子制作能力培养上，其主要特点是通过对实际电路的制作调试，获得电子工程实践能力。

本书适用于电子工程、控制、检测及相关专业。整体方案按 70 学时设计，实际教学过程中可根据专业特点做适当调整。

本书由河北师范大学职业技术学院张大彪担任主编，并编写第 2 章、第 5 章，山东信息职业技术学院韩敬东担任副主编，并编写第 1 章、第 3 章，河北师范大学职业技术学院杨俊华担任副主编，并编写第 4 章。

由于水平有限，书中尚有许多不足之处，恳切希望广大读者批评指正。

为了方便教师教学，本书还配有教学指南、习题答案（电子版），请有此需要的教师登录华信教育资源网（www.huaxin.edu.cn 或 www.hxedu.com.cn）免费注册后进行下载，如有问题请在网站留言或与电子工业出版社联系（E-mail：hxedu@phei.com.cn）。

编　者
2008 年 9 月

目 录

第 1 章 电子元器件 1
  1.1 电阻器 1
    1.1.1 电阻器的分类及特点 1
    1.1.2 电阻器的主要技术指标及标注方法 3
    1.1.3 电阻器的选用与简单测试 5
  1.2 电容器 5
    1.2.1 电容器的技术参数 5
    1.2.2 电容器的命名与标注方法 6
    1.2.3 几种常见的电容器 7
    1.2.4 电容器的合理选用 9
    1.2.5 电容器的简单测试 9
  1.3 电感器 10
    1.3.1 几种常用电感器 10
    1.3.2 电感器的基本参数 12
    1.3.3 电感器的简单测试 12
  1.4 接插件及开关 12
    1.4.1 接插件的分类和几种常用接插件 12
    1.4.2 开关 13
    1.4.3 其他接触元件 14
  1.5 半导体分立器件 19
    1.5.1 常用半导体分立器件及其分类 20
    1.5.2 半导体器件的型号命名 22
    1.5.3 半导体分立器件的封装及引脚 23
    1.5.4 选用半导体分立器件的注意事项 26
  1.6 集成电路 28
    1.6.1 集成电路的基本类别 28
    1.6.2 集成电路的型号与命名 29
    1.6.3 集成电路的封装形式 30
    1.6.4 集成电路的选用和使用注意事项 31
  1.7 光电器件 31
    1.7.1 光敏电阻 31
    1.7.2 发光二极管 32
    1.7.3 光电二极管 32
    1.7.4 光电三极管 33
    1.7.5 光电耦合器 33

第2章 常用仪器仪表 ... 35
2.1 万用表 ... 35
2.1.1 模拟式万用表 ... 35
2.1.2 数字式万用表 ... 37
2.2 信号发生器 ... 38
2.2.1 函数信号发生器 ... 38
2.2.2 高频信号发生器 ... 40
2.3 模拟式电子电压表 ... 42
2.3.1 SH2172型交流毫伏表 ... 42
2.3.2 DA22B超高频毫伏表 ... 44
2.4 示波器 ... 45
2.4.1 SS-5702型双踪示波器旋钮和开关的作用 ... 46
2.4.2 SS-5702型示波器的基本操作方法 ... 48
2.4.3 SS-5702型示波器的测量方法 ... 49
2.5 晶体管特性图示仪 ... 51
2.5.1 XJ4810型晶体管特性图示仪 ... 51
2.5.2 晶体管测试举例 ... 55
2.6 数字频率计 ... 58
2.6.1 面板介绍 ... 58
2.6.2 技术参数及使用说明 ... 59

第3章 电子产品设计组装与调试 ... 62
3.1 电子产品设计与生产的一般步骤 ... 62
3.1.1 电子产品的生产过程 ... 62
3.1.2 电路设计的一般方法和步骤 ... 63
3.2 整机工艺设计 ... 65
3.2.1 结构设计 ... 65
3.2.2 保护设计 ... 66
3.2.3 外观及装潢设计 ... 67
3.2.4 整机装配工艺 ... 68
3.2.5 印制电路板组装工艺 ... 68
3.3 印制电路板的设计 ... 68
3.4 焊接技术 ... 78
3.4.1 焊接工具 ... 78
3.4.2 焊接材料 ... 82
3.4.3 手工焊接工艺与质量标准 ... 82
3.5 电路调试技术 ... 89
3.5.1 检查电路接线 ... 89
3.5.2 调试用的仪器 ... 90
3.5.3 调试方法 ... 90
3.5.4 调试步骤 ... 91

3.6 电路故障分析及排除方法 ··· 92
 3.6.1 常用检查方法 ·· 92
 3.6.2 故障分析与排除 ··· 93
 3.6.3 故障举例 ··· 95

第4章 EDA 技术在电子线路设计中的应用 ·· 96

4.1 概述 ··· 96
 4.1.1 电子工作台（EWB）简介 ·· 96
 4.1.2 电子工作台（EWB）的主窗口界面 ··· 97
4.2 电路设计与编辑的基本操作方法 ·· 104
 4.2.1 基本操作 ··· 105
 4.2.2 导线的操作 ··· 107
 4.2.3 子电路的创建与使用 ·· 108
4.3 虚拟仪表 ·· 109
 4.3.1 电压表和电流表 ··· 109
 4.3.2 数字万用表 ··· 109
 4.3.3 函数信号发生器 ··· 110
 4.3.4 示波器 ·· 110
 4.3.5 波特图仪 ··· 112
 4.3.6 字信号发生器 ·· 113
 4.3.7 逻辑分析仪 ··· 114
 4.3.8 逻辑转换仪 ··· 117
4.4 EWB 分析方法 ··· 118
 4.4.1 直流工作点分析（DC Operating Point Analysis）································· 120
 4.4.2 交流频率分析（AC Frequency Analysis）··· 122
 4.4.3 瞬态分析（Transient Analysis）··· 123
 4.4.4 傅里叶分析（Flourier Analysis）·· 124
 4.4.5 噪声分析（Noise Analysis）·· 126
 4.4.6 失真分析（Distortion analysis）··· 127
 4.4.7 参数扫描分析（Parameter Sweep Analysis）··· 128
 4.4.8 温度扫描分析（Temperature Sweep Analysis）····································· 130
 4.4.9 极-零点分析（Pole-Zero Analysis）·· 132
 4.4.10 传输函数分析（Transfer Function Analysis）······································ 134
 4.4.11 直流和交流灵敏度分析（DC And AC Sensitivity Analysis）··············· 135
 4.4.12 最坏情况分析（Worst Case Analysis）··· 136
 4.4.13 蒙特卡罗分析（Monte Carlo Analysis）··· 138
4.5 基本电路的分析与设计 ··· 139
 4.5.1 单级共发射极放大电路的设计与分析 ··· 140
 4.5.2 两级放大电路 ·· 145
 4.5.3 负反馈放大电路 ··· 150
 4.5.4 译码器 ·· 156

4.5.5 RS 触发器 159

第5章 电子技术实践训练 166

5.1 电源电路 166
5.1.1 整流滤波电路 166
5.1.2 稳压电源电路 167
5.1.3 电池充电电路 170

5.2 音频电路 172
5.2.1 音频功率放大电路 172
5.2.2 语音录放电路 174

5.3 高频电路 176
5.3.1 无线话筒 176
5.3.2 接收机电路 179
5.3.3 发射机电路 180

5.4 数字万用表 182
5.4.1 数字万用表电路组成 182
5.4.2 DT—890 型 3½位数字万用表的组成 184
5.4.3 DT—890 型 3½位数字万用表电路原理 186
5.4.4 DT—890 型 3½位数字万用表的安装与调试 192

5.5 信号产生电路 197
5.5.1 低频函数信号发生器 197
5.5.2 高频函数信号发生器 200

5.6 遥控电路 205
5.6.1 红外遥控电路 205
5.6.2 无线遥控电路 208

5.7 数字频率计的制作 211
5.7.1 数字频率计的性能指标 211
5.7.2 数字频率计的工作原理 211
5.7.3 数字频率计的制作与调试 213

5.8 超外差式晶体管收音机 214
5.8.1 超外差式晶体管收音机电路工作原理 214
5.8.2 超外差式收音机的组装与调试 217

5.9 开关控制电路 218
5.9.1 电子调光灯电路的制作 218
5.9.2 声光控照明电路的制作 220
5.9.3 用专用模块组成的路灯控制电路 223
5.9.4 用光敏电阻制作夜间标志灯控制电路 225
5.9.5 红外线自动控制水龙头的制作 226

5.10 自动控制和检测电路 228
5.10.1 交通信号灯控制电路的制作 228
5.10.2 电话自动报警器的制作 230

附录A 试题 ··· 237
　　无线电装接工（中级）试题—Ⅰ ··· 237
　　无线电装接工（中级）试题—Ⅰ（知识试题）标准答案 ································ 240
　　无线电装接工（中级）试题—Ⅱ ··· 242
　　评分标准与记分表 ··· 243

第1章 电子元器件

内容提要：

任何一个实际的电子电路，都是由若干电子元器件组合而成的。各种电子电路由于用途不同，结构和所用材料也有所不同，有的电路使用的元件多一些，有的电路用的元件少一些，有的用的分立元件多一些，而有的电路用的集成电路多一些。但总的来讲基本电子元器件是构成电子电路的基础。了解常用元件和器件的电性能、型号规格、组成分类及识别方法，用简单测试的方法判断这些元器件的好坏，是选择、使用电子元器件的基础，是组装、调试电子电路必须具备的技术技能。本章分别介绍了电阻器、电容器、电感器、开关与接插件、继电器、晶体管、晶闸管、光电器件、集成电路等电子元器件的基本知识。

1.1 电阻器

电阻器是电子设备中用得最多的基本元件之一，在电路中起限流、分流、降压、分压、负载、匹配等作用。

1.1.1 电阻器的分类及特点

电阻器按其结构可分为三类，即固定电阻器、可变电阻器（电位器）和敏感电阻器。按组成材料的不同，又可分为碳膜电阻器、金属膜电阻器、线绕电阻器、热敏电阻器、光敏电阻器、压敏电阻器等。常用电阻器的外形图如图1.1所示。

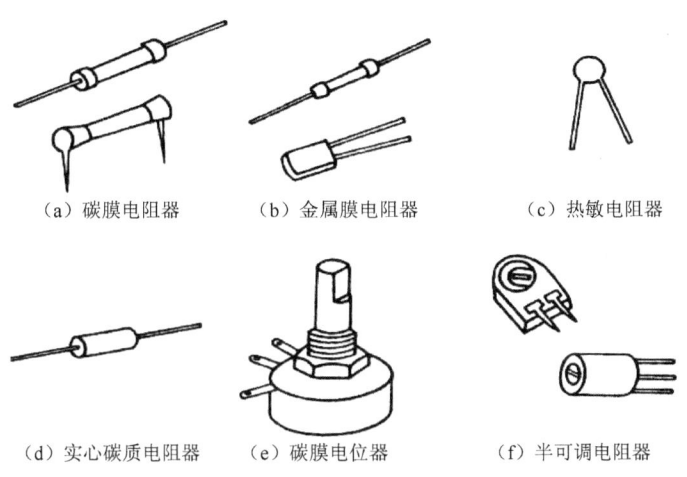

(a) 碳膜电阻器　　(b) 金属膜电阻器　　(c) 热敏电阻器

(d) 实心碳质电阻器　　(e) 碳膜电位器　　(f) 半可调电阻器

图1.1　常见电阻器外形图

1. 固定电阻器

固定电阻器可根据所使用的材料不同分为碳膜电阻器、金属膜电阻器和线绕电阻器等不同类型。

(1) 碳膜电阻器 (RT)

它是将碳氢化合物在高温真空条件下分解，使其在磁管或磁棒上形成一层结晶碳膜，然后在两端装上帽盖，焊上引线，并在表面涂上保护漆，最后印上技术参数。碳膜电阻的阻值用刻槽的方法来确定，其阻值范围大，稳定性高，噪声小，电压的改变对阻值影响小，且制作成本低，价格便宜。其缺点是精度较低，额定功率一般较低，常用于精度要求不高的收音机、录音机等家用电器中。

(2) 金属膜电阻器 (RJ)

金属膜电阻器的外形和碳膜电阻器的外形相似，只是在制作过程中是采用真空蒸发或烧渗法在陶瓷体上生成一层金属膜，如镍铬合金或金铂合金膜等。其体积更小，阻值范围更大，稳定性更高，噪声更低，精度更高，主要用于精密仪器和高档家用电器中。

(3) 线绕电阻 (RX)

线绕电阻是用电阻系数较大的锰铜或镍铬合金电阻丝绕制在陶瓷管上制作而成。在它的外层涂有耐热的绝缘层，其两端有引线或安装金属脚，可分为固定式和可调式两种。线绕电阻的特点是耐高温、功率大、精度高、噪声小，常用于需要大功率、高精度的电阻箱、测量仪器等电器设备和小型电信仪器仪表中，但由于其寄生电感大，所以不能用在高频电子线路中。

(4) 热敏电阻

热敏电阻器是用热敏半导体材料经一定烧结工艺制作而成。这种电阻受热时其阻值会随着温度的变化而变化。热敏电阻器有正负电阻型之分。正温度系数的电阻器，其阻值随温度的升高而增加，而负温度系数的电阻其阻值会随温度的升高而下降。根据这一特性，热敏电阻常作为控制电路和测温、控温、补偿、保护电路中的感温元件。

(5) 压敏电阻器

压敏电阻器是利用氧化锌为主要原料制成的半导体陶瓷元件，是对电压非常敏感的非线性电阻器。在一定电压范围内，当外界电压升高时，其阻值会随电压的升高而降低，因此，压敏电阻能使电路中的电压保持稳定，在电子线路中可用于开关电路、过压保护等电路中。

2. 可变电阻器

可变电阻器是指其阻值在一定范围内可以任意调节的电阻器，通常分为半可调电阻器和电位器两类。

(1) 电位器

电位器是通过旋转轴来调节阻值的可变电阻器，通常由外壳、旋转轴、电阻片和三个引出端子组成。当转动旋转轴时，电位器的接触簧片紧贴着电阻片转动，使两个引出端的阻值随着轴的转动而变化。由于其阻值可调，常用于分压器和变阻器，如收录机的音量调节与电视机的音量、亮度调节等都用电位器来控制。

（2）半可调电阻器

半可调电阻器是指其阻值虽然可以调节，但在使用时经常固定在某一固定阻值上的电阻器。这种电阻器一旦装配，其阻值就固定在某一阻值上，如在收音机中用于电源滤波和调整偏流，在电视机中用于色度调整等。

1.1.2 电阻器的主要技术指标及标注方法

电阻器的技术指标很多，通常考虑的有标称阻值、额定功率和允许偏差等，对有特殊要求的，还要考虑它的温度系数、稳定性、噪声系数和高频特性。

1. 标称阻值和允许误差

电阻器的标称阻值是指电阻器上标出的名义阻值。而实际阻值与标称阻值之间允许的最大偏差范围叫做阻值允许偏差，一般用标称阻值与实际阻值之差除以标称阻值所得的百分数表示，又称阻值误差。普通电阻器阻值误差分三个等级：允许误差小于±5%的称Ⅰ级，允许误差小于±10%的称Ⅱ级，允许误差小于±20%的称Ⅲ级。表示电阻器的阻值和误差的方法有两种：一是直标法，二是色标法。直标法是将电阻的阻值直接用数字标注在电阻上，如体积较大的金属膜电阻。色标法是用不同颜色的色环来表示电阻器的阻值和误差，其规定如表 1.1（a）和（b）所示。

表 1.1（a） 普通型电阻器色标法

颜　色	第一色环 第一位数	第二色环 第二位数	第三色环 倍乘数	第四色环 误差
黑	0	0	10^0	
棕	1	1	10^1	
红	2	2	10^2	
橙	3	3	10^3	
黄	4	4	10^4	
绿	5	5	10^5	
蓝	6	6	10^6	
紫	7	7	10^7	
灰	8	8	10^8	
白	9	9	10^9	
金			10^{-1}	±5%
银			10^{-2}	±10%
无色				±20%

表 1.1（b） 精密型电阻器色标法

颜　色	第一色环 第一位数	第二色环 第二位数	第三色环 第三位数	第四色环 倍乘数	第五色环 误差
黑	0	0	0	10^0	
棕	1	1	1	10^1	±1%
红	2	2	2	10^2	±2%
橙	3	3	3	10^3	

续表

颜 色	第一色环 第一位数	第二色环 第二位数	第三色环 第三位数	第四色环 倍乘数	第五色环 误差
黄	4	4	4	10^4	
绿	5	5	5	10^5	±0.5%
蓝	6	6	6	10^6	±0.25%
紫	7	7	7	10^7	±0.1%
灰	8	8	8	10^8	
白	9	9	9	10^9	
金				10^{-1}	
银				10^{-2}	

图 1.2 表示出了色标法的具体标注方法。

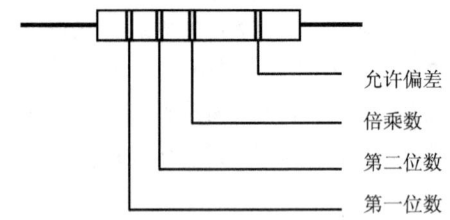

图 1.2　电阻器的阻值和误差的色标法

如表 1.1 所示，用色标法表示电阻时，根据阻值的精密情况又分为两种：一是普通型电阻，电阻体上有四条色环，前两条表示数字，第三条表示倍乘，第四条表示误差。例如有一只色环电阻，其第一色环为红，第二色环为黑，第三色环为黄，第四色环为金，则电阻阻值为 $20×10^4Ω=200kΩ$，允许误差为 ±5%。二是精密型电阻，电阻体上有五条色环，前三条表示数字，第四条表示倍乘，第五条表示误差。例如有一五环电阻，其色环颜色分别为：黄、紫、黑、红、棕，则其阻值为 $270×10^2Ω=27kΩ$，允许误差为 ±1%。通用电阻器的标称阻值系列如表 1.2 所示，任何电阻器的标称阻值都应为表 1.2 所列数值乘以 $10^nΩ$，其中 n 为整数。

表 1.2　标称阻值

允许误差	系列代号	标称阻值系列
±5%	E24	1.0　1.1　1.2　1.3　1.5　1.6　1.8　2.0　2.2　2.4　2.7　3.0 3.3　3.6　3.9　4.3　4.7　5.1　5.6　6.2　6.8　7.5　8.2　9.1
±10%	E12	1.0　1.2　1.5　1.8　2.2　2.7　3.3　3.9　4.9　5.6　6.8　8.2
±20%	E6	1.0　1.5　2.2　3.3　4.7　6.8

2．电阻器的额定功率

电阻器的额定功率指电阻器在直流或交流电路中，长期连续工作所允许消耗的最大功率。常用的额定功率有 1/8W、1/4W、1/2W、1W、2W、5W、10W、25W 等。电阻器的额定功率有两种表示方法，一是 2W 以上的电阻，直接用阿拉伯数字标注在电阻体上，二是 2W 以下的碳膜或金属膜电阻，可以根据其几何尺寸判断其额定功率的大小，如表 1.3 所示。

表 1.3　碳膜电阻器和金属膜电阻器的尺寸与额定功率

尺寸 功率	碳膜电阻器		金属膜电阻器	
	L（长度：mm）	D（直径：mm）	L（长度：mm）	D（直径：mm）
0.125W	12	2.5	7	2.2
0.25W	15	4.5	8	2.6
0.5W	25	4.5	10.8	4.2
2W	28	6	13	6.6
1W	46	8	18.5	8.6

1.1.3　电阻器的选用与简单测试

1．电阻器的选用

电阻器种类繁多，性能各不相同，应用范围也有很大区别，要根据电阻的不同用途和不同要求选择不同种类的电阻器。在耐热性、稳定性、可靠性要求较高的电路中，应该选用金属膜电阻；在要求功率大、耐热性好、工作频率不高的电路中，可选用线绕电阻；对于无特殊要求的一般电路，可使用碳膜电阻，以降低成本；而在需要调节、改变阻值的电路中，需要选用电位器或半可调电阻。电阻器需要更换时，应首先明确原先所使用电阻器的阻值、额定功率、耐压等参数，然后进行代换。代换的原则是阻值一定要相等，功率一定要等于或大于原先电阻器的功率。

2．电阻器的测试

电阻器的好坏可以用仪表测试，电阻器阻值的大小也可以用有关仪器、仪表测出，测试电阻值通常有两种方法，一是直接测试法，另一种是间接测试法。

1）直接测试法也称做静态测试法，就是直接用欧姆表、电桥等仪器仪表测出电阻器阻值的方法。通常测试小于 1Ω 的小电阻时可用单臂电桥，测试 1Ω~1MΩ 电阻时可用电桥或欧姆表（或万用表），而测试 1MΩ 以上大电阻时应使用兆欧表。用万用表测试电阻时，每换一次挡位，应重新调零，以保证测试结果准确。

2）间接测试法也称为动态测试法，就是通过测试电阻器两端的电压及流过电阻中的电流，再利用欧姆定律计算电阻器的阻值，此方法常用于带电电路中电阻器阻值的测试。

1.2　电容器

两块导体中间隔以介质便构成电容器。电容器是一种储能元件，在电路中用于耦合、滤波、旁路、调谐和能量转换，也是电子线路中常用的电子元器件之一。

1.2.1　电容器的技术参数

1．标称容量及允许误差

和电阻器一样，电容器的外壳表面上标出的电容量值，称为电容器的标称容量，标称容量与实际容量之间的偏差与标称容量之比的百分数称为电容器的允许误差。常用电容器的允许误差有±2%、±5%、±10%、±20%等几种。

2．工作电压

工作电压也称耐压或额定工作电压，表示电容器在使用时允许加在其两端的最大电压值。使用时，外加电压最大值一定要小于电容器的耐压，通常取额定工作电压的 2/3 以下。

3．绝缘电阻

电容器的绝缘电阻，表示了电容器的漏电性能，在数值上等于加在电容器两端的电压除以漏电流。绝缘电阻越大，漏电流越小，电容器质量越好。品质优良的电容器具有较高的绝缘电阻，一般都在兆欧数量级以上。电解电容器的绝缘电阻一般较低，漏电流较大。

1.2.2 电容器的命名与标注方法

1．电容器的命名方法

电容器型号组成部分的符号意义如表 1.4 所示。

表 1.4 电容器型号组成部分的符号意义

第一部分：主称		第二部分：材料		第三部分：特征分类						第四部分：序号
符号	意义	符号	意义	符号	意义					
					瓷介	云母	玻璃	电解	其他	
C	电容器	C	瓷介	1	圆片	非密封	——	泊式	非密封	
		Y	云母	2	管形	非密封	——	泊式	非密封	
		I	玻璃釉	3	叠片	密封	——	烧结粉、固体	密封	
		O	玻璃膜	4	独石	密封	——	烧结粉、固体	密封	
		Z	纸介	5	穿心	——	——	——	穿心	
		B	聚苯乙烯	6	支柱	——	——	——	——	
		L	涤纶	7	——	——	——	无极性	——	
		S	聚碳酸酯	8	高压	高压	——	——	高压	
		H	复合介质	9	——	——	——	特殊	特殊	
		D	铝							
		A	钽铌合金							
		G	其他材料							

2．电容器的标注方法

电容器的单位是法拉（F），这个单位太大，常用微法（μF）、纳法（nF）和皮法（pF）作单位，$1F=10^6 \mu F=10^9 nF=10^{12} pF$。电容器的容量、误差和耐压都标注在电容器的外壳上，其标注方法有直标法、文字符号法、数字法和色标法。

（1）直标法

直标法是将容量、偏差、耐压等参数直接标注在电容体上，常用于电解电容器参数的标注。

（2）文字符号法

使用文字符号法时，容量的整数部分写在容量单位符号的前面，容量的小数部分写在容量单位符号的后面，例如 0.68pF 写做 p68，6800pF 写做 6n8，4700μF 写做 4m7。

（3）数字法

在一些磁片电容器上，常用三位数表示表称电容量，此方法以 pF 为单位。三位数字中，前两位表示标称值的有效数字，第三位表示有效数字后面零的个数。例如电容器标出为 103，则其容量为 $10\times 10^3 = 10000\text{pF} = 0.01\mu\text{F}$，若最后一位为 9，则表示有效数字乘以 0.1，例如 229 表示 2.2pF。

（4）色标法

电容器色标法原则上与电阻器色标法相同。标志的颜色符号级与电阻器采用的相同，其单位为 pF。电解电容器的耐压有时也采用颜色表示：6.3V 用棕色，10V 用红色，16V 用灰色，色点标志在正极。

电容器的误差标注方法有三种，一是将允许偏差直接标注在电容体上，例如±5%、±10%、±20%等。相应的也可以用罗马数字表示，定为Ⅰ级、Ⅱ级、Ⅲ级。有的误差用字母表示：G 表示±2%，J 表示±5%，K 表示±20%，N 表示±30%，P 表示+100%、-10%，S 表示+50%、-20%，Z 表示+80%、-20%。

1.2.3 几种常见的电容器

电容器的种类很多，按其容量是否可调可分为固定电容器、半可调电容器和可调电容器。按所用介质分，有金属化纸介电容器、云母电容器、独石电容器、薄膜介质电容器、陶瓷电容器、铝电解电容器、钽电解电容器、空气电容器和真空电容器等。其中独石电容器、云母电容器具有较高的耐压，电解电容器具有较大的容量。而电解电容器具有极性，使用时不可接反，否则将引起电容器的电容量减小、耐压降低、绝缘电阻降低，影响其正常使用。常用电容器的外形图如图 1.3 所示。

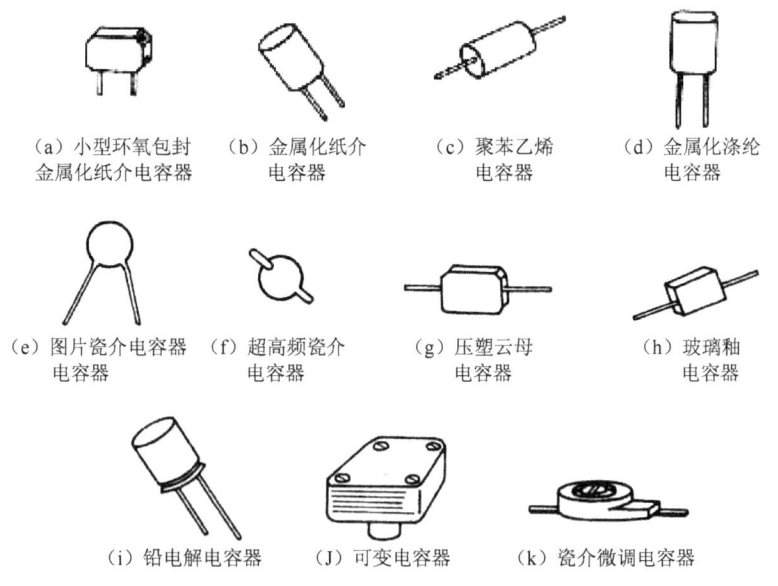

（a）小型环氧包封　　（b）金属化纸介　　（c）聚苯乙烯　　（d）金属化涤纶
　金属化纸介电容器　　　电容器　　　　　电容器　　　　　电容器

（e）图片瓷介电容器　（f）超高频瓷介　　（g）压塑云母　　（h）玻璃釉
　　　　　　　　　　　　电容器　　　　　电容器　　　　　电容器

（i）铅电解电容器　　（J）可变电容器　　（k）瓷介微调电容器

图 1.3　常见电容器外形

1. 固定电容器

固定电容器的电容量是固定不变的，也就是说，其容量不可以调整。根据介质材料的不同，固定电容器可分为以下几种。

（1）云母电容器

云母电容器是以云母片作为中间介质的电容器。其特点是耐压高（几百到几千伏特）、漏电流小、损耗低、高频性能稳定，但容量较小（几十到几万皮法）。

（2）磁片电容器

磁片电容器即磁介质电容器，是以高介电常数、低损耗的陶瓷材料作中间介质的电容器。其体积小、损耗小、温度系数小，可工作在超高频范围，但其耐压较低（60~70V）、容量较小（1~1000pF）。

（3）纸质电容器

纸质电容器的电极用铝箔或锡箔做成，绝缘介质采用浸蜡的纸，相叠后卷成圆柱体，外包防潮物质，有时外壳采用密封的铁壳以提高防潮性能。大容量的纸质电容器在铁壳里灌满电容器油或变压器油以提高耐压，被称为纸质油浸电容器。

纸质电容器的优点是体积较小、容量较大、结构简单、价格低廉，但介质损耗大，稳定性不够高，主要用于低频电路的旁路和隔直。

（4）有机薄膜电容器

有机薄膜电容器是用聚苯乙烯、聚四氯乙烯或涤纶等有机薄膜代替纸介质做成的各种电容器。与纸质电容器相比，它的优点是体积小、耐压高、损耗小、稳定性好。但温度系数较大。

（5）电解电容器

电解电容器是以铝、钽、铌等金属氧化膜作介质的电容器，应用最广的是铝电解电容器。铝电解电容器具有容量大、体积小、耐压较高的优点，常用于交流旁路和滤波。但其缺点是容量误差大，且随频率变动，绝缘电阻低，因此，在要求较高的地方，常用钽电解电容器，它们比铝电解电容器的漏电流小、体积小，但成本较高。

电解电容器有正、负极之分，使用时必须注意。若接反，电解作用会反向进行，氧化膜很快变薄，漏电流急剧增大，如果所加的直流电流过大，则电解电容器很快发热，甚至会引起爆炸。一般电解电容器外壳上都标有"＋"、"－"标记，如无标记，则引线长的一端为"＋"极，短的一端为"－"极。

2．可变电容器

可变电容器的电容量是可变的，可以在一定范围内连续的调整，常有"双联"、"单联"之分。它们一般由若干形状相同的金属片组成一组"定片"和一组"动片"，"动片"可以通过转轴转动，以改变其与"定片"的相对面积，从而改变电容量。可变电容器一般用空气作介质，也有用有机薄膜作介质的，容量一般较小，常用于调频电路中。

3．半可变电容器

半可变电容器也叫微调电容器，电容量可在较小的范围内进行调整。其可变容量一般为十几到几十皮法，它适应于整机调整后电容量不需要经常变化的场合。常见的有以空气、云母或陶瓷为介质的半可调电容器。

1.2.4 电容器的合理选用

电容器的种类很多,正确选择和使用电容器对产品的设计非常重要。

1. 型号的选择

根据电路要求,一般用于低频耦合、旁路、去耦等电气要求不高的场合时,可使用纸质电容器、电解电容器等,级间耦合选用 1~22μF 的电解电容器,射极旁路采用 10~220μF 的电解电容器;在中频电路中,可选用 0.01~0.1μF 的纸质、金属化纸质、有机薄膜电容器等;在高频电路中,则选用云母电容器或磁介电容器;在高温、高压条件下更要选择绝缘电阻高的电容器。

2. 标称容量的选择

在很多场合,对电容器的容量要求不是非常严格,允许有较大的容量偏差,如在旁路、耦合、退耦电路中,选用时可根据设计值,选用相近容量或容量大些的电容器;但在振荡电路、延时电路、音调控制电路中,电容器应尽量与设计值一致,电容器的允许误差等级要求要高些。

3. 额定电压的选择

如果电容器的额定电压小于电路中的实际电压,电容器就会发生击穿损坏。一般应高于实际电压 1~2 倍,使其留有足够的余量。对于电解电容,实际电压应是电解电容器额定工作电压的 50%~70%。如果实际电压低于额定工作电压一半以下,反而会使电解电容器的损耗增大。

1.2.5 电容器的简单测试

电容器的常见故障是击穿短路、断路、漏电、容量变小、变质失效及破损等。电容器引线断线、电解液漏解等故障可以从外观看出。对电容器内部质量的好坏,可以用仪器检查。常用的仪器有万用表、数字电容表、电桥等。一般情况下可以用万用表判别其好坏,对质量进行定性分析。

1. 用万用表简测电容器

(1)固定电容器漏电阻的判别

用万用表表笔接触电容器的两极,表头指针应向顺时针方向跳动一下(5000pF 以下的小电容看不出跳动),然后逐渐逆时针恢复,即退至 $R=\infty$ 处。如果不能复原,则稳定后的读数表示电容器漏电阻值,其值一般为几百至几千 kΩ,阻值越大表示电容器的绝缘电阻越大,绝缘性越好。应注意判别时不能用手指同时接触电容器的两个电极,以免影响判别结果。

(2)电容器容量的判别

5000pF 以上的电容器,可用万用表电阻挡粗略判别其容量的大小。用表笔接触电容器两极时,表头指针应先是一跳,后逐渐复原。将两表笔对调以后,表头指针又是一跳,且跳得更高,而又逐渐复原,这就是电容器充放电的情况。电容器容量越大,指针跳动越大,复原的速度也越慢。根据指针跳动的大小可粗略判断电容器容量的大小。同时,所用万用表电阻挡越高,指针跳动的距离也应越大。若万用表指针不动,则说明电容器内部断路或失效。

对于 5000pF 以下的小容量的电容器,用万用表的最高电阻挡已看不出充、放电现象,应采用专门的仪器进行测试。

(3) 电解电容器极性的判别

根据电解电容器正接时漏电小、反接时漏电大的特性可判别其极性。测试时，先用万用表测一下电解电容器漏电阻值，再将两表笔对调，测一下对调后的电阻值，通过比较，两次测试中漏电阻值小的一次，黑表笔接的是负极，红表笔接的是正极。

2．用电容表测电容

要测出电容器准确的容量，可以用电容表测试。测试时，首先根据所测电容器容量的大小，选择合适的量限，再将电容器的两脚分别接到电容表两极，直接读出电容器的容量即可。

1.3 电感器

电感器是用漆包线在绝缘骨架上绕制而成的一种能够存储磁场能量的电气元件，又叫电感线圈。电感器在电路中有通直流、阻交流、通低频、阻高频的作用，广泛用于各种电子设备的滤波、扼流、振荡、延时等电路中。

1.3.1 几种常用电感器

电感器的种类很多，有固定电感器和可变电感器、带磁芯电感器和不带磁芯电感器、低频电感器和高频电感器等。

1．固定电感器

(1) 小型固定电感器

小型固定电感器也称为色码电感器，它是用铜线直接绕在磁性骨架上，然后再用环氧树脂或塑料封装起来的。其外形结构如图 1.4 所示，主要有立式和卧式两种。其特点是体积小、重量轻、结构牢固、安装方便，被广泛应用于收音机、电视机等电子产品中。

小型固定电感器的电感量较小，一般在 0.1μH~100mH 之间，Q 值范围一般在 30~80 之间，工作频率约 10kHz~200MHz。

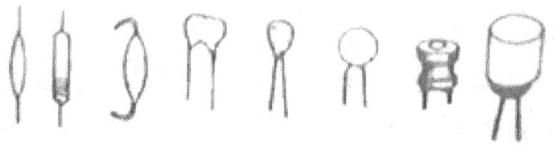

图 1.4 小型固定电感器外形结构

(2) 空心线圈

空心线圈是用导线直接在骨架上绕制而成的。其线圈内没有磁性材料做成的磁芯或铁芯，有的线圈甚至没有骨架，其外形如图 1.5 所示。这种线圈由于没有铁芯或磁芯，故电感量往往很小，一般只用于高频电路中。

(3) 扼流圈

扼流圈可分为两类，即高频扼流圈和低频扼流圈。高频扼流圈是用漆包线在塑料或陶瓷骨架上绕成蜂房式结构，如图 1.6（a）所示。它在高频电路中的作用是阻止高频信号通过，而让低频信号畅通无阻。由于高频信号加到线圈上会出现很强的电磁感应现象，干扰周围电路的正常工作,所以在制作时往往采用蜂房式绕线法,以达到降低干扰的目的。它的电感量一般在 2.5~10mH 之间。低频扼流圈是指用漆包线在铁芯外经多层绕制制成的大电感量的电感器,也有的是通过将漆包线绕在骨架上,然后在线圈中间插入铁芯或硅钢片制成的,如图 1.6(b)所示。它们通常与电容器一起组成滤波电路,用于滤除整流后的残余交流成分,从而使直流成分顺利通过。

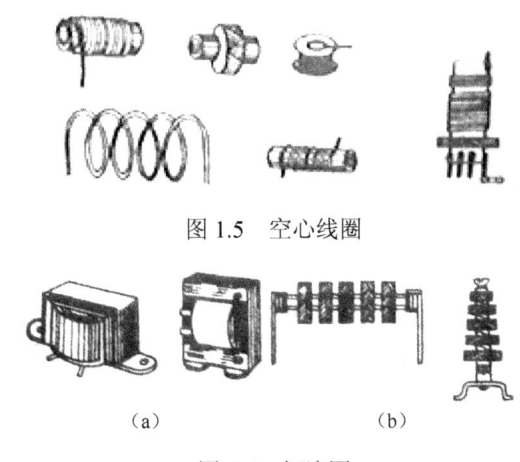

图 1.5　空心线圈

(a)　　　　　(b)

图 1.6　扼流圈

2．可变电感器

(1) 可变电感线圈

可变电感线圈也称磁芯线圈,其外形如图 1.7 所示。它是在线圈中插入磁芯,并通过调节其在线圈中的位置来改变电感量。可变电感线圈的特点是体积小、损耗小、分布电容小,电感量可在所需的范围内调节。如收音机里面的磁棒天线就是可变电感器,它与可变电容器一起构成调谐器,通过改变可变电容器的容量,就能改变谐振回路的谐振频率,从而实现对所需电台信号的频率选择。

(2) 微调电感线圈

微调电感线圈在线圈中间装有可调节的磁芯,通过旋转磁芯可调节磁芯在线圈中的位置,从而改变电感量,其外形如图 1.8 所示。有的电子电路要求电感器的电感量只能有微小的变化,以满足生产、调试的需要。例如,在收音机的选频电路中,由电感器和电容器组成了一个选频电路,可将 465kHz 的中频信号选出来,再进行放大。但由于电容量和电感量在生产时都存在一定的误差,很难配合完好,所以往往需要通过对电感量进行微小的调整,以修正误差值,达到选出 465kHz 信号的目的。

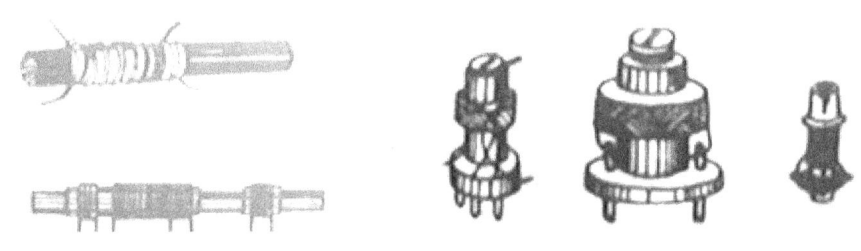

图 1.7　可变电感器　　　　图 1.8　微调电感线圈

1.3.2 电感器的基本参数

1. 电感量及其误差

电感量是表示电感线圈电感数值大小的物理量，电感线圈表面所标的电感量为电感线圈电感量的标称值。线圈的实际电感量与标称值之间的偏差与标称值之比的百分数称为电感线圈的误差。对于滤波、振荡电感线圈允许误差为 0.2%~0.5%，对于一般耦合、扼流线圈等允许误差为 10%~20%。

2. 品质因数

线圈中存储能量与消耗能量的比值称为品质因数，用 Q 表示，通常定义为线圈的感抗 ωL 和直流等效电阻 R 之比，即 $Q=\omega L/R$。

3. 额定电流

电感线圈的额定电流是指线圈长期工作所能承受的最大电流，其值与材料和加工工艺有关。

4. 分布电容

线圈的匝间、线圈与底座之间均存在分布电容。它影响着线圈的有效电感量及其稳定性，并使线圈的损耗增大，质量降低，一般总希望分布电容尽可能小。

1.3.3 电感器的简单测试

使用万用表可以对电感器的好坏进行简单测试，其方法是用万用表的欧姆挡直接测试电感线圈的直流电阻值，若所测得电阻与估计数值偏差不大，则说明电感器是好的，若测得电阻值为∞，则说明电感线圈内部断路，若测得直流电阻值远小于估计值，则说明被测线圈内部匝间击穿短路，不能使用。若想测出电感线圈的准确电感量，则必须使用万用电桥、高频Q 表或数字式电感电容表。

1.4 接插件及开关

接插件和开关是通过一定的机械动作完成电气连接和断开的元件，一般串接在电路中，实现信号和电能的传输。其质量和性能的好坏直接影响着电子系统和设备的可靠性。其中突出的问题是接触问题。接触不可靠不仅影响电路的正常工作，还会引起较大的误差。合理选择和正确使用开关和接插件，将会大大降低电路的故障率。

1.4.1 接插件的分类和几种常用接插件

接插件又称连接器。在电子设备中，接插件可以提供简便的插拔式电气连接。为了便于组装、更换、维修，在分立元器件或集成电路与印制电路板之间，在设备的主机和各部件之间，多采用接插件进行电气连接。接插件的种类很多，分类方法各不相同。按工作频率可分为低频接插件和高频接插件，低频接插件通常是指频率在 100MHz 以下的连接器；高频连接器是指频率在 100MHz 以上的连接器，这类连接器在结构上就要考虑高频电场的泄漏、反射等问题。高频接插件一般都用同轴结构与同轴线相连接，所以也常称为同轴连接器。按其外形结构可分为圆形接插件、矩形接插件、印制板接插件、带状扁平排线接插件等。

1．圆形接插件

圆形接插件也称航空插头插座，它有一个标准的螺旋锁紧机构，接触点数目从两个到上百个不等。其插拔力较大，连接方便，抗震性好，容易实现防水密封及电磁屏蔽等特殊要求。该元件适用于大电流连接，额定电流可以从一安到数百安。一般用于不需要经常插拔的电路板之间或整机设备之间的电气连接。

2．矩形接插件

矩形排列能充分利用空间，所以矩形接插件被广泛利用于机内互连。当带有外壳或锁紧装置时，也可用于机外电缆和面板之间的连接。

3．印制板接插件

为了便于印制板电路的更换、维修，印制电路板之间或印制电路板与其他部件之间的互连经常采用此接插件。按其结构形式分为簧片式和针孔式。簧片式插座的基体用高强度酚醛塑料压制而成，孔内有弹性金属片，这种结构比较简单，使用方便。针孔式可分为单排、双排两种，插座可以装焊在印制板上，引线数目可从两根到一百根不等，常用在小型仪器中印制电路板的对外连接。

4．带状扁平排线接插件

带状扁平排线接插件是由几十根以聚氯乙烯为绝缘层的导线并排黏合在一起的。它占用空间小，轻巧柔韧，布线方便，不易混淆。带状电缆的插头是电缆两端的连接器，它与电缆的连接不用焊接，而是靠压力使连接端上的刀口刺破电缆的绝缘层实现电气连接。其工艺简单可靠，电缆的插座部分直接焊接在印制电路板上。带状扁平排线接插件常用于低电压、小电流的场合，适用于微弱信号的连接，多用于计算机及外部设备。

5．其他连接件

1）接线柱：常用于仪器面板的输入、输出接点，种类很多。
2）接线端子：常用于大型设备的内部接线。

1.4.2　开关

开关是电子设备中用来接通、断开和转换电路的机电元件。大多数开关是手动式机械结构，其操作方便，价廉可靠，使用十分广泛。随着新技术的发展，各种非机械结构的开关不断出现，例如气动开关、水银开关、感应式开关、霍尔开关等。开关种类繁多，分类方式也各不相同。按驱动方式的不同，可分为手动开关和检测开关两大类；按应用场合不同，可分为电源开关、控制开关、转换开关和行程开关等；按机械动作的方式不同，可分为旋转式开关、按动式开关、拨动式开关等。下面介绍几种电子设备中常用的机械式开关。

1．按钮开关

按钮开关分为大、小型，形状有圆柱形、正方形和长方形。其结构主要有簧片式、组合式、带指示灯和不带指示灯等几种。按下或松开按钮开关，电路则接通或断开。此类开关常用于控制电子设备中的交流接触器。

2．钮子开关

钮子开关有大、中、小型和超小型多种，触点有单刀、双刀和三刀等几种，接通状态有单掷和双掷等。它体积小，操作方便，是电子设备中常用的一种开关，工作电流从 0.5A 到 5A 不等。

3．船形开关

船形开关也称波形开关，其结构与钮子开关相同，只是把钮柄换成船形。船形开关常用做电子设备的电源开关，其触点分为单刀单掷和双刀双掷等几种，有些开关还带有指示灯。

4．波段开关

波段开关有旋转式、拨动式和按键式三种。每种形式的波段开关又可分为若干种规格的刀和位。在开关结构中，可直接移位或间接移位的导体称为刀，固定的导体称为位。波段开关的刀和位，通过机械结构，可以接通或断开。波段开关有多少个刀，就可以同时接通多少个点；有多少个位，就可以转换多少个电路。

5．键盘开关

键盘开关多用于遥控器、计算器中数字信号的快速通断。键盘有数码键、字母键、符号键和功能键或是它们的组合，其接触形式有簧片式、导电橡胶式和电容式多种。

6．拨动开关

拨动开关是水平滑动换位式开关，采用切入式咬合接触。常用于计算机、收录机等电子产品中。

7．拨码开关

拨码开关常用的有单刀十位，二刀二位和 8421 码拨码开关三种。常用于有数字预置功能的电路中。

8．薄膜按键开关

薄膜按键开关简称薄膜开关，它是近年来国际流行的一种集装饰与功能为一体的新型开关。和传统的机械开关相比，具有结构简单、外型美观、密闭性好、保新性强、性能稳定、寿命长等优点，目前被广泛用于各种微电脑控制的电子设备中。薄膜开关按基材不同可分为软性和硬性两种，按面板类型不同，可分为平面型和凹凸型；按操作感受又可分为触觉有感型和无感型。

1.4.3 其他接触元件

在电子设备，特别是控制电路中，通常用到一些其他的接触元件，如按钮、交直流接触器、熔断器、继电器等，此处仅简单介绍一下小型继电器。继电器是一种当输入量（电、磁、声、光、热）达到一定值时，输出量将发生跳跃式变化的自动控制器件，是自动控制电路中常用的一种元件。它可以用较小电流来控制较大的电流，在电路中起着自动操作、自动调节、安全保护等作用。其电路符号如图 1.9 所示。

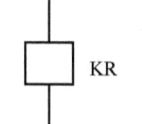

图 1.9 继电器电路符号

继电器种类繁多，通常将继电器分为电磁式继电器、温度继电器、时间继电器和固体继电器等，此处只介绍用的较多的电磁式继电器和固体继电器。

1．电磁式继电器

电磁式继电器是在输入电路内电流的作用下，由机械部件的相对运动产生预定响应的一种继电器。它包括直流电磁继电器、交流电磁继电器、磁保持继电器、极化继电器、舌簧继电器、节能功率继电器等。

（1）结构及工作原理

电磁式继电器是各种继电器的基础，主要由铁芯、线圈、动触点、常开静触点、常闭静触点、衔铁、返回弹簧等部分组成，如图1.10所示。当线圈通电后，铁芯被磁化而产生足够的电磁吸力，吸动磁铁，使动触点与常闭静触点5断开，而与常闭静触点4闭合，这叫继电器"动作"或"吸合"。当线圈断电后，电磁力消失，衔铁返回，动触点也恢复到原先的位置，这叫继电器"释放"或"复位"。

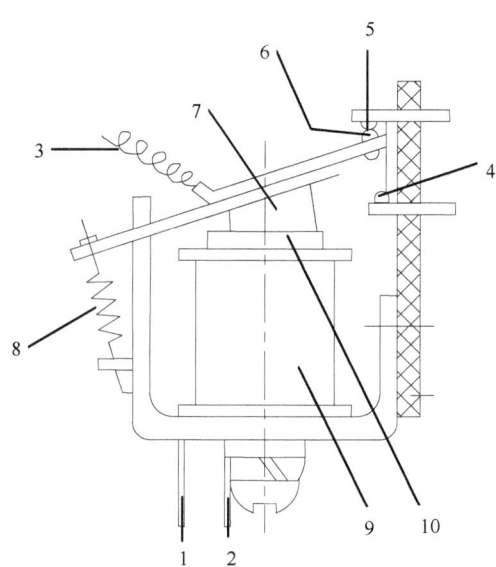

1，2—引线；3—吸合弹簧；4，5—静触点；6—动触点；7—衔铁；8—返回弹簧；9—线圈；10—铁芯

图1.10 典型电磁式继电器内部结构图

（2）电磁式继电器主要参数

继电器的参数在产品手册中有详细说明，下面就数据中常遇到的有关参数介绍如下。

1）额定工作电压。它是指继电器正常工作时线圈需要的电压。可以是交流，也可以是直流，随型号的不同而不同。每一种型号的继电器，有多种额定工作电压，并用规格代号加以区分。

2）吸合电压及吸合电流。继电器能够吸合动作的最小电压或电流值。一般吸合电压为额定工作电压的75%左右。因此为了保证可靠吸合，必须给线圈加上额定电压，或略高于额定工作电压，但一般不能超过额定工作电压的1.5倍，否则容易烧毁线圈。

3）直流电阻。指线圈的直流电阻值。

4）释放电压或电流值。指继电器由吸合状态到释放状态所需最大电压或电流值，其值一般为吸合值的1/10至1/2。

5）触点负荷。指继电器触点允许的电压电流值。一般同一型号的继电器接点的负荷是相同的，它决定了继电器的控制能力。

（3）电磁式继电器的选用

继电器有很多参数，选择继电器时必须根据实际电路选择参数合适的继电器，选择时主要考虑以下几个方面的问题。

1）线圈工作电压是直流还是交流，电压大小是否适合电路工作电压。

2）线圈工作时所需要功率与实际需要切换的触发驱动控制电路所输出的功率是否相当。

3）受控触点数量必须根据受控电路需要切换的触点数量来选择，触点允许最大电流必须大于受控电路工作电流的1.5~2倍。

4）继电器吸合时，若受控电路是闭合的，则把常开触点与动触点接入电路；若受控电路是断开的，则把常闭触点与动触点接入电路；若用于电路转换，则要全部接入电路。

此外，继电器的体积大小、安装方式、尺寸、吸合释放时间、使用环境、绝缘强度、触点数、触点形式、触点寿命（次数）、触点是控制交流还是直流等，在设计时都需要考虑。

（4）电磁式继电器质量判断

1）首先测量继电器线圈阻值，一般在几十欧到几千欧之间，这也是判断线圈引脚的重要依据。

2）观察触点有没有发黑等接触不良现象，也可以用万用表来测量，线圈在未加电压时，动触点与常闭触点引脚电阻应为 0Ω，加电吸合后，阻值应变为无穷大。且测量动触点与常开触点电阻为 0Ω，断电后变为无穷大。利用这些数据用万用表完全可以测量出继电器各引脚功能。

电磁式继电器是各种继电器中应用最普遍的一种，它的特点是接点接触电阻很小（小于1Ω），缺点是动作时间较长，接点寿命较短（一般在 10 万次以下），体积较大，为克服以上缺点，可使用固态继电器。

2．固态继电器

固态继电器是指由固态电子元件组成的无触点开关，简称 SSR（Solid State Relay）。它问世于 20 世纪 70 年代初。和电磁式继电器相比，具有体积小、开关速度快、无触点、寿命长、耐振、无噪声、安装位置无限制，具有良好的防潮、防腐蚀、防爆、防臭氧污染等性能，性能极佳。应用领域越来越广泛，随着科学技术的发展，性能更高的固态继电器也相继出现。图 1.11 给出了几种国内外常见固态继电器的外形封装图。

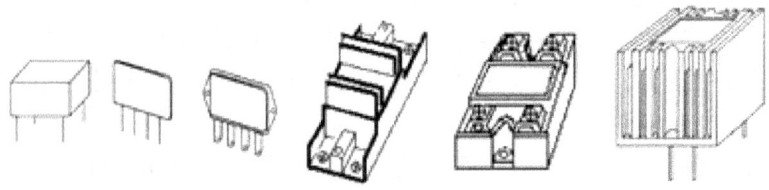

图 1.11 常见固态继电器外形封装图

固态继电器工作分为交流和直流两种。交流固态继电器又分为过零型和非过零型两种，目前应用最广泛的是过零型。直流固态继电器根据输出分为两端型和三端型两种，两端型应用较多。下面重点介绍交流过零型和直流两端型固态继电器。

（1）固态继电器的结构和工作原理

图 1.12 是一种交流过零型固态继电器原理图，它由光电耦合输入、触发电路、过零控制电路、吸收电路和用双向晶闸管为开关的输出电路五部分组成。过零控制电路主要由 R_5 等构成，它的作用是保证触发电路在有输入信号且在开关器件两端交流电压过零点附近时触发开关器件导通，而在零电流处关断，从而把通断瞬间的峰值和干扰降到最低，减少对电网的污染。非过零 SSR 没有过零控制电路。吸收电路一般用 RC 串联吸收电路（或非线性电阻），目的是防止从电网传来的尖峰及浪涌电压对开关器件的冲击和干扰。图 1.13 所示为两端输出型直流固态继电器的电路原理图，和交流 SSR 相比，无过零控制电路，也无吸收电路。开关器件一般由大功率三极管（VT_2）担任。VD_2 为瞬态控制电路，当 R_L 为电感性负载时，需加 VD_3。

固态继电器的符号如图 1.14 所示。

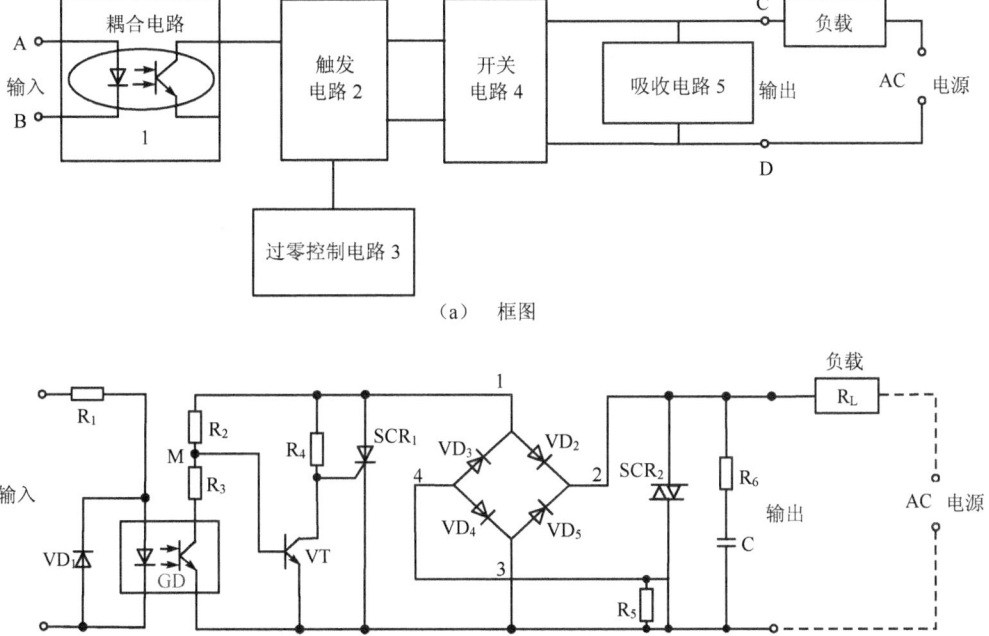

图 1.12　固态继电器框图及原理图

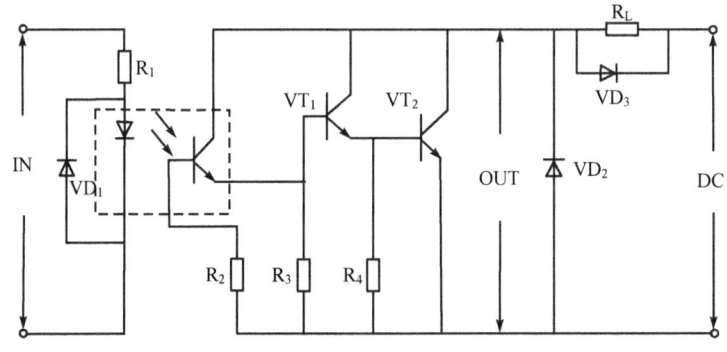

图 1.13　两端输出型直流固态继电器

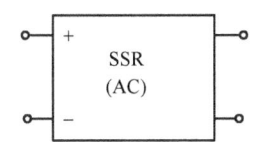

图 1.14　固态继电器电路符号

（2）固态继电器的特点

固态继电器成功地实现了弱信号（Vsr）对强电（输出端负载电压）的控制。由于光耦合器的应用，使控制信号所需的功率极低（约十余毫瓦就可正常工作），而且 Vsr 所需的工作电平与 TTL、HTL、CMOS 等常用集成电路兼容，可以实现直接连接。这使固态继电器在数控和自控设备等方面得到广泛应用。在相当程度上可取代传统的"线圈—簧片触点式"继电器（简称"MER"）。

固态继电器由于是全固态电子元件组成，与电磁式继电器相比，它没有任何可动的机械部件，工作中也没有任何机械动作；固态继电器由电路的工作状态变换实现"通"和"断"的开关功能，没有电接触点，所以它有一系列电磁式继电器不具备的优点，即工作可靠性高、寿命长（有资料表明 SSR 的开关次数可达 $10^8 \sim 10^9$ 次，比一般电磁式继电器的 10^5 高几千倍）；无动作噪声；耐振耐机械冲击；安装位置无限制；很容易用绝缘防水材料灌封做成全密封形式，而且具有良好的防潮、防霉、防腐性能；在防爆和防止臭氧污染方面的性能也极佳。这些特点使 SSR 可在军事（如飞行器、火炮、舰船、车载武器系统）、化工、井下采煤和各种工业民用电控设备的应用中大显身手，具有超越电磁式继电器的技术优势。

交流型固态继电器由于采用过零触发技术，因而可以安全地用于计算机输出接口上，不必为在接口上采用电磁式继电器而产生的一系列对计算机的干扰而烦恼。

此外，固态继电器还有能承受在数值上可达额定电流十倍左右的浪涌电流的特点。

（3）固态继电器的主要参数及选用

功率固态继电器的特性参数包括输入和输出参数，表 1.5 列出了国产固态继电器的输入、输出参数范围，供选用时参考。表中过零电压是对过零型固态继电器而言的。根据输入电压参数值大小，可确定工作电压大小。如采用 TTL 或 CMOS 等逻辑电平控制时，最好采用有足够带载能力的低电平驱动，并尽可能使"0"电平低于 0.8 V。如在噪声很强的环境下工作，不能选用通、断电压值相差小的产品，必需选用通、断电压值相差大的产品（如选接通电压为 8V 或 12V 的产品），这样不会因噪声干扰而造成控制失灵。输出参数的项目较多，现对主要几个参数说明如下：

表格 1.5 固态继电器的主要参数

	参 数 名 称	典 型 数 值	
		交 流 型	直 流 型
输入	输入电压/V	3~30	
	输入电流/mA	3~30	
	临界导通电压/V	≤3	
	临界导通电流/mA	≥1	
	释放电压/V	≥1	
输出	额定工作电压/V	30~380	4~50
	额定工作电流/mA	1~25	1~3
	过零电压/|V|	5~25	1
	浪涌电流/工作电流/倍	10	—
	通态压降/V	≤1.5~1.8	≤1.5
	通态电阻/Ω		≤20

续表

	参 数 名 称	典型数值	
		交 流 型	直 流 型
输出	断态漏电流/mA	≤5~8	<0.01
	断态电阻/Ω	≤2	≤2
	接通与关断时间/ms	<10	<0.1
	工作频率/Hz	45~65	—
	输入/输出绝缘电阻/MΩ	≥1000	
	输入/输出绝缘电压/kV	≥1~2	

1）额定输入电压。

额定输入电压是指一定条件下能承受的稳态阻性负载的最大允许电压有效值。如果受控负载是非稳态或非阻性的，必考虑所选产品是否能承受工作状态或条件变化时（冷热转换、静动转换、感应电势、瞬态峰值电压、变化周期等）所产生的最大合成电压。例如负载为感性时，所选额定输出电压必须大于两倍电源电压值，而且所选产品的阻断（击穿）电压应高于负载电源电压峰值的两倍。如在电源电压为交流 220V、一般的小功率非阻性负载的情况下，建议选用额定电压为 400~600V 的固态继电器；但对于频繁启动的单相或三相电机负载，建议选用额定电压为 660~800V 的固态继电器。

2）额定输出电流和浪涌电流。

额定输出电流是指在给定条件下（环境温度、额定电压、功率因素、有无散热器等）所能承受的电流最大的有效值。一般生产厂家都提供热降额曲线。如周围温度上升，应按曲线作降额使用。

浪涌电流是指在给定条件下（室温、额定电压、额定电流和持续的时间等）不会造成永久性损坏所允许的最大非重复性峰值电流。交流继电器的浪涌电流为额定电流的 5~10 倍（1个周期），直流产品为额定电流的 1.5~5 倍（1秒）。在选用时，如负载为稳态阻性，固态继电器可全额或降额 10%使用。对于电加热器、接触器等，初始接通瞬间出现的浪涌电流可达 3 倍的稳态电流，因此，可降额 20%~30%使用。对于白炽灯类负载，应按降额 50%使用，并且还应加上适当的保护电路。对于变压器负载，所选产品的额定电流必须高于负载工作电流的两倍。对于负载为感应电动机的情况，所选固态继电器的额定电流值应为电动机运转电流的 2~4 倍，其浪涌电流值应为额定电流的 10 倍。

固态继电器对温度的敏感性很强，工作温度超过标称值后，必须降热或外加散热器，例如额定电流为 10A 的产品，不加散热器时的允许工作电流只有 10A。

1.5 半导体分立器件

半导体分立器件包括二极管、三极管、场效应管、晶闸管等器件。它们具有体积小、重量轻、耗电省、启动快、寿命长、成本低、使用方便等优点。半导体分立器件自从 20 世纪 50 年代问世以来，为电子产品的发展起了重要作用。虽然目前集成电路已广泛使用，并在许多场合代替了分立器件，但分立器件不会被全部废弃，它还会以自身的特点，继续在电子产品中发挥作用。分立器件的工作原理、性能特点等知识，在许多电子类课程中已经介绍过，这里重点介绍它们的分类方法、型号命名、测试方法及使用注意事项。

1.5.1 常用半导体分立器件及其分类

1．半导体二极管

二极管是利用半导体 PN 结的单向导电性制成的器件。在电路中主要用做整流、检波、稳压等。二极管的规格品种很多，按所用半导体材料的不同，可分为锗二极管、硅二极管和砷化镓二极管；按结构工艺不同，可分为点接触型和面接触型二极管；按工作原理分有隧道二极管、变容二极管、雪崩二极管等；按用途分有整流二极管、检波二极管、稳压二极管、恒流二极管、开关二极管等。点接触型二极管结面积小，结电容小，适用于高频电路，但允许通过的电流也小，所以适合在检波等小电流电路中工作；面接触型二极管结面积大，结电容比较大，不适合在高频电路中工作，但它可以通过较大的电流，多用于频率较低的整流电路；锗二极管的正向电阻较小，正向导通压降较低，只有 0.2V 左右，适用于小信号检波；硅二极管的反向漏电流较小，但需要较高的正向电压（约为 0.6V）才能导通，适用于信号较强的电路。二极管的参数主要有最大整流电流、正向导通压降、反向击穿电压、结电容、最高工作频率等，这些都可在有关手册上查到。

2．半导体三极管

半导体三极管习惯上称做晶体三极管，简称晶体管或三极管。它由两个 PN 结构成，有 PNP 型和 NPN 型两种结构。无论是哪种结构的三极管，都有两个结（集电结和发射结）、三个区（基区、集电区和发射区）、三个电极（基极 B、集电极 C 和发射极 E）。三极管发射极电流可以被基极电流控制，使集电极电流随之改变，三极管的这种对电流的控制作用，决定了三极管具有放大作用，这一特性被广泛应用于各种性能的电子线路中。

三极管的规格品种繁多，按照工作频率、开关速度、噪声电平、功率容量及其他性能可分为高频大功率管、高频低噪声管、低频大功率管、低频小功率管、高速开关管、功率开关管等；根据制造工艺的不同可分为合金晶体管、扩散晶体管、台面晶体管、平面晶体管等；按照制造材料分，有锗管和硅管。锗管的导通电压低，适合在低电压电路中工作，硅管的温度特性比锗管好，穿透电流小。三极管的性能参数一般分为交流参数、直流参数和极限参数，在有关参数手册上都可以查到。

3．场效应晶体管

场效应晶体管简称场效应管。它是利用外加电场，使半导体中形成一个导电沟道并控制其大小（绝缘栅型），或改变原来导电沟道大小（结型）来控制电导率变化的原理制成的。它和普通三极管相比有很多特点。从控制作用来看，三极管是电流控制器件，而场效应管是电压控制器件。场效应管的栅极输入电阻很高，一般可达上百兆甚至几千兆，因此，栅极上加电压时基本上不分取电流，这是一般三极管不能与之相比的。另外，场效应管还有噪声低、动态范围大等优点。场效应管被广泛应用于计算机电路、通信设备和仪器仪表中。

场效应管的三个电极分别叫做栅极 G、源极 S 和漏极 D，可以把它们比作三极管的基极、集电极和发射极。场效应管的 D、S 能够互换使用。场效应管可以分为结型和绝缘栅型两种。

4．晶闸管

晶闸管又叫可控硅，分为单向晶闸管、双向晶闸管、快速晶闸管、可关断晶闸管、逆导晶闸管和光控晶闸管等几种，是一种大功率的半导体器件，它具有体积小、重量轻、容量大、效率高、使用维护简单、控制灵敏等优点。同时，它的功率放大倍数很高，可以用微小的信号功率对大功率的电源进行控制和变换。在脉冲数字电路中可作为功率开关使用。它的缺点是过载能力和抗干扰能力较差，控制电路比较复杂等，此处只介绍单向晶闸管和双向晶闸管。

（1）单向晶闸管

单向晶闸管符号结构如图1.15（a）、（b）所示。

它的导通条件是：除在阳极A、阴极K间加上一定大小的正向电压外，还要在控制极G、阴极K间加正向触发电压。一旦管子触发导通后，控制极即失去控制作用，即使控制极电压变为零，晶闸管仍然保持导通。要使晶闸管阻断，必须使阳极电流降到足够小，或在阳极和阴极间加反向阻断电压。

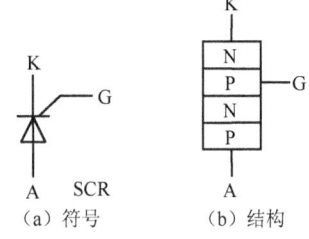

图1.15 单向晶闸管符号与结构

（2）双向晶闸管

双向晶闸管是正反两个方向都可以控制的晶闸管。不管两个主电极（T1、T2）间的电压如何，正向和反向控制极信号都可以使双向晶闸管导通。双向晶闸管的结构和符号如图1.16（a）、（b）所示。它是一个三端五层半导体结构器件，从管芯结构上看，可将其看做是将具有公共控制极（G）的一对反向并联的单向晶闸管做在同一块硅单晶片上，T_1和G在芯片的正面，T_2在芯片的背面，且控制极区的面积远小于其余面积。由图1.16（a）可见，G极和T_1极很近，距T_2极很远，因此，G、T_1之间的正、反向电阻均小，而G、T_2，T_2、T_1之间的正反向电阻均为无穷大。

通常情况下，双向晶闸管的触发方式有四种：I_+、I_-、III_+、III_-。

I_+触发方式：T_2为正，T_1为负，G相对T_1为正。

I_-触发方式：T_2为正，T_1为负，G相对T_1为负。

III_+触发方式：T_2为负，T_1为正，G相对T_1为正。

III_-触发方式：T_2为负，T_1为正，G相对T_1为负。

四种触发方式所需要的触发电流是不一样的，I_+和III_-所需要的触发电流较小，而I_-和III_+所需要的触发电流较大，在平时使用时，一般采用I_+和III_-触发方式。

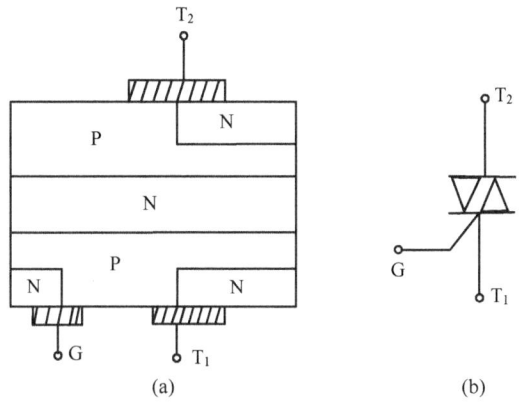

图1.16 双向晶闸管的结构和符号

1.5.2 半导体器件的型号命名

根据中华人民共和国国家标准——半导体器件命名方法（GB249—74），器件型号由五部分组成，各部分的意义如表 1.6 所示。但场效应管、特殊半导体器件、PIN 管、复合管和激光器件只用后三部分表示。

表 1.6 国产半导体器件的型号命名

第一部分		第二部分		第三部分		第四部分	第五部分
用数字表示件的电极数目		用汉语拼音字母表示器件的材料和极性		用汉语拼音字母表示器件的类别		用数字表示器件序号	用汉语拼音字母表示规格号
符号	意义	符号	意义	符号	意义		
2	二极管	A	N 型锗材料	P	普通管		
		B	P 型锗材料	V	微波管		
		C	N 型硅材料	W	稳压管		
		D	P 型硅材料	C	参量管		
				Z	整流管		
				L	整流堆		
				S	隧道管		
				N	阻尼管		
				U	光电器件		
				K	开关管		
3	三极管	A	PNP 型锗材料	X	低频小功率管（F_a>3MHz, P_c<1W）		
		B	NPN 型锗材料	G	高频小功率管（F_a>3MHz, P_c<1W）		
		C	PNP 型硅材料	D	低频大功率管（F_a<3MHz, P_c≥1W）		
		D	NPN 型硅材料	A	高频大功率管（F_a≥3MHz, P_c≥1W）		
		E	化合物材料	U	光电器件		
				K	开关管		

（1）锗材料 PNP 型低频大功率三极管型号命名示例

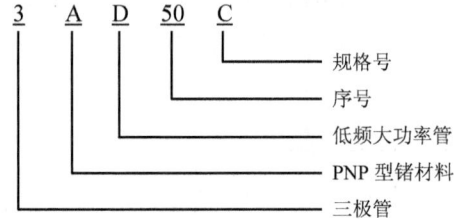

（2）硅材料 NPN 型高频小功率三极管型号命名示例

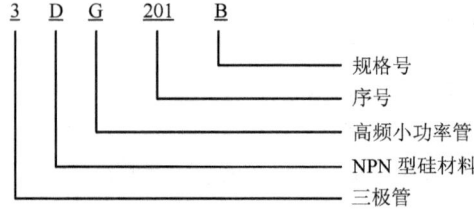

1.5.3 半导体分立器件的封装及引脚

1. 半导体二极管

(1) 半导体二极管的封装形式

根据所使用封装材料的不同,二极管的封装形式有玻璃壳封装、塑料封装和金属封装,其外形图如图 1.17 所示。

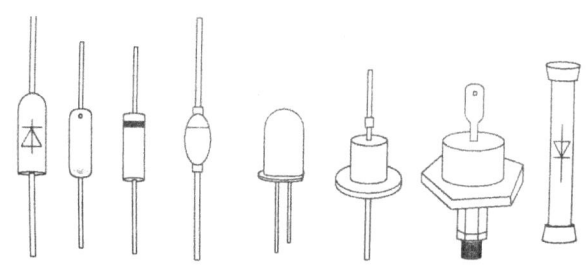

图 1.17 半导体二极管的外形图

(2) 半导体二极管极性的判别

一般情况下,二极管有色环的一端为负极,有色点的一端为正极。例如 2AP1~2AP7,2AP11~2AP17 等。如果是玻璃壳封装,可直接看出极性,即内部连触丝的一头是正极,连半导体片的一头是负极。如果既无色点,又不是透明封装,则可以用万用表来判别其极性。根据二极管正向导通时导通电阻小,反向截止时截止电阻大的特点,将万用表拨到欧姆挡(一般用 R×100 或 R×1k 挡,不要用 R×1 或 R×10k 挡,因为 R×1 挡的电流太大,容易烧毁管子,而 R×10k 挡电压太高,可能击穿管子),用万用表的表笔分别接二极管的两个电极,测出一个电阻,然后将两表笔对换,再测出一个阻值,则阻值小的那一次黑表笔所接一端为二极管的正极,另一端即为负极。若两次测得的阻值都很小,则说明管子内部短路,若两次测得的阻值都很大,则说明管子内部断路。

2. 半导体三极管

(1) 半导体三极管的封装形式

根据封装材料的不同,三极管有塑料外壳封装和金属外壳封装两种形式,其外形图如图 1.18 所示。

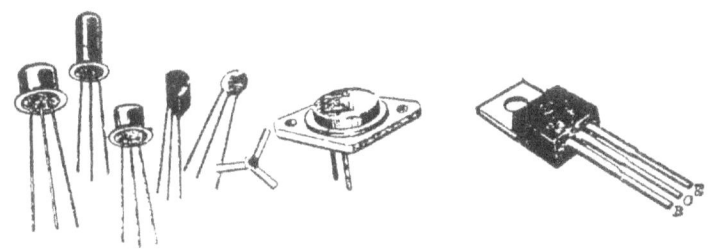

图 1.18 常见三极管外形图

(2) 半导体三极管引脚和质量的判断

① 根据引脚排列和色点识别。有一种等腰直角三角形排列,其直角顶点是基极,靠近

红色点的一脚是集电极，另一极是发射极。另一种等腰直角三角形排列，直角顶点是基极，靠近管帽边沿的电极为发射极，另外一个电极是集电极。还有的也是等腰三角形排列，靠不同的色点来区分。靠近红色点的为集电极，靠近白色点的为基极，靠近绿点的为发射极。有些管子的引脚排列成直线，但距离不相等，孤立的一个电极为集电极，中间的为基极，另一个为发射极。四个引脚的三极管，管壳带有凸缘时，可将引脚朝向自己，则从管壳凸缘开始，顺时针方向排列依次为发射极、基极、集电极和地线。对半圆形塑封晶体三极管，让球面向上，引脚朝自己，则从左到右依次是集电极、基极和发射极。

② 用万用表判别。目前晶体管的种类很多，仅从引脚排列很难判断其引脚，常用万用表判别引脚。其基本原理是：三极管由两个 PN 结构成，对于 NPN 型三极管，其基极是两个 PN 结的公共正极，对于 PNP 型三极管，其基极是两个 PN 结的公共负极，由此可以判断三极管的基极和管子的管型。而根据当加在三极管的 BE 结电压为正，BC 结电压为负，三极管工作在放大状态，此时根据三极管的穿透电流较大，r_{BE} 较小的特点，可以测出三极管的发射极和集电极。

首先应判断管子的基极和管型。测试时，假设某一引脚为基极，将万用表拨在 R×100 或 R×1k 挡上，用黑表笔接触三极管的某一引脚，用红表笔分别接触另外两引脚，若测得的阻值相差很大，则原先假设的基极不是基极，需另外假设。若两次测得的阻值都很大，则该极可能是基极，此时再将两表笔对换继续测试，若对换表笔后测得的阻值都较小，则说明该电极是基极，且此三极管为 PNP 型。同理，黑表笔接假设的基极，红表笔分别接其他两个电极时测得的阻值都很小，则该三极管的管型为 NPN 型。

判断出管子的基极和管型后，可进一步判断管子的集电极和发射极。以 NPN 管为例，确定基极和管型后，假设其他两只引脚中一只是集电极，另一只即假设为发射极。用手指将已知的基极和假设的集电极捏在一起（但不要相碰），将黑表笔接在假设的集电极上，红表笔接在假设的发射极上，记下万用表指针所指的位置，然后再作相反的假设（即原先假设为 C 的假设为 E，原先假设为 E 的假设为 C），重复上述过程，并记下万用表指针所指的位置。比较两次测试的结果，指针偏转大的（即阻值小的）那次假设是正确的。（若为 PNP 型管，测试时，将红表笔接假设的集电极，黑表笔接假设的发射极，其余不变，仍然电阻小的一次假设正确）。

（3）三极管性能的鉴别

① 穿透电流 I_{CEO} 大小的判断。用万用表 R×100 或 R×1k 挡测量三极管 C、E 之间的电阻，电阻值应大于数兆欧（锗管应大于数千欧），阻值越大，说明穿透电流越小，若阻值越小，则说明穿透电流大，若阻值不断的明显下降，则说明管子性能不稳，若测得的阻值接近于零，则说明管子已经击穿，若测得的阻值太大（指针一点都不偏转），则有可能管子内部断线。

② 电流放大系数 β 的近似估算。用万用表 R×100 或 R×1k 挡测量三极管 C、E 之间的电阻。记下读数，再用手指捏住基极和集电极（不要相碰）观察指针摆动幅度的大小，摆动越大，说明管子的放大倍数越大。但这只是相对比较的方法，因为手捏在两电极之间，给管子的基极提供了基极电流 I_B，I_B 的大小和手指的潮湿程度有关。也可以接一只 100kΩ 左右的电阻来进行测试。

以上是对 NPN 型管子的鉴别，黑表笔接集电极，红表笔接发射极。若将两表笔对调，就可对 PNP 型管子进行测试。

上面所介绍的测试 I_{CEO} 和 β 的方法，只是用万用表进行粗略的估算，要准确测试管子的有关参数,需采用专门的测试仪器,例如用半导体特性图示仪,进行测试。

3. 场效应管的检测

场效应管的封装形式和三极管相同,此处仅对其测试方法作简单介绍。

结型场效应管的源极和漏极一般可对换使用,因此一般只要判别出其栅极G即可。判别时,根据PN结单向导电原理,用万用表R×1k挡,将黑表笔接触管子的一个电极,红表笔分别接触管子的另外两个电极,若测得阻值都很小,则黑表笔所接的是栅极,且为N沟道场效应管。对于P沟道场效应管栅极的判断方法,读者可自己分析。根据判断栅极的方法,能粗略判断管子的好坏。当栅源间、漏源间反向电阻很小时,说明管子已损坏。如果要判断管子的放大性能,可将万用表的红、黑表笔分别接触管子的源极和漏极,然后用手接触栅极,表针应偏转较大,说明管子的放大性能较好,若表针不动,说明管子性能差或已损坏。

4. 晶闸管的判断

(1) 晶闸管的外形图

无论是双向晶闸管还是单向晶闸管,对于小功率的而言,其封装形式与三极管基本一致,但功率较大的晶闸管,通常做成螺栓形或平板形,其外形图如图1.19所示。

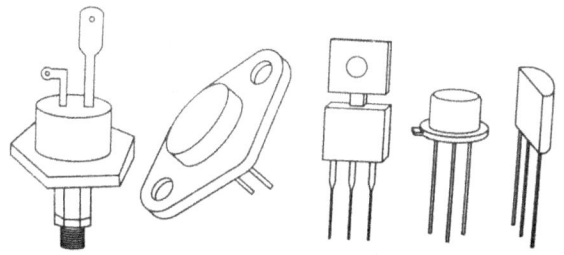

图1.19 晶闸管的外形图

(2) 晶闸管的测试

晶闸管的电极可以用万用表进行判断。

1) 单向晶闸管的测试。单向晶闸管是一个四层三端元件,有三个PN结,其中控制极G和阴极K之间是一个PN结。先找到这个PN结,就可确定三个电极的位置。

方法是将万用表置于R×1k挡,将晶闸管其中一端假定为控制极,与黑表笔相接。然后用红表笔分别接另外两个脚,若有一次出现正向导通,则假定的控制极是对的,而导通那次红表笔所接的脚是阴极K。无疑,另一只脚是阳极A了。如果两次均不导通,则说明假定的控制极是错的,可重新设定一端为控制极,这样就可以很快判别晶闸管的三个电极。

以上说明待判别的晶闸管是好的,否则该晶闸管是坏的。

另外,判别晶闸管好坏可采用如图1.20所示电路。

图中S_1为电源开关,S_2为按钮开关,SCR为待测晶闸管,H为指示灯,它不仅用来指示电路的工作状态,而且用来限制晶闸管的控制极电流I_g和阳极电流I_a。

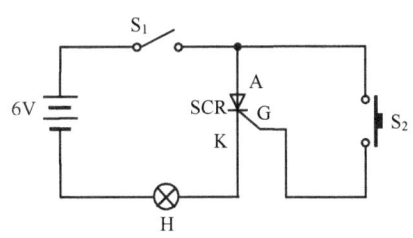

图1.20 晶闸管的测试电路

测量时将电源开关 S_1 闭合,如果待测晶闸管 SCR 质量是好的,应呈现"关断"状态。因为控制极在开路时,晶闸管正向不导通,所以电源电压几乎全部加在阳极 A 和阴极 K 之间,此时电路不通,指示灯不亮。若指示灯亮,说明该被测管在控制极开路时,阳极已导通,该晶闸管已损坏。

再按下按钮开关 S_2,使阳极 A 与控制极 G 短路,原加在阳极 A 与阴极 K 之间的电压同时也加在控制极 G 与阴极间。若被测晶闸管质量是好的,则立即导通触发,阳极(或控制极 G)与阴极 K 之间的电压迅速降到 1V 左右,同时指示灯两端电压迅速上升,指示灯发光。这时按钮开关 S_2 对晶闸管失去控制作用,因为晶闸管正向导通后,撤去控制极电流仍能维持导通,所以这时 S_2 断开或闭合时,指示灯均发光。要关断晶闸管必须断开电源开关 S_1。

若按下按钮开关 S_2 时指示灯不亮,或按下 S_2 时亮,而放开时不亮,均说明该被测晶闸管已坏。

2)双向晶闸管的测试。用万用表电阻挡测试双向晶闸管时,可先根据阻值关系判断出 T_2 极。方法是用一只表笔接假设的 T_2 极,另一只表笔分别接其他两个电极,若所测得的阻值均为无穷大,假设的电极即为 T_2 极。

判断出 T_2 极以后,可以进一步判断 T_1 和 G 极。将黑表笔接 T_2,红表笔接假设的 T_1,电阻应为无穷大。接着用黑表笔把 T_2 和假设的 G 短路,给 G 加正触发信号,管子应导通,阻值应变小,将黑表笔与 G 极(假设的)脱离后,阻值若维持较小值不变,说明假设正确;若黑表笔与 G 极脱离后,阻值也随之变为无穷大,说明假设错误,原先假设的 T_1 为 G,G 为 T_1。

也可将红表笔接 T_2,黑表笔接假设的 T_1,电阻也应为无穷大。接着用红表笔把 T_2 和假设的 G 短路,给 G 加负触发信号,管子也应导通,阻值应变小,将红表笔与 G 极(假设的)脱离后,阻值若维持较小值不变,说明假设正确;若红表笔与 G 极脱离后,阻值也随之变为无穷大,说明假设错误,原先假设的 T_1 为 G,G 为 T_1。用这种方法也可测出双向晶闸管的好坏。

用上述方法只能测出小功率双向晶闸管的电极及好坏,对于大功率管,由于其正向导通压降和触发电流都相应增大,万用表的电阻挡所提供的电压和电流已不足以使其导通,所以不能采用万用表测试。测试大功率双向晶闸管的方法可用图 1.20 所示电路,其测试方法与单向晶闸管的测试方法基本一致,此处不再赘述。

1.5.4 选用半导体分立器件的注意事项

1. 半导体二极管的选用

通常半导体二极管的正向电阻值为 300~500Ω,硅管为 1000Ω 或更大些。锗管的反向电阻为几十 kΩ,硅管反向电阻在 500kΩ 以上(大功率二极管的数值要小得多),正反向电阻的差值越大,说明管子的质量越好。

点接触型二极管的结电容小,工作频率高,但不能承受较高的电压和较大的电流,多用于检波、小电流整流和高频开关电路。面接触型二极管结面积大,能承受较大的电流和较大的功耗,但结电容较大,一般用于整流、稳压、低频开关电路,而不适于作高频检波等高频电路。

选用二极管时,既要考虑正向电压,又要考虑反向饱和电流和最大反向电压,选用检波二极管时,要求工作频率高,正向电阻小,以保证较高的检波效率,特性曲线要好,以保证线性失真要小。

在脉冲电路中,具有负阻特性的器件已得到广泛的应用。一般半导体二极管具有正电阻特性,即当加在电阻两端的电压增加时,流过二极管中的电流也会增大。而负阻器件在其特性曲线的一定区域具有负阻特性,即当加到器件两端的电压升高时,流过器件的电流反而会减小,其电压变化量与电流变化量之比为负值。该器件主要有单结晶体管等。

在实际应用中,应根据技术要求查阅有关半导体器件手册,合理地选用。

2. 半导体三极管的选用

选用晶体管一要满足设备和电路的要求,二要符合节约的原则。根据用途的不同,一般要考虑以下几个方面的因素:频率、集电极最大耗散功率、电流放大系数、反向击穿电压、稳定性和饱和压降等。这些因素又有相互制约的关系,在选管时应抓住主要矛盾,兼顾次要因素。

低频管的特征频率 f_T 一般在 2.5MHz 以下,而高频管的特征频率 f_T 都从几十 MHz 到几百 MHz 甚至更高,选管时应使管子的 f_T 为工作频率的 3~5 倍。原则上讲,高频管可以代替低频管,但高频管的功率一般都比较小,动态范围比较窄,在代换时应注意功率条件。

一般希望 β 选大一点,但也不是越大越好。β 太高容易引起自激震荡,而且 β 高的管子工作多不稳定,受温度影响大。另外,从整个电路来说,还应该从各级的配合来选择管子的 β 值。例如前级选用较高 β 值的,后级就可选用较低 β 值的。反之,前级管子的 β 值较低,后级管子的 β 值就要求较高。对称电路,一般要求管子的 β 和 I_{CEO} 都尽可能相等,否则将会引起较大的失真。

集电极—发射极反向击穿电压 BU_{CEO} 应选得大于电源电压。穿透电流 I_{CEO} 越小,管子的稳定性越好。普通硅管的稳定性比锗管的稳定性要好得多,但硅管比锗管的饱和压降要高,在某些电路中会影响电路的性能,应根据具体情况选用。选用晶体管的功率时,应根据不同电路的要求留有一定的余量。

对高频放大、中频放大、振荡器等电路用的晶体管,应选特征频率较高、极间电容较小的晶体管,以保证在高频情况下仍有较高的功率增益和稳定性。

3. 使用场效应管时的注意事项

MOS 场效应管由于本身性质决定,在使用中应注意:第一,MOS 管输入阻抗很高,为防止感应过压而击穿,保存时应将三个电极短路;焊接或拆焊时,应先将各电极短路,先焊漏、源极,后焊栅极,烙铁应接好地线或断开电源后再焊接;不能用万用表测 MOS 管的电极,MOS 管的测试要用测试仪。第二,场效应管的源、漏极是对称的,一般可以对换使用,但如果衬底已和源极相连,则不能再互换使用。

4. 晶闸管的选用

选用晶闸管时应注意以下事项。

1)选用晶闸管时,元件的正、反向额定电压应选为实际电压最大值的 1.5~2 倍以上,而晶闸管的电流容量的选择则必须考虑多种因素,如导电角的大小、工作频率的高低、散热器的大小、冷却方式和环境温度等,因此必须综合考虑、合理选用。

2)晶闸管必须使用规定的散热器(一般为螺旋型散热器或平板型散热器)及采用规定的冷却方式(如自然冷却、强迫风冷或水冷)。

3) 由于晶闸管过载时极易损坏，因此使用时必须采取保护措施。常用的方法为：

① 装设过流继电器及快速开关。由于继电器及开关动作需要一定时间，故短路电流较大时并不很有效，但在大功率设备上为了整个设备的安全仍是必需的。

② 可在输入侧或与元件串联设置快速熔断器，快速熔断器的电流定额必须由回路电流的有效值而不是平均值来选用。

1.6　集成电路

集成电路是利用半导体工艺、厚膜工艺、薄膜工艺，将无源器件（电阻、电容、电感等）和有源器件（如二极管、三极管、场效应管等）按照设计要求连接起来，制作在同一片硅片上，成为具有特殊功能的电路。集成电路打破了传统的观念，实现了材料、元件、电路的三位一体。与分立元器件相比，集成电路具有体积小、重量轻、功能多、成本低、适合于大批量生产等特点，同时缩短和减少了连线和焊接点，从而提高了产品的可靠性和一致性。几十年来，集成电路生产技术取得了迅速的发展，集成电路得到了非常广泛的应用。

1.6.1　集成电路的基本类别

集成电路从不同的角度，有不同的分类方法。按照制造工艺的不同，可以分为半导体集成电路、厚膜集成电路、薄膜集成电路和混合集成电路；按功能和性质分，可分为数字集成电路、模拟集成电路和微波集成电路；按集成规模可分为小规模、中规模、大规模和超大规模等。

1. 按照功能分类

（1）数字集成电路

以"开"和"关"两种状态或以高、低电平来对应"1"和"0"二进制数字量，并进行数字的运算、存储、传输及转换的集成电路称为数字集成电路。数字电路中最基本的逻辑关系有"与"、"或"、"非"三种，再由它们组成各类门电路和某一特定功能的逻辑电路，如触发器、计数器、寄存器和译码器等。与模拟电路相比，数字电路的工作形式简单、种类较少、通用性强、对元件精度要求不高，广泛应用于计算机、自动控制和数字通信系统中。

数字集成电路又可以分为双极型数字集成电路（TTL）和 MOS 场效应管型数字集成电路（CMOS）。常用的双极型数字集成电路有 54××、74××、74LS××系列；常用的 CMOS 场效应管数字集成电路有 4000、74HC××系列。

（2）模拟集成电路

以电压和电流为模拟量进行放大、转换、调制的集成电路称为模拟集成电路。数字集成电路以外的集成电路统称为模拟集成电路。模拟集成电路的精度高、种类多、通用性小。模拟集成电路可分为线性集成电路和非线性集成电路两种。

① 线性集成电路。线性集成电路指输入、输出信号呈线性关系的集成电路。这类集成电路的型号很多，功能多样，最常见的是各类运算放大器。线性集成电路在测量仪器、控制设备、电视、收音机、通信机雷达等方面得到广泛的应用。

② 非线性集成电路。非线性集成电路是指输出信号随输入信号的变化不成线性关系，但也不是开关性质的集成电路。非线性集成电路大多是专用集成电路，其输入、输出信号通

常是模拟－数字、交流－直流、高频－低频、正－负极性信号的混合，很难用某种模式统一起来。常用的非线性集成电路有：用于通信设备的混频器、振荡器、检波器、鉴频器、鉴相器，用于工业检测控制的模－数隔离放大器、交－直流变换器、稳压电路，以及各种家用电器中的专用集成电路。

③ 微波集成电路。工作在 100MHz 以上的微波频段的集成电路，称为微波集成电路。它是利用半导体和薄、厚膜技术，在绝缘基片上将有源、无源元件和微带传输线或其他特种微型波导联系成一个整体结构的微波电路。

微波集成电路具有体积小、重量轻、性能好、可靠性高和成本低等特点，在微波测量、微波地面通信、导航、雷达、电子对抗、导弹制导和宇宙航行等重要领域得到广泛应用。

2．按集成规模分

集成度少于 10 个门电路或少于 100 个元件的，称为小规模集成电路。
集成度在 10~100 个门电路之间，或者元件数在 100~1000 个之间的称为中规模集成电路。
集成度在 100 个门电路以上或 1000 个以上，称为大规模集成电路。
集成度达到 1 万个门电路或 10 万个元件的，称为超大规模集成电路。

1.6.2 集成电路的型号与命名

近年来，集成电路的发展十分迅速，特别是中、大规模集成电路的发展，使各种功能的通用、专用集成电路大量涌现，类别之多，令人眼花缭乱。国外各大公司生产的集成电路在推出时已经自成系列，但除了表示公司标志的电路型号字头有所不同外，其他部分基本一致。大部分数字序号相同的器件，功能差别不大，可以互相代换。因此，在使用国外集成电路时，应该查阅手册或有关产品型号对照表，以便正确选用器件。

根据国家标准规定，国产集成电路的型号命名由四部分组成，如表 1.7 所示。

表 1.7 国产集成电路的型号命名

第 0 部分		第 1 部分		第 2 部分		第 3 部分		第 4 部分	
用字母表示器件符合国家标准		用字母表示器件的类型		用阿拉伯数字表示器件的系列代号		用字母表示器件的工作温度范围/℃		用字母表示器件的封装	
符号	意义	符号	意义	符号	意义	符号	意义	符号	意义
C	中国制造	T	TTL		与国际同品种保持一致	C	0~70	A	陶瓷扁平
		H	HTL			E	−40~85	B	塑料扁平
		E	ECL			R	−55~85	C	陶瓷双列
		C	CMOS			M	−55~125	D	塑料双列
		F	线性放大器					Y	金属圆壳
		D	音响电视电路					F	全密封扁平封装
		W	稳压器						
		J	接口电路						
		B	非线性电路						
		M	存储器						
		μ	微型机电路						

（1）肖特基 TTL 双四输入与非门命名示例

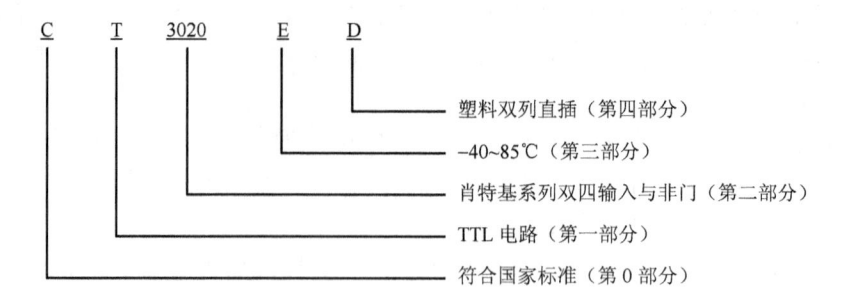

```
C  T  3020  E  D
│  │   │    │  │
│  │   │    │  └─ 塑料双列直插（第四部分）
│  │   │    └──── -40~85℃（第三部分）
│  │   └───────── 肖特基系列双四输入与非门（第二部分）
│  └───────────── TTL 电路（第一部分）
└──────────────── 符合国家标准（第 0 部分）
```

（2）CMOS 8 选 1 数据选择器命名示例

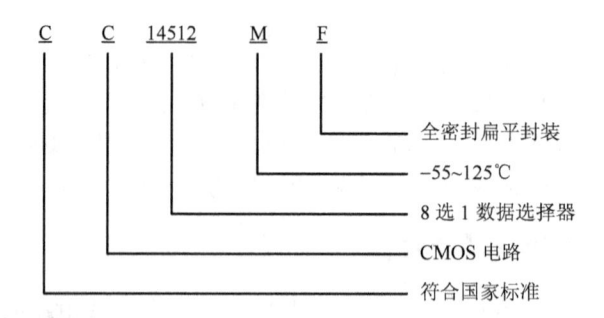

```
C  C  14512  M  F
│  │    │    │  │
│  │    │    │  └─ 全密封扁平封装
│  │    │    └──── -55~125℃
│  │    └───────── 8 选 1 数据选择器
│  └───────────── CMOS 电路
└──────────────── 符合国家标准
```

1.6.3 集成电路的封装形式

集成电路的封装可分为：圆形金属外壳封装，扁平形陶瓷、塑料封装，双列直插形陶瓷、塑料封装，单列直插式封装等，图 1.21 给出了几种常见的封装形式，其中在中小规模集成电路中，单列直插式和双列直插式较为常见，而随着集成电路集成度的升高，集成电路引脚数目不断增加，在超大规模集成电路中，广泛采用四面引线的封装形式。陶瓷封装散热性能差、体积小、成本低，金属封装具有散热性能好，可靠性高，但安装不方便，成本高，塑料封装的最大优点是工艺简单、成本低，因而被广泛应用。

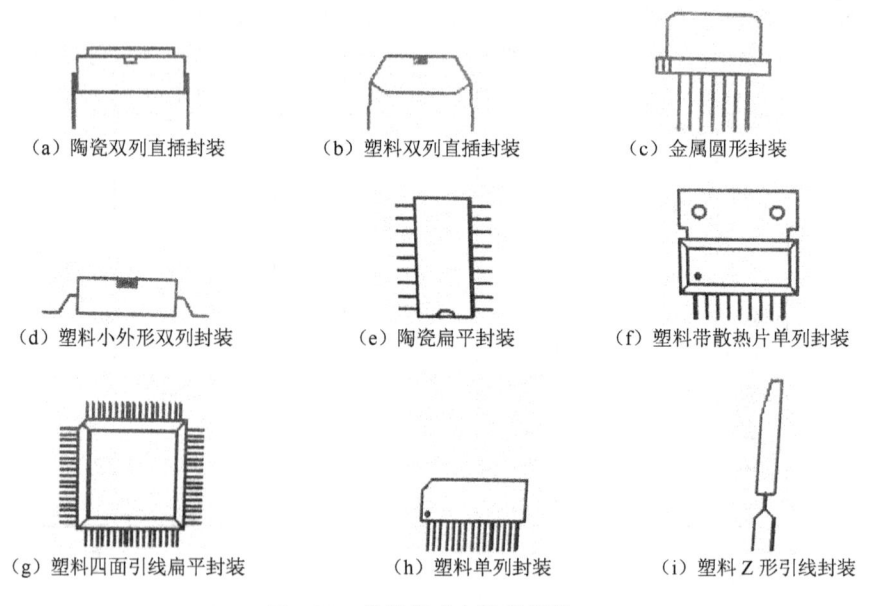

(a) 陶瓷双列直插封装　　(b) 塑料双列直插封装　　(c) 金属圆形封装

(d) 塑料小外形双列封装　　(e) 陶瓷扁平封装　　(f) 塑料带散热片单列封装

(g) 塑料四面引线扁平封装　　(h) 塑料单列封装　　(i) 塑料 Z 形引线封装

图 1.21　常见集成电路外封装

1.6.4 集成电路的选用和使用注意事项

集成电路的种类五花八门，各种功能的集成电路应有尽有。在选用集成电路时，应根据实际情况，查器件手册，选用功能和参数都符合要求的集成电路。集成电路在使用时，应注意以下几个问题：

1）集成电路在使用时，不许超过参数手册规定的参数数值。
2）集成电路插装时要注意引脚序号方向，不能插错。
3）扁平型集成电路外引出线成型、焊接时，引脚要与印制电路板平行，不得穿引扭焊，不得从根部弯折。
4）集成电路焊接时，不得使用大于 45W 的电烙铁，每次焊接的时间不得超过 10s，以免损坏电路或影响电路性能。集成电路引出线间距较小，在焊接时不得相互锡连，以免造成短路。
5）CMOS 集成电路有金属氧化物半导体构成的非常薄的绝缘氧化膜，可由栅极的电压控制源和漏区之间的电通路，而加在栅极上的电压过大，栅极的绝缘氧化膜就容易被击穿。一旦发生了绝缘击穿，就不可能再恢复集成电路的性能。

CMOS 集成电路为保护栅极的绝缘氧化膜免遭击穿，虽备有输入保护电路，但这种保护也有限，使用时如不小心，仍会引起绝缘击穿。因此使用时应注意以下几点：

① 焊接时采用漏电小的烙铁（绝缘电阻在 10MΩ 以上的 A 级烙铁或 1M 以上的 B 级烙铁）或焊接时暂时拔掉烙铁电源。
② 电路操作者的工作服、手套等应由无静电的材料制成。工作台上要铺上导电的金属板，椅子、工夹器具和测量仪器等均应接到地电位。特别是电烙铁的外壳须有良好的接地线。
③ 当要在印制电路板上插入或拔出大规模集成电路时，一定要先关断电源。
④ 切勿用手触摸大规模集成电路的端子（引脚）。
⑤ 直流电源的接端子一定要接地。

另外，在存储 CMOS 集成电路时，必须将集成电路放在金属盒内或用金属箔包装起来。

1.7 光电器件

半导体光电器件也叫光电器件，也属于半导体分立器件或小规模集成电路，常用的有光敏电阻、光电二极管、光电三极管、发光二极管和光电耦合器等。

1.7.1 光敏电阻

光敏电阻是无结半导体器件，它利用半导体的光敏导电特性：半导体受光照产生空穴和电子，在复合之前由一电极到达另一电极，使光电导体的电阻率发生变化。光照强度越强，电阻越小。其光照强度与电阻之间的关系曲线如图 1.22 所示。

由于光敏电阻的阻值随光照强弱变化，其规格中只规定亮阻（照度为 10Lx 或 100Lx 下的电阻）和暗阻（无光照时的电阻）。对于无具体规格的光敏电阻，可以用万用表直接检测其亮阻和暗阻。其方法是：将万用表置于 R×1k 挡，置光敏电阻于距 25W 白炽灯 50cm 远处（其照度约为 100Lx），直接测量光敏电阻的亮阻；再在完全黑暗的条件下直接测量光敏电阻的暗阻。如果亮阻为数千欧至数十千欧，暗阻为数兆欧至几十兆欧，则说明光敏电阻质量良好。

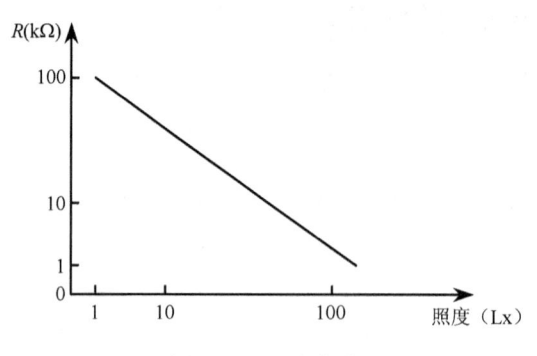

图 1.22　照度曲线

1.7.2　发光二极管

发光二极管包括可见光、不可见光、激光等不同类型，这里只对可见光发光二极管作一简单介绍。发光二极管的发光颜色决定于所用材料，目前有黄、绿、红、橙等颜色，可以制成长方形、圆形等各种形状，图 1.23 为发光二极管的符号。

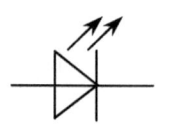

发光二极管也具有单向导电性。只有外加的正向电压使得正向电流足够大时才发光，它的开启电压比普通二极管的大，红色在 1.6~1.8V 之间，绿色的约为 2V。正向电流越大，发光越强。它可用做导航灯泡，也可作各种电子仪器的工作状态指示或数字显示。使用时应注意不要超过最大功耗、最大正向电流和反向击穿电压等参数。在使用发光二极管时应注意以下几个问题：

图 1.23　发光二极管的符号

① 若用电压源驱动，要注意选择好限流电阻，以限制流过管子的正向电流。
② 一般引脚引线较长的为管子的正极，较短的为管子的负极。
③ 发光二极管具有单向导电性，可以用万用表的 R×10k 挡，用与测二极管相同的方法测试，但因其正向导通电压较高，不能用低倍率挡测试。
④ 交流驱动时，为防止反向击穿，可并联整流二极管，进行保护。

发光二极管因其驱动电压低、功耗小、寿命长、可靠性高等优点广泛用于显示电路中。

1.7.3　光电二极管

光电二极管又叫光敏二极管，是远红外线接收管，是一种光能与电能相互转换的器件，符号如图 1.24 所示。其构造与普通二极管相似。其不同点是管壳上有入射窗口。可将接收到的光线强度的变化转换成为电流的变化。在无光照时，与普通二极管一样，具有单向导电性；外加正向电压时，电流与端电压呈指数关系；当加反向工作电压时，无光照射，反向电阻较大，反向电流较小；有光照射，反向电流增加。光电二极管在反向电压下受到光照而产生的电流称为光电流，光电流受入射照度的控制。照度一定时，光电二极管可等效成恒流源。照度愈大，光电流愈大，在光电流大于几十微安时，光电流与照度呈线性关系。如在光电二极管两端接上电阻，则当电阻 R 一定时，光照越强，电流越大，R 上获得的功率越大，此时光电二极管作为微型光电池。

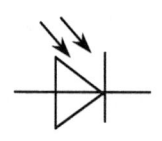

图 1.24　光电二极管符号

光电二极管的检测，可用万用表的 R×1k 挡测量。光电二极管的正向电阻约为 10kΩ 左右，在无光照射时，反向电阻为∞，说明管子是好的；有光照射时，反向电阻随光照强度增加而减小，阻值可减小到几 kΩ 或 1kΩ 以下，则管子是好的；若反向电阻为∞或零，则管子是坏的。

1.7.4　光电三极管

光电三极管依据光照的强度来控制集电极电流的大小，其功能可等效为一只光电二极管和一只三极管相连，并只引出集电极和发射极，所以它具有放大作用。其等效电路与符号如图 1.25 所示。

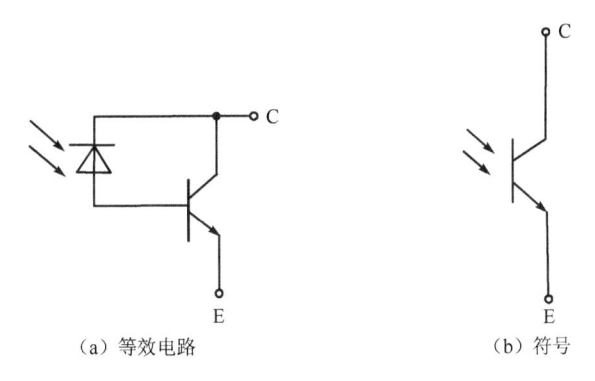

（a）等效电路　　　　　　（b）符号

图 1.25　光电三极管等效电路与符号

光电三极管也可用万用表 R×1k 挡测试。用黑表笔接 C 极，红表笔接 E 极，无光照，电阻为无穷大，有光照时，阻值减小到几 kΩ 或 1kΩ 以下。若将表笔对换，无论有无光照，阻值均为无穷大。

1.7.5　光电耦合器

光电耦合器是实现光电耦合的基本器件，它将发光元件（发光二极管）与光敏元件（光电三极管）相互绝缘地耦合在一起，如图 1.26 所示。发光元件为输入回路，它将电能转换成光能；光敏元件为输出回路，它将光能再转换成电能，实现了两部分电路的电气隔离，从而可以有效地抑制干扰。在输出回路常采用复合管形式以增大放大倍数，也可为 CaS 光电池、光电二极管、硅光三极管等。

选用光电耦合器时主要根据用途选用合适的受光部分的类型。受光部分选用光电二极管，其线性度好，响应速度快，约为几十 ns；硅光电三极管要求输入电流 $I_F \geq 10mA$ 时，线性度较好，响应时间约为 1~100μs；达林顿光电三极管适应于开关电路，响应时间为几十 μs 至几百 μs，其传输效率高。

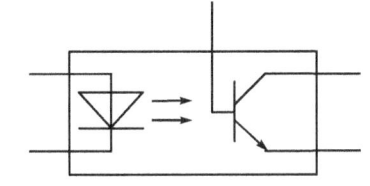

图 1.26　光电耦合器

光电耦合器也可用万用表检测，输入部分和检测发光二极管相同，输出部分与受光器件类型有关，对于输出为光电二极管、三极管的，则可按光电二极管、光电三极管的检测方法测量。

练习题：

1．如何根据电阻器上色环的颜色读取色环电阻的阻值？
2．用万用表测试电阻时应注意哪些问题？

3．如何用万用表判断电容器的好坏？
4．如何使用万用表判别电解电容器的容量大小及引脚的极性？
5．如何使用万用表判断电感器的质量好坏？
6．如何使用万用表判别二极管引脚的极性及质量的好坏？
7．如何使用万用表判别三极管的管型及基极？
8．如何使用万用表判别三极管的集电极与发射极？
9．如何用万用表测试晶闸管的引脚及质量？
10．使用 TTL 集成电路和 CMOS 集成电路时各应注意哪些问题？

第 2 章 常用仪器仪表

内容提要:

电子测量仪器是专业技术人员从事科研和生产活动的重要工具,也是学生进行专业技能实训必不可少的设备。本章按照教学大纲的要求,以培养学生对仪器仪表的操作能力为目的,重点介绍了万用表、信号发生器、电子电压表、示波器、晶体管特性图示仪、数字频率计等常用电子测量仪器的功能、特点及使用方法。通过本章的学习,使学生能够熟练地使用各种测量仪器进行工程测量。

2.1 万用表

万用表是在电子工程领域中用途最广泛的测量仪表之一,它的种类很多,主要有模拟式和数字式两大类。下面分别介绍两种仪表的功能特点和使用方法。

2.1.1 模拟式万用表

现以 MF30 为例介绍模拟式万用表的使用方法。MF30 型万用表是一种结构典型、灵敏度高、体积小的袖珍型万用电表,可测量直流电流、直流电压、交流电压、电阻等。

1. 直流电流的测量

直流电流的量程范围有 0~0.05mA、0~0.5mA、0~5mA、0~50mA、0~500mA 共 5 挡。当转换开关转到直流电流各量程时,电流可以从"+"表笔进入,通过内部相应电阻,从"–"表笔流出,从而测得相应的直流电流。

2. 直流电压的测量

直流电压的量程范围有 0~1V、0~5V、0~25V、0~100V、0~500V 共 5 挡。通过选择不同的量挡来改变内部所接电阻,构成相应量程的电流表,从而测得对应的直流电压。

3. 交流电压的测量

交流电压的量程范围有 0~10V、0~100V、0~500V 共 3 挡。当转换开关触头滑到交流电压的量挡时,转换开关的内部金属触片与相应量挡的交流电压的触点相接,万用表内部的二极管对交流电流进行半波整流,只有被测交流电压在"+"表笔为正,"–"表笔为负时,才有电流流过,此时,可从表头读出相应测量值。

4. 电阻测量

电阻测量范围分别为 R×1、R×10、R×100、R×1k、R×10k 共 5 挡。

测量电阻方法如下。

① 将量限开关旋至合适的量限。

② 调零：将两表笔短路，调节欧姆调零电位器，使指针指在欧姆刻度的零位上。

③ 表笔接入待测电阻，按刻度读数，并乘以所用挡位所指示的倍数，即为待测电阻值。指针在中心阻值附近读数精度较高。改变挡位，需重新调零。

例如，将挡位开关旋至 R×100，测量指针指示在 56 刻度位置，则被测电阻的阻值为 100Ω×56=5600Ω。若将挡位开关旋至 R×1k，测量指针指示在 5.6 刻度位置，则被测电阻的阻值为：1kΩ×5.6=5.6kΩ。

5．二极管的测量

检测二极管一般用欧姆挡 R×100 或 R×1k 挡进行。由于二极管具有单向导电性，它的正向电阻小，反向电阻大。当万用表的红表笔接二极管的正极，黑表笔接二极管的负极时，测得的是反向电阻，此值一般要大于几百千欧。反之，红表笔接二极管的负极，黑表笔接二极管的正极，测得的是正向电阻，对于锗二极管，正向电阻一般在 100~1000Ω 左右，对于硅二极管，一般在几百欧至几千欧。

如果两次测得的阻值都是无穷大，说明二极管内部开路。如果阻值都是零，表示二极管内部短路。如果两次差别不大，说明二极管失效。

此外，由于二极管是非线性元件，用不同倍率的欧姆挡或不同灵敏度的万用表进行测量时，所得数据是不同的。

6．三极管的测量

（1）判定极性（NPN 型或 PNP 型）与引脚电极

首先应判断管子的基极和管型，为此先假定某一引脚为基极，将万用表放在 R×100 或 R×1k 挡上，用黑表笔接假定的基极，用红表笔分别接触另外两引脚，若测得的阻值相差很大，则原先假定的基极错误，需另换一个，重复上述测量，若两次测得的阻值都很大，此时再将两表笔对换继续测试，若对换表笔后测得的阻值都较小，则说明该电极是基极，且此三极管为 PNP 型。同理，黑表笔接假设的基极，红表笔分别接其他两个电极时测得的阻值都很小，则该三极管的管型为 NPN 型。

判断出管子的基极和管型后，可进一步判断管子的集电极和发射极。以 NPN 管为例，确定基极和管型后，假定另外两个引脚一个是集电极，另一个为发射极，将黑表笔接在假设的集电极上，红表笔接在假设的发射极上，用手指将已知的基极和假设的集电极捏在一起（但不要相碰），记下表指针偏转的位置，然后再作相反的假设（即原先的 C 假设为 E，原先的 E 假设为 C），重复上述过程，并记下表指针偏转的位置。比较两次测试的结果，指针偏转大的（即阻值小的）那次假设是正确的。若为 PNP 型管，测试时，将红表笔接假设的集电极，黑表笔接假设的发射极，其余不变，仍然电阻小的一次假设正确。

（2）三极管 I_{CEO} 的测量

量程开关放在 R×1k 挡位置，表笔插在"+"、"*"插孔内，表笔短路后调节欧姆调零电位器，使指针指示在欧姆刻度的零位上，然后断开表笔。晶体管的 C、E 极插入与其相应的"NPN"或"PNP"的插孔内，B 极开路，电表指示值即为晶体管的 I_{CEO} 值。

（3）h_{FE} 的测量

先转动开关到 ADJ 位置，将红、黑表笔短接，调节欧姆调零电位器，使指针指到 h_{FE} 挡的 300 刻度上，然后将开关旋到 h_{FE} 挡，将被测晶体管的 E、B、C 极插在与其相应的 NPN 或 PNP 侧的插孔内，指针偏转所示数值即为晶体管电流放大系数。

7. 使用注意事项

1）测量之前，必须根据测量对象将万用表转换开关置于相应的位置。对所测电压或电流的数值不清楚时，应先置于该挡的较大量程，有指示后再调到合适的量程。

2）电流电压挡较准确的读数范围是满量限的三分之二以上的区域，电阻挡较准确的读数范围是 0.1~10 倍"欧姆中心值"对应的区域（欧姆中心值是欧姆挡标尺的中心刻度）。

3）用完万用表之后，要把转换开关转到交流电压最大量程上，以免下次使用万用表不小心损坏万用表。

4）测量电阻时，应先在电阻挡进行欧姆调零，当不能调零时，应更换电池，否则会使测量误差过大。

5）如果万用表长期不使用，应把电池取出，以免电池漏液腐蚀表内元件。

6）携带或搬运万用表时，不要使万用表受到强烈冲击和震动，以免线圈或游丝等受损。

2.1.2 数字式万用表

与模拟万用表相比，数字万用表采用了大规模集成电路和液晶数字显示技术，具有许多优点。下面以常见的 DT890D 为例介绍数字万用表的使用方法。

DT890D 数字万用表由液晶显示屏、量程转换开关和测试插孔等组成，最大显示数字为 ±1999，为 3 位半数字万用表。

1. 交直流电压和电流的测量

DT890D 数字万用表有较宽的电压和电流测量范围。直流电压为 0~1000V，交流电压为 0~700V，交直流电流均为 0~20A。

测量交直流电压时，红表笔接"V/Ω"插孔，黑表笔接"COM"插孔，测量交直流电流时，黑表笔不变，红表笔可根据所测电流大小分别接"mA"和"20A"两个插孔。

交流电压电流均显示有效值。测量直流时能自动转换和显示极性，当被测电压（电流）的极性接反时，会显示"–"号，不必调换表笔。

2. 电阻测量

红、黑表笔分别接"V/Ω"和"COM"插孔。DT890D 电阻量程从 200Ω~200MΩ 共 7 挡，各挡均为测量上限，测量时应先估计被测电阻的数值，尽可能选用接近满度的量程，这样可提高测量精度，如果选择挡位小于被测电阻实际值，显示结果只有高位上的"1"，说明量程选得太小，出现溢出，可换高一挡量程再测。

3. 二极管测量

在电阻测量挡内，设置了"二极管、蜂鸣器"挡位，该挡有两个功能：第一功能可测二极管的极性和正向压降，方法是将红黑表笔分别接二极管的两个引脚，若出现溢出，则为反响特性，交换表笔时则应出现三位数字，此数字是以小数表示的二极管正向压降，由此可判断极性和好坏。显示正向压降时，红表笔所接引脚为二极管的正极，并可根据正向压降的大小进一步区分是硅材料还是锗材料。第二功能可检查电路的通断，在确信电路不带电时，用红黑两个表笔分别接待测两点，蜂鸣器有声响时表明电路是通的，无声测表示不通。

4．电流放大系数 h_{FE} 的测量

将选择开关拨至"h_{FE}"挡，将待测三极管按 NPN 或 PNP 的不同插入相应的测试座内，由显示屏可读出 h_{FE} 数值。

5．电容量的测量

DT890D 数字万用表可测电容范围为 1pF~20μF，并设有自动调零和保护电路。

测量时，将选择开关置电容测量的适当挡位，将待测电容插入测量插座内，由显示屏可读出电容数值。

2.2 信号发生器

2.2.1 函数信号发生器

以 SG1645 函数信号发生器为例介绍其主要用途及技术特性等。

1．主要用途

本仪器是一种多功能、6 位数字显示的功率函数信号发生器。它能直接产生正弦波、三角波、方波、对称可调脉冲波和 TTL 脉冲波。其中正弦波具有最大为 10W 的功率输出，并具有短路报警保护功能。此外仪器还具有 VCF 输入控制、直流电平连续调节和频率计外接测频等功能。

2．主要技术特性

（1）频率范围

输出电压时：0.2Hz~2MHz 分 7 挡。

输出正弦波功率时：0.2Hz~200kHz。

（2）波形

波形有：正弦波、三角波、方波、脉冲波、TTL。

（3）方波前沿

方波前沿小于 100ns。

（4）正弦波

失真：10Hz~100kHz 时，<1%。

频率响应：0.2Hz~100kHz 时，≤±0.5dB。

100kHz~2MHz 时，≤±1dB。

（5）TTL 输出

电平：高电平＞2.4V，低电平＜0.4V，能驱动 20 只 TTL 负载。

上升时间：≥40ns。

（6）电压输出

阻抗：50Ω±10%。

幅度 U_{p-p}：≥20V（空载）。

衰减：20dB、40dB、60dB。

直流偏置：0~±10V，连续可调。

（7）正弦波功率输出

输出功率：最大 10W（f≤100kHz）、最大 5W（f≤200kHz）。

输出幅度 U_{p-p}：大于等于 20 V。

保护功能：输出端短路时报警，切断信号并具有延时恢复功能。

（8）脉冲占空比调节范围：80∶20~20∶80（f≤1MHz）。

（9）VCF 输入

输入电压：−5~0V。

最大压控比：1000∶1。

输入信号频率：0~1kHz。

（10）频率计

测量范围：1Hz~10MHz，6 位 LED 数字显示。

输入阻抗：不小于 1MΩ/20pF。

灵敏度：100mV（rms）。

分辨率：100Hz、10Hz、1Hz、0.1Hz 四挡。

最大输入：150V（AC+DC）（带衰减器）。

输入衰减：20dB。

测量误差：不大于 $3×10^{-5}$Hz±1 个字。

3．面板图（见图 2.1）

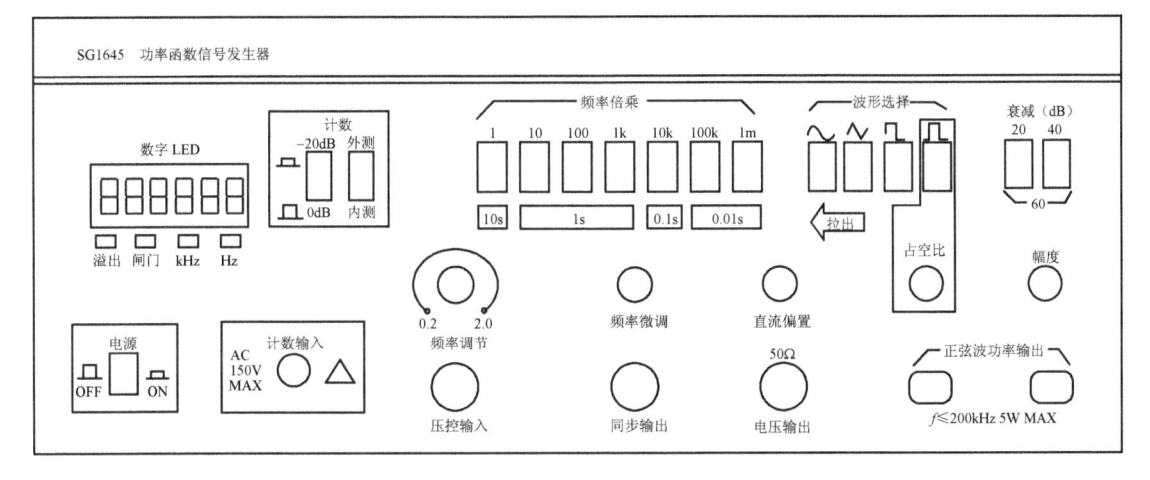

图 2.1　SG1645 功率函数信号发生器面板

面板标志说明及功能如下。

1）衰减（dB）：按下此按钮可产生–20dB 或–40dB 的衰减；若两只按钮同时按下，则可产生–60dB 的衰减。

2）波形选择：可以进行输出波形的选择，当波形选择脉冲波时，与"占空比"配合使用可以改变脉冲占空比。

3）频率倍乘：此按键组与"频率调节"、"频率微调"配合选择工作频率，外测频率时选择闸门时间。

4）计数：频率计内测和外测频率信号的选择。外测频率信号衰减选择，按下时信号衰减 20dB。

5）"Hz"、"kHz"：指示频率单位，灯亮时有效。

6）闸门：频率计正常工作时此灯闪烁。

7）溢出：当频率超过 6 个 LED 所显示的范围时灯亮。

8）数字 LED：所有内部产生信号或外测信号的频率均由此 LED 显示。

9）电源：按下开关电源接通。

10）计数输入：外测频率时，信号从此输入。

11）频率调节：与"频率倍乘"配合选择工作频率。

12）频率微调：与"频率调节"配合微调工作频率。

13）压控输入：外接频率控制电压输入端。

14）同步输出：输出波形为 TTL 脉冲，可作同步信号。

15）直流偏置：拉出此旋钮可设定任何波形电压输出的直流工作点，顺时针方向为正，逆时针方向为负，将此旋钮推进则直流电位为零。

16）电压输出：电压信号由此输出，阻抗为 50Ω。

17）占空比：当"波形选择"为脉冲时，调整此旋钮可以改变脉冲的占空比。

18）幅度：调节此旋钮可同时改变电压输出和正弦波功率输出信号的幅度。

19）正弦波功率输出：当波形选择为正弦波时，有正弦波输出；当选择其他波形时输出为零；当 $f>200\text{kHz}$ 时，电路会保护而无输出。

2.2.2 高频信号发生器

以 AS1051S 型高频信号发生器为例，介绍其主要性能和使用方法。

1. 主要用途

高频信号发生器是无线电调试和修理的重要仪器，特别是在收音机的生产调试中，它得到了广泛的应用，AS1051S 型高频信号发生器采用高可靠集成电路组成高质量的音频信号发生器、调频立体声信号发生器和稳定电源。高频信号发生器采用稳幅的调频、调幅电路，性能稳定，波形好，是一种高可靠多用途的信号源。

2. 主要技术特性

（1）调频立体声信号发生器

工作频率：88~108MHz±1%。

导频频率：19kHz±1Hz。

1kHz 内调制方式：左（L）、右（R）和左+右（L+R）。

外调输入：输入的信号源内阻小于 600Ω，输入幅度小于 15mV。

输入插孔：左声道输入和右声道输入。

高频输出：不小于 50mV 有效值，分高、低挡输出连续调节。

（2）调频、调幅高频信号发生器

工作频率：范围为 100kHz~150MHz，分 6 个频段。依次为 0.1~0.33MHz、0.32~1.06MHz、1~3.5MHz、3.3~11MHz、10~37MHz、34~150MHz。

1kHz 内调制方式：调幅、载频（等幅）和调频

高频输出：不小于 50MV 有效值，分高、低挡输出连续调节。

（3）音频信号发生器

工作频率：1kHz±10%。

失真度：<1%。

音频输出：最大 2.5V 有效值，分高、中、低三挡输出连续可调，最小可达微伏数量级。

（4）正常工作条件

电源电压：220V±22V；50Hz±2.5Hz。

电源功耗：4W。

3．面板图（见图 2.2）

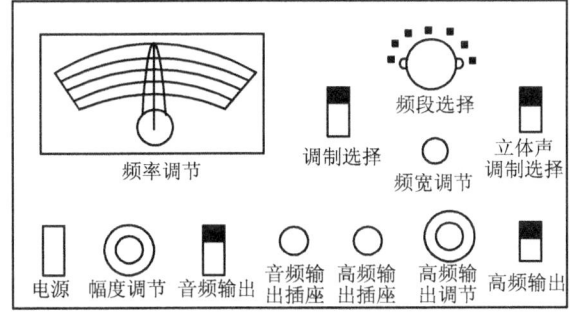

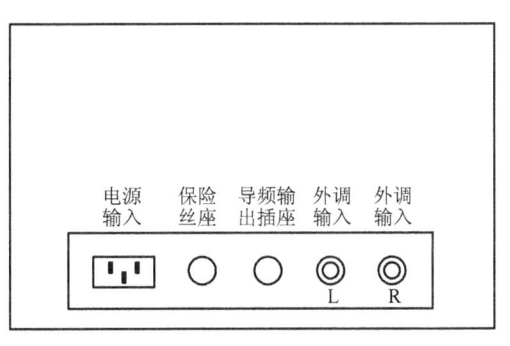

图 2.2　AS1051S 型高频信号发生器面板

面板标志说明如下。

1）电源：电源开关。

2）幅度调节：音频输出信号幅度调节旋钮。

3）频率调节：高频信号频率调节旋钮。

4）音频输出：音频输出信号控制开关，分高、中、低三挡。

5）高频输出调节：高频输出信号幅度调节旋钮。

6）高频输出：高频输出信号控制开关，分高、低两挡。

7）立体声调制选择：立体声发生器调制选择开关，左（L）、右（R）、左+右（L+R）。

8）频段选择：高频信号频段选择开关。

9）频宽调节：高频信号发生器的频宽调节旋钮。

10）调制选择：高频发生器调幅、等幅、调频选择开关。

AS1051S 高频信号发生器采用塑料面板，固定在基座和底座上，再盖上外罩构成便携式仪器。在仪器内部，基座的右边频段开关上，装有高频发生器的电感，它的左下方是放大器和稳幅控制电路，基座的右后边是稳压电源和音频振荡器，可变电容器的右边是高频振荡电路，左边是调频立体声发生器电路，中后是电源变压器，仪器的后面有电源输入插座、保险丝座、导频输出插座和外调双通道输入插孔。

4．AS1051S 高频信号发生器的使用方法

（1）开机预热

先将电源线插入仪器的电源输入插座，然后将电源线的插头插入电源插座，打开电源开关使指示灯发亮，预热 3~5 分钟。

（2）音频信号使用

将频段选择开关置于"1"，调制开关置于"载频（等幅）"，音频信号由音频输出插座输出，根据需要选择信号幅度开关的"高、中、低"挡，如：低挡调节范围为 0μV~2mV；中挡自 0mV 到几十 mV；高挡自几十 mV 到 2.5V。

（3）调频立体声信号发生器的使用

将频段选择开关置于"1"，调制开关置于"载频"，切忌置于"调频"，否则就要影响立体声发生器的分离度。

（4）调频调幅高频信号发生器的使用

将频段选择开关按需置于选定频段，调制开关按需选于调幅、载频（等幅）和调频，高频信号输出幅度调节由电平选择开关和输出调节旋钮配合完成，高频信号由插座输出。

（5）频宽调节

在中频放大器和鉴频器正常工作条件下，将高频信号发生器的频率调在中频频率上，调节"频宽调节"从小（顺时针旋转）开大，使示波器的波形不失真，此法即观察波形法。听声音法是将频宽调节从小调到最响时，就不调大了，应稍调小一点即可，如在调节中频放大器和鉴频放大器的过程中调节"频宽调节"，鉴频的调试过程中随时调节"频宽调节"直到都调好。

2.3 模拟式电子电压表

模拟式电子电压表种类型号繁多，下面分别介绍低频电子电压表和高频电子电压表及其使用方法。

2.3.1 SH2172 型交流毫伏表

1．主要技术特性

1）交流电压测量范围：100μV~300V。

2）输入电阻：1~300mV 时，为 8MΩ±10%；1~300V 时，为 10MΩ±10%。

3）输入电容：1~300mV 时，小于 45pF；1~300V 时，小于 30pF。

4）最大输入电压：$U_{ACP-P}+U_{DC}$=600V。

5）放大器。

输出电压：在每一个量程上，当指针指示满刻度"1.0"位置时，输出电压应为1V。（输出端不接接载）

频率特性：10Hz~500kHz。

输出电阻：600Ω。

6）电源：220V。

2．面板布置

SH2172型交流毫伏表的面板图如图2.3所示。

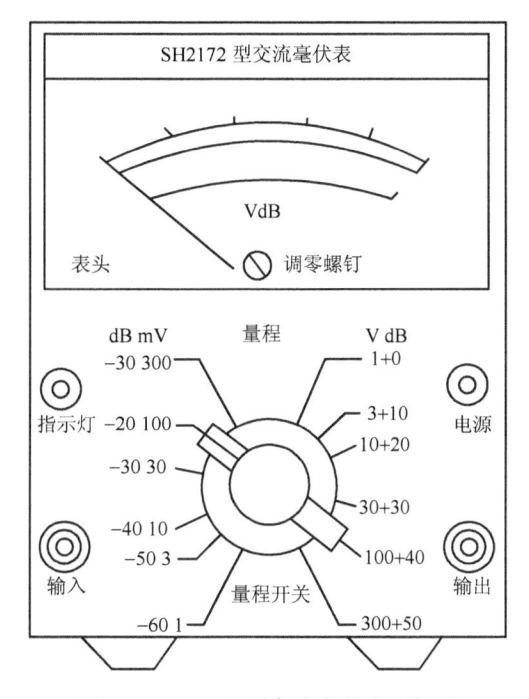

图2.3　SH2172型交流毫伏表面板图

① 调零螺钉：未接通电源前，用一个绝缘起子调节机械零调节螺丝，使指针指零。
② 指示灯：当按下电源开关后，指示灯即亮。
③ 输入：被测量电压输入插座。
④ 量程开关：此旋钮用来选择满刻度量程值。
⑤ 输出：当交流毫伏表用来作为一个放大器时，这是个"信号"输出端。在量程开关每一挡的位置上，当表头指示是满刻度"1.0"位置时，得到1V有效值电压。
⑥ 电源：接下电源开关，电源即被接通。

3．使用说明

1）仪器的电源电压应该是额定值220V。

2）机械零指示调整：当电源关时，如果表头指针不是在零上，用一个绝缘起子调节机械螺钉，使指针置于零。

3）过量的输入电压：该仪表的最大输入电压为$U_{ACP\text{-}P}+U_{DC}=600V$，如果大于600V的峰值电压加到输入端，部分电路可能被损坏。

4）输入波形：该仪表给出的指示与输入波形的平均值相符合，按正弦波的有效值校准，因此输入电压波形的失真会引起读数的不准确。

5）感应噪声：当被测量的电压很小时，或者被测量电压源阻抗很高时，一个不正常指示可以归结为外部噪声感应的结果。如果这个现象发生，可利用屏蔽电缆减小或消除噪声干扰。

4．操作步骤

（1）准备

① 仪器接通电源以前，应先检查电表指针是否在零上，如果不在零上，用调节螺钉调整到零。

② 插入电源。

③ 预先把量程开关置于 300V 量程上。

④ 当电源开关按到"开"上时，指示灯应当亮。指针大约有 5s 不规则的摆动。

⑤ 电源加上后大约 5s 仪器稳定。

（2）交流电压的测量

① 当"输入"端加上测量电压时，表头将指示电压的存在。

② 如果读数小于满刻度 30%，逆时针方向转动量程旋钮逐渐地减小电压量程，当指针是大于满刻度 30%又小于满刻度值时读出示数。

（3）分贝量程的利用

分贝值能够用量程 dB 值和指针的指示值相加读出。

（4）"输出"端的利用

当在满刻度上指针指示"1.0"时，无论量程开关是在什么位置，没有负载时在"输出"端都能得到 1V 的输出。

一个连接到"输出"端的示波器能够被用来作为测量信号波形的监视器，或者作为示波器的前置放大器。

2.3.2　DA22B 超高频毫伏表

1．工作特性

（1）电压范围

交流电压的测量范围为 1mV~10V。量程为：0~3mV，0~10mV，0~30mV，0~100mV，0~300mV，0~1V，0~3V，0~10V 共 8 挡。

（2）频率范围

被测电压频率范围为 10kHz~500MHz。

（3）输入阻抗

在 100kHz 时，输入电阻大于 50kΩ，输入电容在 100MHz 时小于 2pF。

2．面板布置

DA22B 型超高频毫伏表面板如图 2.4 所示。

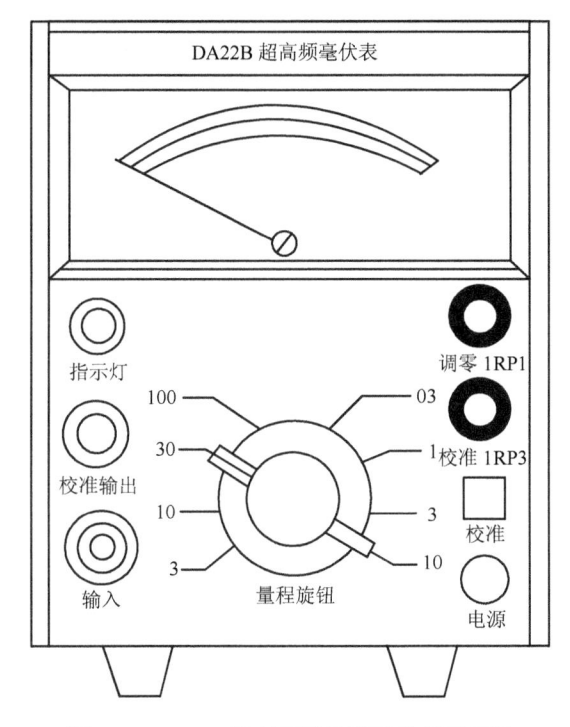

图 2.4　DA22B 超高频晶体管毫伏表面板图

3．使用说明

1）仪器使用步骤：仪器接通电源，预热 15min，将检波头电缆插入"输入"插座内，并将探头的芯线和地线短路，转动"调零"旋钮使指针指到零位，然后将探头插入"校准输出"插孔，转动"校准"旋钮使指针满刻度，即可进行测量。

2）当测量信号高于 10V 电压时，先进行上述步骤校准后，将高频探测器插入 100∶1 分压器进行测量，读出指示值后倍乘 100。

3）当发现仪器调零正常，信号加不进时，一般是探测器损坏，修理时应先把探测器绝缘把手旋下，然后旋下镀铬套筒，检查 4C1 电容是否脱焊、破裂，检查检波二极管是否开路失效，如果属于上述情况，必须用尖头烙铁把损坏的器件取下，换上相应元件。

4）更换二极管后的调整：置"校准"电位器 1RP3 于中间位，"校准"按钮弹出，调节"调零"电位器 1RP1，使表头指针为零，后将"校准"按钮按下，调仪器内部的 2RP2~2RP9 使各挡量程表头指针为满度。

5）校准器的校准：当发现校准器不准确时，可以借用标准表来校准。信号源输出 1V、100kHz 正弦波（失真度不大于 0.5%）电压，用标准表监视，仪器置于 1V 挡量程，调节满度"校准"电位器 1RP3 至满度，然后把探测器插入校准插座，调电位器 2RP1 使表头指示满度，最后用漆胶将电位器封住。

2.4　示波器

示波器是近代电子科学领域的重要测量工具之一，同时也是其他许多领域广泛应用的测量仪器，它不仅能观察电压（电流）的波形，而且还可以测量电压、频率、相位、功率等参数,也可以利用换能器将各种非电量(如温度、压力、振动、声、光、热、磁效应等)变换为电量,然后再进行观察与测量。现以 SS-5702 双踪示波器为例,介绍一般使用方法。SS-5702 双踪示波器面板示意图如图 2.5 所示。

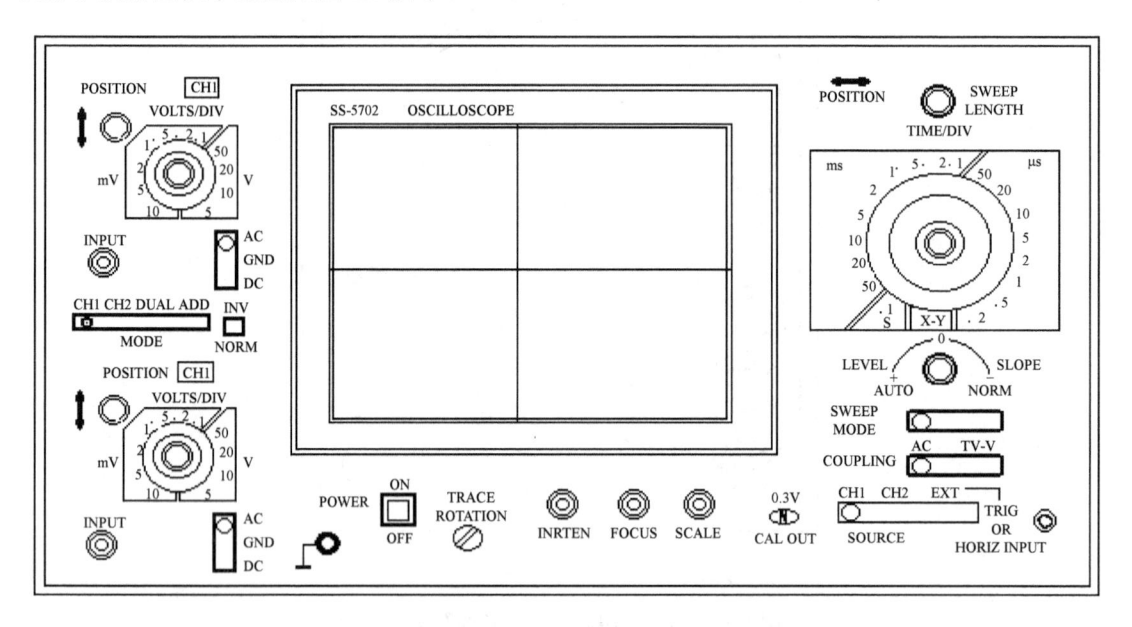

图 2.5 SS-5702 双踪示波器面板示意图

2.4.1 SS-5702 型双踪示波器旋钮和开关的作用

1. 电源及示波管控制系统

1)POWER:电源开关。

2)INTEN:辉度旋钮,此旋钮用来调节光迹亮度,顺时针方向旋转,亮度增加;反之,亮度减小。

3)SCALE:刻度照明旋钮,调节嵌在显示盘内的四只指示灯亮度,以便观察刻度盘读数。

4)FOCUS:聚焦旋钮,用来调节光迹及波形的清晰度。

5)TRACE ROTATION:扫迹旋转,控制扫描线与水平刻度线平行。

6)⊥:接地符号,指输入信号源与本仪器连接时的接地端。

2. 垂直系统

1)MODE:垂直通道方式选择开关,选择垂直通道工作方式。以下方式可供选择。
CH$_1$:显示通道 1 的信号。
CH$_2$:显示通道 2 的信号。
DUAL:两通道的信号双踪显示。在这一方式下,将扫描速度置于低于 0.5ms/DIV 范围时为断续显示,置于高于 0.2 ms/DIV 范围时为交替显示。
ADD:在此工作方式时,示波管显示屏上显示通道 1 和通道 2 输入端的信号的代数和。通道 2 "极性"开关可使显示结果为 CH$_1$+CH$_2$ 或 CH$_1$−CH$_2$。

2)POSITION:垂直位移,控制所显示波形在垂直方向移动。顺时针方向旋转则波形上移,逆时针方向旋转则波形下移;此旋钮也是用做控制灵敏度扩展 5 倍的推拉开关。

3)VOLTS/DIV:垂直灵敏度选择开关,该开关按 1—2—5 序列分 11 挡选择垂直偏转灵敏度,使显示的波形置于一个易于观察的幅度范围。要获得校正的偏转灵敏度,位于开关中心的"微调"旋钮必须置于校正(右旋到底)位置。当 10:1 探头连接于示波器的输入端时,荧光屏上的读数要乘以 10。

4)VARIABLE:微调旋钮,位于"VOLTS/DIV"开关中心,提供在"VOLTS/DIV"开关各校正挡位之间连续可调的偏转灵敏度。

5)INPUT:垂直输入插座,通道 1 或通道 2 偏转信号的输入端。

6)AC-GND-DC:耦合方式选择开关。

AC:在此方式时,信号经过一个电容器输入,输入信号的直流分量被隔离,只有交流分量被显示。

GND:在此方式时,垂直轴放大器输入端接地。

DC:在此方式时,输入信号直接送至垂直轴放大器输入端而显示,包含信号的直流成分。

7)INV/NORM:极性转换开关,用以转换通道 2 显示信号的极性。当按钮处于按下位置时输入到 CH2 的信号极性被倒相。

3. 水平系统

1)POSITION:水平位移旋钮。

此旋钮用于调整扫描线在水平方向上移动,顺时针旋转钮时,扫描线向右移动;反之扫描线向左移动。

2)SWEEP LENGTH:扫描长度旋钮。

除控制扫描长度外,也是控制显示扫描速度扩展 5 倍的推拉开关。

3)TIME/DIV:水平扫描速度开关,以 1—2—5 顺序分 18 级选择扫描速度。要得到校正的扫描速度。位于 TIME/DIV 开关中央的"微调"旋钮必须置于校正(右旋到底)位置。

4)VARIABLE:微调旋钮,位于 TIME/DIV 开关中央,提供在"TIME/DIV"开关各校正挡位之间连续可调的扫描速度。

5)SOURCE:触发源选择,用来选择触发信号。

CH_1/CH_2:置于这两个位置时为内触发。当"垂直方式选择"开关置于"双踪"时,下列信号被用于触发。

当触发源开关处于 CH_1 位置时,连接到 CH_1 INPUT 端的信号用于触发。

当触发源开关处于 CH_2 位置时,连接到 CH_2 INPUT 端的信号用于触发。

当垂直"方式选择"开关置于 CH_1 或 CH_2 时,触发信号源开关的位置也应相应置于 CH_1 或 CH_2。

EXT:外触发信号加到外触发输入端作为触发源。外触发用于垂直方向上的特殊信号的触发。

LEVEL/SLOPE:电平/触发极性旋钮,此旋钮通过调节触发电平来确定扫描波形的起始点,亦能控制触发开关的极性。按进去时为正极性,拉出时为负极性。

SWEEP MODE 是扫描方式,有以下几种方式:

AUTO:扫描可由重复频率 50Hz 以上和在"耦合方式"开关确定的频率范围内的信号所触发。当"电平"旋钮旋至触发范围以外或无触发信号加至触发电路时,由自激扫描产生一个基准扫描线。

NORM：扫描可由"耦合方式"开关所确定的频率范围内的信号触发。当"电平"旋钮旋至触发范围以外或无触发信号加至触发电路时，扫描停止。

COUPLING：耦合方式。选择引入触发信号的耦合方式。

AC（EXT DC）：选择内触发时为交流耦合，选择外触发时为直流耦合。

TV-V：这种耦合方式通过积分电路选出全电视信号的场同步脉冲，适合测量全电视信号。

6）INPUT：输入插座，外触发信号或外水平信号输入端。

7）CAL OUT 0.3V：校正信号输出端。

4．后面板

1）Z AXLS INPUT：Z 轴输入端。

2）外辉度调制信号输入端。

3）交流电源输入端。

4）保险 FUSE。

2.4.2 SS-5702 型示波器的基本操作方法

1．电源和扫描

1）确认所用市电电压符合本仪器电压范围。

2）断开"电源"开关，把附带的电源线接到交流电源输入插口和电源插座上。

3）将下列控制器置于相应的位置。

垂直"POSITION"：中间位置。

水平"POSITION"：中间位置。

辉度：顺时针旋到底。

垂直"MODE"：CH_1。

扫描方式"SWEEP MODE"：AUTO。

"TIME/DIV"：1ms。

扫描长度"SWEEP LENGTH"：顺时针旋到底。

4）接通"电源"开关。大约 15min 后，出现扫描线。

2．聚焦

1）调节垂直位移钮，使扫描线移至荧光屏观测区域的中央。

2）用辉度旋钮将扫描线的亮度调至所需要的程度。

3）调节聚焦旋钮，使扫描线清晰。

3．加入信号触发

1）将下列控制器置于相应的位置。

垂直方式：CH_1。

AC-GND-DC（CH_1）：DC。

V/DIV（CH_1）：5mV。

微调（CH$_1$）：CAL。
耦合方式：AC。
触发源：CH$_1$。

2）用附带的探头将"校正输出"信号连接到通道 1 输入端。

3）将探头衰减比置于×10，调节"电平"旋钮使仪器触发。

上述操作可实现最普通的触发（交流耦合、内触发、自动扫描工作方式），在荧光屏上显示出高度为六格的方波信号。

2.4.3 SS-5702 型示波器的测量方法

1. 电压测量

（1）定量测量

将"VOLTS/DIV"开关中间的微调旋钮置于校准位置，就可进行电压的定量测量。测量值可由以下公式计算。

① 用探头的×1 位置测量：

电压（V）="VOLTS/DIV"设定值（V/DIV）×输入信号显示幅度（DIV）

② 用探头的×10 位置测量：

电压（V）="VOLTS/DIV"设定值（V/DIV）×输入信号显示幅度（DIV）×10

（2）直流电压测量

在测量直流电压时，本仪器具有高输入阻抗，高灵敏度，快速响应直流电压表的功能。测量规程如下：

① 置"扫描方式"开关于"AUTO"，选择扫描速度使扫描不发生闪烁现象。

② 置"AC-GND-DC"开关于 GND。调节垂直"位移"使该扫描线准确地落在水平刻度线上，以便于读取信号电压。

③ 置"AC-GND-DC"开关于 DC，并将被测电压加至输入端。扫描线的垂直位移即为信号的电压幅度。如果扫描线上移，被测电压相对于地电位为正。如果扫描线下移，该电压为负。电压值可用上面公式求出。

例如：将探头衰减比置于×10，垂直偏转因数"V/DIV"置于"0.5V/DIV"，微调旋钮置于校正 CAL 位置，所测得的扫迹偏高 5 格，根据公式，被测电压为 0.5V/DIV×5DIV×10=25V。

（3）交流电压测量

按下述方法进行电压波形的测量：调节"V/DIV"开关，以获得一个易于读取的信号幅度，从图 2.6 读出该幅度并用公式计算之。

当测量叠加在直流电上的交流波形时，将"AC-GND-DC"开关置于 DC 时就可测出包括直流分量的值。如仅测量交流分量，则将该开关置于 AC。

按这种方法测得的值为峰峰值（U_{P-P}）。正弦波信号的有效值（U_{rms}）可用下式求出。

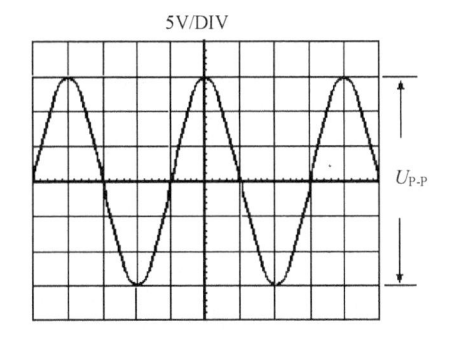

$$U_{rms} = (U_{p-p})/2\sqrt{2}$$

图 2.6 交流电压测量

例如：将探头衰减比置×1，垂直偏转因数"V/DIV"置于"5V/DIV"，"微调"置于校正 CAL 位置，并将"AC-GND-DC"置于 AC，所测得的波形峰值为 6 格，则得峰峰值电压为：
$$U_{\text{P-P}}=5\text{V/DIV}\times 6\text{DIV}=30\text{V}$$

有效值电压为：
$$U_{\text{rms}} = 30\text{V}/2\sqrt{2} = 10.6\text{V}$$

2．时间的测量

信号波形两点间的时间间隔可用下述方法算出：

置"TIME/DIV"微调旋钮于 CAL，读取"TIME/DIV"以及"×5 扩展"开关的设定值，用下式计算：

$$时间（s）=设定值（时间/格）\times 对应于被测时间的长度（格）\times "5倍扩展"旋钮设定值的倒数。$$

此处"5 倍扩展"设定值的倒数在扫描未扩展时为 1，当扫描扩展时是 1/5。

（1）脉冲宽度测量

脉冲宽度基本测量方法如下：

① 调节脉冲波形的垂直位置，使脉冲波形的顶部和底部距刻度水平中心线的距离相等，如图 2.7 所示。

② 调整"时间/格"开关，使信号易于观测。

③ 读取上升和下降沿中点间的距离，即脉冲沿与水平刻度线相交的两点的距离。用公式计算脉冲宽度。

例如，在没使用扫描扩展时，测一脉冲电压信号，调整"时间/格"开关，并设定在 20μs/格，读上升和下降沿中点间的距离为 2.5 格，则该电压信号的脉冲宽度为：
$$20\mu\text{s/DIV}\times 2.5\text{DIV}=50\mu\text{s}$$

（2）上升（或下降）时间的测量

脉冲上升（或下降）时间的测量如下进行：

① 调节脉冲波形的垂直与水平位置，方法与脉冲宽度测量规程相同。

② 在图 2.8 中读取上端 10%点至下端 10%点之间的距离 T 并按公式计算时间即可。

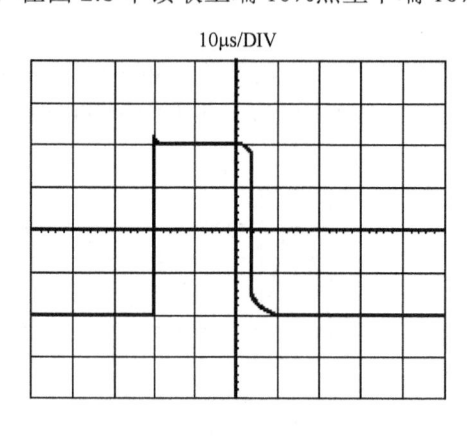

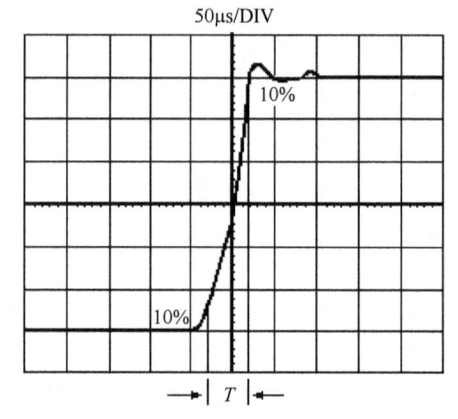

图 2.7 脉宽测量   图 2.8 上升（或下降）时间测量

3．频率的测量

对于频率测量，有下列几种方法。

第一种方法：可由时间公式求出输入信号一个周期的时间，然后用下式求出频率。
$$\text{频率（Hz）}=1/\text{周期}$$
第二种方法：数出有效区域中 10 格内的重复周期数 N，然后用下式计算频率。
$$\text{频率（Hz）}=N/(\text{"时间/格"设定值}\times 10\text{格})$$

当 N 很大（30~50）时，第二种方法的精确程度比第一种方法更高。这一精度大致与扫描速度的设计精度相等。但 N 很小时，由于小数点以下难以数清，会导致显著的误差。

例如：示波器的时间/格设定在"10μs/DIV"的位置上，测得的波形如图 2.9 所示，10 格内重复周期 $N=40$，则该信号的频率为：
$$\text{频率}=40/(10\mu s/DIV\times 10DIV)=400kHz$$

4．相位的测量

对于两个信号间相位差的测量是利用双踪显示功能。如图 2.10 给出了一个具有相同频率的导前和滞后正弦波双踪显示的例子。在此情况下，"触发源"开关必须置于连接导前信号的通道，同时调节"时间/格"开关，使所显示的正弦波一个周期的长度为 6 格。此时，1 格刻度代表波形相位为 60°（1 周期=2π=360°），两个信号之间的相位差可由下式计算出来。
$$\text{相位差（度）}=T(\text{格})\times 60°$$

这里，T 是导前和滞后信号与刻度水平中心线相交的两点间的距离。

例如：图 2.10 所示的波形，相位差=1.5 格×60°=90°。

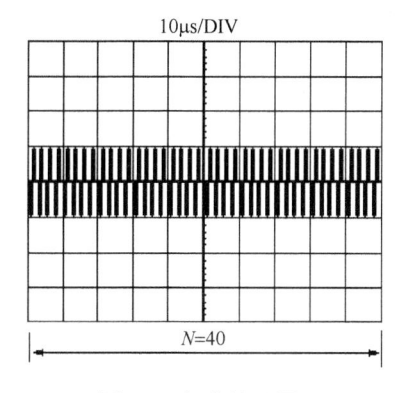

图 2.9　频率的测量　　　　　图 2.10　相位测量

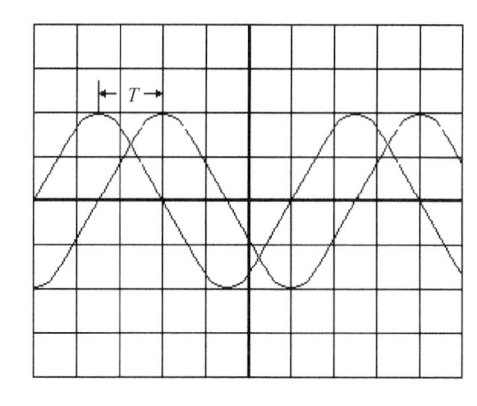

2.5　晶体管特性图示仪

晶体管特性图示仪由测试晶体管特性参数的辅助电路与示波器组成，是一种用示波管显示半导体器件的各种特性曲线，并可测量其静态参数的测试仪器。它对于从事半导体管机理的研究及半导体在无线电领域的应用，是一个必不可少的测试工具。

现以 XJ4810 型晶体管特性图示仪为例，介绍其主要技术特性及使用。

2.5.1　XJ4810 型晶体管特性图示仪

1．主要技术特性

（1）Y 轴偏转因数

集电极电流范围（I_C）：10μA/DIV~0.5A/DIV，分 15 挡。

二极管反向漏电流（I_R）：0.2~5μA/DIV，分5挡。
基极电流或基极源电压：由阶梯取样电阻经放大器而取得的基极电流偏转值。
外接输入：0.05 V/DIV。
偏转倍率：×0.1。

（2）X轴偏转因数
集电极电压范围：0.05~50V/DIV。
基极电压范围：0.05~1V/DIV。
基极电流或基极源电压：由阶梯取样电阻经放大器而取得的基极电流偏转值。
外接输入：0.05V/DIV。

（3）阶梯信号
阶梯电流范围：0.2μA/级~50mA/级，分17挡。
阶梯电压范围：0.05~1V/级。
串联电阻：0、10kΩ、1MΩ，分3挡。
每簇级数：1~10连续可调。
每秒级数：200。
极性：正、负分2挡。

（4）集电极扫描信号
峰值电压与峰值电流容量：各挡级电压连续可调，其最大输出不低于表2.1所示要求（AC例外）。

表2.1 峰值电压与峰值电流容量

挡级 \ 电源电压	198V	220V	242V
0~10V 挡	0~9V，5A	0~10V，5A	0~11V，5A
0~50V 挡	0~45V，1A	0~50V，1A	0~55V，1A
0~100V 挡	0~90V，0.5A	0~100V，0.5A	0~110V，0.5A
0~500V 挡	0~450V，0.1A	0~500V，0.1A	0~550V，0.1A

功耗限制电阻0~0.5MΩ，分11挡。

2．面板布置

XJ4810型晶体管特性图示仪面板如图2.11所示。
XJ4810型晶体管特性图示仪由示波管及其控制电路、偏转放大器、集电极电源、阶梯信号和测试台五部分组成。

（1）示波管及其控制电路
聚焦和辅助聚焦：相互配合调节，使图像清晰。
辉度：它是通过改变示波管栅、阴极之间电压，改变发射电子的多少来控制亮度。

（2）Y轴作用
"电流/度"开关：它是一种具有22挡四种偏转作用的开关。

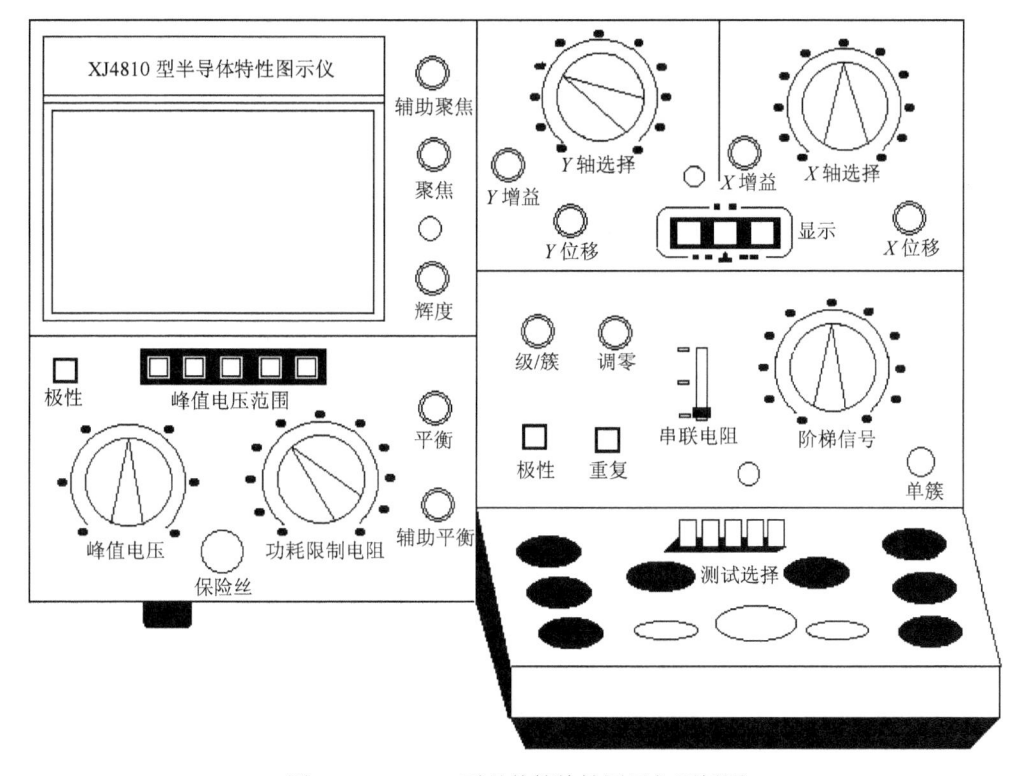

图 2.11　XJ4810 型晶体管特性图示仪面板图

集电极电流（I_C）：10μA/DIV~0.5mA/DIV 共 15 挡，其作用是通过集电极电流取样电阻将电流转化为电压后，经放大而取得所测电流的偏转值。

二极管漏电流 I_R：0.2~5μA/DIV 共 5 挡，其作用是通过二极管漏电流取样电阻将电流转化为电压后，经放大而取得读测电流的偏转值。

基极电流或基极源电压，由阶梯取样电阻分压，经放大器而取得其基极电流偏转值。

电流/度×0.1 倍率开关：它是配合"电流/度"而使用的辅助开关，通过放大增益扩展 10 倍，以达到改变电流偏转的倍率作用。

移位：它是通过差分平衡直流放大器的前级放大管中射极电阻的改变，以达到被测信号或集电极扫描线 Y 轴方向移动。

（3）X 轴作用

电压/度开关：它是一种具有 17 挡，四种偏转作用的开关。

集电极电压（U_{CE}）：0.05~50V/度共 10 挡，其作用是通过分压电阻的改变，以实现不同的水平偏转灵敏度。

基极电压（U_{BE}）0.05~1V/度共 5 挡，其作用是通过改变水平偏转灵敏度以实现选择挡级的目的。

基极电流或基极源电压：由阶梯取样电阻分压，经放大器而取得其基极电流偏转值。

移位：它是通过差分平衡直流放大器的前级放大管中射极直流电阻的改变，以达到被测信号或集电极扫描线在 X 轴方向移动。

(4) 显示控制

① 转换：通过开关变换使放大器差分输入端二线相互对换，达到图像（在 1，3 象限内）相互转换，便于 NPN 管转测 PNP 管时简化测试操作。

② ⊥：放大器输入接地，表示输入为零的基准点。

③ 校准：由相应元件稳压后再分压，分别接入 X、Y 放大器，以达到 10°校正目的。

(5) 集电极电源

峰值电压范围：它是通过集电极变压器不同输出电压的选择而分出 0~10V（5A）、0~50V（1A）、0~100V（0.5A）与 0~500V（0.1A）四挡。当由低挡改换高挡，观察半导体管的特性时，必须先将峰值电压调到 0 值，换挡后再按需要的电压逐渐增加，否则易击穿被测半导管。

AC 挡的设置是专为二极管或其他测试提供双向扫描，它能方便地同时显示器件正反向的特性曲线。

当集电极电源短路或过载时，保险丝将起保护电路的作用。

极性：极性选择开关可以转换集电极扫描电压的极性，在 NPN 型与 PNP 型半导体管的测试时，极性可按面板指示的极性选择。

峰值电压：峰值电压旋钮可以在 0~10V、0~50V、0~100V 或 0~500V 之间连续可变，面板上的标称值是作近似值使用，精确的读数应由 X 轴偏转灵敏度读测。

功耗限制电阻：它是串联在被测管的集电极电路上限制超过功耗的电阻，亦可作为被测半导体管集电极负载的电阻。通过图示仪的特性曲线簇的斜率，可选择合适的负载电阻阻值。

平衡：由于集电极电流输出端对地的各种杂散电容的存在（包括各种开关、功耗限制电阻、被测管的输出电容等），都将形成电容性电流，因而在电流取样电阻上产生电压降，造成测量上误差，为了尽量减小电容性电流，测试前应调节该电容平衡，使容性电流减至最小状态。

辅助平衡：辅助平衡是针对集电极变压器次级绕组对地电容的不对称，而再次进行电容平衡调节。

(6) 阶梯信号

极性：极性选用取决于被测半导体器件的需要。

级/簇：级/簇控制用来调节阶梯信号的级数，在 0~10 的范围内连续可调。

调零：未测试前，应首先调整阶梯信号起始级零电位的位置。当荧光屏上已观察到基极阶梯信号后，将选择测试置于"零电压"，观察光点停留在荧光屏上的位置，复位后调节"阶梯调零"控制器使阶梯信号的起始级光点仍在该处，这样阶梯信号的"零电位"即被准确校准。

阶梯信号选择开关：阶梯信号选择开关是一个具有 22 挡两种作用的开关。

基极电流：$0.2\mu A$/级~50mA/级，共 17 挡，其作用是通过改变不同挡级的电阻值，使基极电流按 $0.2\mu A$/级~50mA/级，所在挡级内的电流通过被测半导体管。

基极电压源：0.05~1V/级，共 5 挡，其作用是通过阻抗的不同反馈分压相应输出 0.05~1V/级的电压。

重复开关：重复，使阶梯信号重复出现，作正常测试。

关：关的位置是阶梯信号处于待触发状态。

"单簇"按钮："单簇"的按动，其作用是使预先调整好的电压（电流）/级，出现一次阶梯信号后回到等待触发位置，因此可利用它的瞬间作用的特性来观察被测管的各种极限特性。

串联电阻：当阶梯选择开关置于电压/级的位置时，串联电阻将串联在被测管的输入电路中。

极性：极性的选择取决于被测晶体管的特性。

（7）测试台

测试选择开关：测试选择开关可以在测试时任选左右两个被测管的特性，当置"二簇"时，即通过电子开关自动地交替显示左右二簇特性曲线（使用时"级/簇"应置于适当位置，以达到较佳的观察效果。二簇特性曲线比较时，请勿按动"单簇"）。

零电压、零电流：被测管未测之前，应首先调整阶梯信号的起始级在零电位的位置。当荧光屏上以观察到基极阶梯信号后，再按下"零电压"观察光点停留在荧光屏上的位置，复位后调节"阶梯调零"控制器使阶梯信号的起始级光点仍在该处，这样阶梯信号的零电压即被准确地校准。

按下"零电流"时，使被测半导体管的基极处于开路状态，即能测量 I_{CEO} 特性。

2.5.2 晶体管测试举例

1. 三极管输出特性测试

三极管的种类很多，但其参数的测试原理和测试方法基本相同。现以 NPN 型高频小功率管 3DG6 为例，说明 XJ4810 型晶体管特性图示仪的使用方法（共射电路）。

1）晶体管接在插座上，"测试选择"开关拨在"关"的位置。

2）X 轴作用开关置于"集电极电压"、2V/度位置。

3）Y 轴作用开关置于"集电极电流"、1mA/度位置，倍率开关置"×1"挡。

4）"集电极扫描信号"的"极性"开关置"+"位置，"功耗电阻"选 1kΩ，"峰值电压范围"开关置"0-10V"，"峰值电压"放 0V 位置。

5）"基极阶梯信号"的"极性"开关置"+"位置，"阶梯作用"开关置"重复"位置，"阶梯选择"开关置"0.01mA/级"，"级/簇"旋钮置 6。

上述开关旋钮放在正确位置后，用"测试选择"开关接通被测管，然后调扫描（峰值）电压到 10 格，荧光屏上即可显示输出特性曲线族。再适当修正 I_C 挡级，可测得输出特性曲线图形，如图 2.12 所示。

根据输出特性曲线，可读测晶体管的输出电阻：

$$R_O = \frac{1}{\tan a} = \frac{\Delta U_C}{\Delta I_C}$$

电流放大倍数：

$$\beta = \frac{I_{QC}}{I_{QB}} \text{ 和 } \beta = \frac{\Delta I_C}{\Delta I_B}$$

例如，在单根输出曲线上的 Q 点，取 ΔU_C=12.6V，ΔI_C=0.1mA，则

$$R_O = \frac{12.6}{0.1} = 126 \text{k}\Omega$$

若在 Q 点取 I_{QC}=3.2mA，I_{QB}=20μA，则

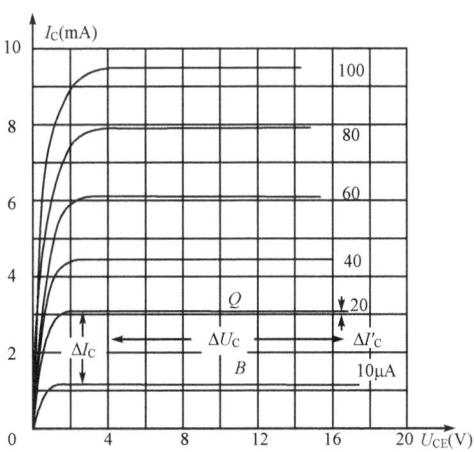

图 2.12 输出特性曲线

$$\beta = \frac{3.2}{0.02} = 160$$

若在 Q、B 点之间取 ΔI_C=1.8mA，ΔI_B=20-10=10μA，则

$$\beta = \frac{1.8}{0.01} = 180$$

2．电流放大特性测试

Y 轴坐标取 I_C，X 轴坐标取 I_B。将 Y 轴作用置"基极电流或基极源电压"，"阶梯选择"置 0.01mA/级，其他旋钮位置同输出特性测试时的设置，可在荧光屏上显示出"电流放大特性曲线"，如图 2.13 所示。由该曲线读测 β 值方便、准确。阶梯选择 0.01mA/级，表示在 X 轴坐标上每极 I_B 相差 0.01mA。例如，在 A 点取 I_C=3.5mA，I_B=0.05mA，ΔI_C=1.4mA，ΔI_B=0.02mA，则：

$$\overline{\beta} = \frac{3.5}{0.05} = 70 , \quad \beta = \frac{1.4}{0.02} = 70$$

选择晶体管时，主要观测其电流放大特性。例如，甲管的电流放大特性如图 2.14（a）所示，乙管的电流放大特性如图 2.14（b）所示，甲、乙的 β 值相同，但甲管线性好，乙管线性差，选管时要选线性好的，若选用乙管容易产生非线性失真。

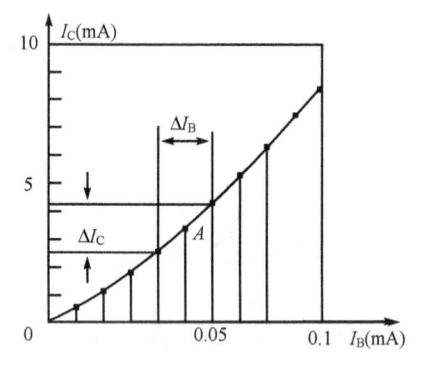

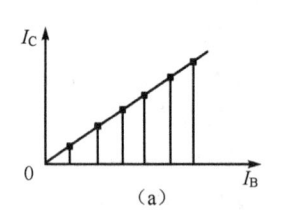

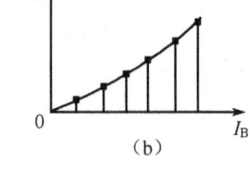

图 2.13　电流放大特性曲线　　图 2.14　电流放大特性比较图

3．输入特性的测试

峰值电压范围：0~10V。
X 轴作用：0.1V/度（基极电压）。
Y 轴作用：基极电流或基极源电压。
阶梯选择：0.1mA/级。
阶梯作用：重复。
功耗电阻：100Ω。

逐步调高峰值电压，可得到如图 2.15 所示输入特性曲线，在选定的工作点可按下式计算 R_I。

$$R_I = \Delta U_{BE} / \Delta I_B$$

4．I_{CEO} 的测试

将"测试选择"开关置"零电流"挡，此时基极开路。"Y 轴作用"开关置集电极电流 0.01mA/度，"倍率"开关置 0.1；X 轴作用置集电极电压 1V/度，扫描极性置"+"，阶梯作

用置"关"。由测试条件：U_{CE}=10V，将扫描（峰值）电压调至满 10 格，此时在 U_{CE}=10V 处对应的 I_C 值，即为 I_{CEO}，如图 2.16 所示。

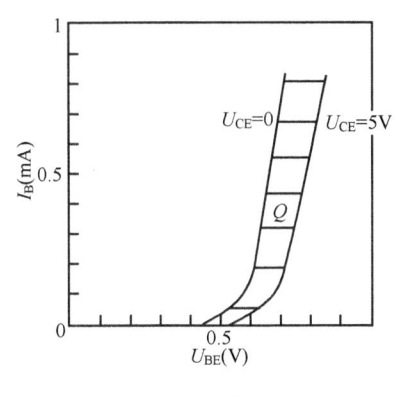

图 2.15 输入特性曲线

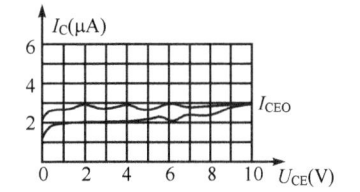

图 2.16 I_{CEO} 测试曲线

5．BU_{CEO} 的测试

测试条件：I_C=200μA，BU_{CEO}≥30V。将 Y 轴作用开关置集电极电流 0.02mA/度，X 轴作用开关置集电极电压 5V/度，峰值电压范围改为 0~100V 挡，其他旋钮位置同上。调节扫描峰值电压，当曲线出现拐点且电流上升到 200μA 处时，停止增加峰值电压，此时 I_C=200μA，对应的 X 轴电压即为 BU_{CEO} 值，如图 2.17 所示，由曲线读测：BU_{CEO}=35V。

6．二极管的测试

（1）二极管正向特性的测试

二极管主要特性即单向导电性，以 2CP6 硅二极管为例，按如下步骤进行测试：

① 二极管接入插座，正极接"C"孔，负极接"E"孔。"测试选择"置"关"位置。

② 面板各旋钮预置，X 轴作用置于集电极电压"0.1V/度"挡，倍率置"×1"挡，"峰值电压范围"置"0~10V"挡，峰值电压退回零位，集电极扫描电压置"+"，功耗电阻置 1kΩ，阶梯作用置"关"。

③ 测试：将"测试选择"置被测管插座一边，逐渐加大扫描电压，在荧光屏上即有曲线显示，再微调有关的旋钮，可得到如图 2.18 所示的正向特性曲线。

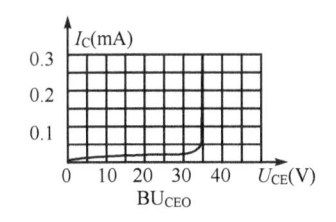

图 2.17 BU_{CEO} 测试曲线

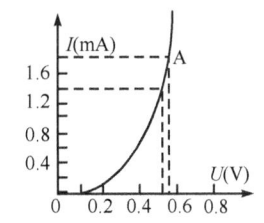

图 2.18 二极管正向特性曲线

④ 参数读测：由正向特性曲线可求出直流电阻 $\overline{R}$ 和交流电阻 R_0。

（2）二极管反向特性测试

在正向特性测试的基础上，退回扫描电压，将集电极电压极性由"+"拨向"−"，再加大扫描电压，可测得如图 2.19、图 2.20 所示的反向特性曲线。由曲线可测得规定反向电压下

的反向电流 I_B，或规定反向电流下的反向电压 U_B。

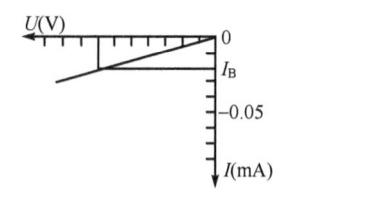

图 2.19　反向电流测量　　　　　　　图 2.20　反向电压测量

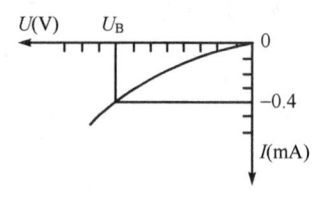

2.6　数字频率计

SP-1500 型数字频率计是采用微处理器开发完成的等精度数字频率计。仪器的最大特点是采用倒数计数技术，测量精度高、测频范围宽、灵敏度高。该机前置电路有低通滤波器、衰减器、闸门时间连续可调，具有工程符号指数显示，适合邮电通信、广播电视、学校、研究所及工矿企业科研、生产之用。

2.6.1　面板介绍

SP-1500 型数字频率计面板如图 2.21 所示。

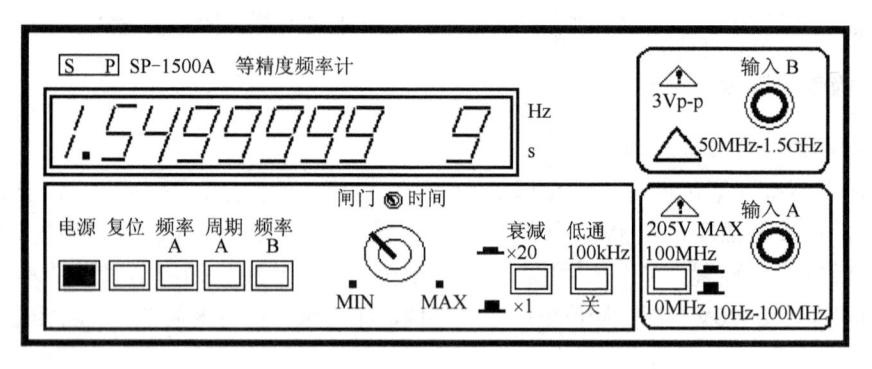

图 2.21　SP-1500 型数字频率计面板

1）电源开关：按下开关则通电，LED 显示。

2）复位：按下松开，则本机电路 CPU 重新启动。

3）频率 A：频率 A 开关，按下此开关，接通 A 通道，执行频率测量。

4）周期 A：周期 A 开关，按下此开关，接通 A 通道，执行周期测量。

5）频率 B：频率 B 开关，按下此开关，接通 B 通道，执行频率测量。

6）闸门时间：闸门时间旋钮，顺时针旋转此旋钮为延长闸门时间，逆时针旋转为缩短闸门时间。

7）100MHz/10MHz：频率转换，A 通道测频测周时输入频率≥10MHz 按下此开关。

8）衰减：衰减开关，按下此开关，可衰减 A 通道输入信号 20 倍。

9）低通：低通滤波器开关，按下此开关可有效滤除低频信号上混有的高频分量。

10）输入 A：频率 A 输入，信号介于 10Hz~100MHz 时输入此通道。

11）输入 B：频率 B 输入，信号大于 100MHz 时输入此通道。

12）s：秒显示，周期测量时，此灯亮。

13）Hz：Hz 显示，频率测量时，此灯亮。

14）EXP：指数显示，被测信号的指数量级。

2.6.2 技术参数及使用说明

SP-1500 型数字频率计测频范围：10Hz~1500MHz。可用于频率测量、周期测量。波形适应正弦波、脉冲波、三角波。晶振 5×10^{-6}/日（-5~+50℃）

1. 输入特性

（1）A 通道

① 频率范围：10Hz~10MHz/100MHz。

② 灵敏度（rms）：20mV。

③ 耦合方式：交流耦合。

④ 阻抗：1MΩ/40pF。

⑤ 衰减器：×1 或 ×20。

⑥ 低通滤波器：截止频率约 1MHz。

⑦ 最大输入幅度 U_{P-P}：交流加直流小于 250V（×20 挡）。

⑧ 周期范围：10ns/100ns~0.1s。

⑨ 测量误差：|±时基准确度|±| ±触发误差 ×被测频率(或被测周期)|±| ±LSD|。其中：

$$LSD = \frac{100ns}{闸门时间} \times 被测频率(或被测周期)$$

当被测的正弦波信号的信噪比为 40dB 时：

$$触发误差 \leqslant \frac{0.3\%}{被平均的被测信号周期数}$$

（2）B 通道

① 测量范围：100MHz~1.5GHz。

② 灵敏度（rms）：30mV。

③ 耦合方式：交流耦合。

④ 最大输入幅度（rms）：1V。

2. 分辨率

随闸门时间长短而增减显示位数，最短闸门时间可显示 6 位，闸门时间≥1s 时，显示位数为 8 位。

3. 时基

频率：10MHz。

稳定度：5×10^{-6}/日（-5~+50℃）。

4. 闸门时间

闸门时间为 50ms~5s 且连续可调。

5．显示

八位数据位，一位阶码符号位，一位阶码位及"闸门"、"Hz"、"s"共 3 个指示灯。

6．工作环境

工作环境 0~40℃。

7．电源

电压：交流 220V±22V。
频率：50Hz±2.5Hz。
功耗：小于 10W。

8．指数显示示例

测量频率时被测信号显示例如表 2.2 所示。

表 2.2 测量频率时被测信号显示示例

被测信号显示	指 数 值	频率单位
10.000000	0	10Hz
10.000000	3	10kHz
10.000000	6	10MHz
3.0000000	9	3GHz

周期测量时被测信号显示示例如表 2.3 所示。

表 2.3 周期测量时被测信号显示示例

被测信号显示	指 数 值	频率单位
100.00000	0	100s
100.00000	−3	100ms
100.00000	−6	100μs
100.00000	−9	100ns

9．使用说明

（1）开机自检

本机电源正常为 AC，220V±22V。

（2）测量信号

① 若频率介于 10Hz~100MHz，按下"频率 A"开关，将输入接至通道 A。
② 测量周期时，按下"周期 A"开关，将输入接至通道 A。
③ 若频率大于 100MHz，按下"频率 B"开关，将输入接至通道 B。

（3）闸门时间调整

旋转"闸门时间"旋钮至适当位置（最短闸门时间时可显示 6 位，闸门时间≥1s 时，显示位数位 8 位）。

（4）输入 A 前置功能选择

① 按下"100MHz/10MHz"开关时测量≥10MHz 的信号。

② 按下"衰减"开关，可使输入信号衰减 20 倍。

③ 用户用铗子线测量时，必须按下"低通"开关，对输入 A 通道 1MHz 以下信号进行低通滤波。

练习题：

1．万用表电流电压挡较准确的读数范围是多少？电阻挡较准确的读数范围是多少？

2．电阻挡欧姆调零达不到零位时，是什么原因？应如何处理？

3．SG1645 函数信号发生器的输出阻抗是多少？此参数在实际使用中有何意义？

4．若要求 SG1645 函数信号发生器输出 100kHz，1mV 正弦波，应如何调整相应开关旋钮？

5．AS1051S 型高频信号发生器的频率范围是多少？它与的主要区别是什么？

6．模拟式电子电压表与万用表交流挡的主要区别是什么？

7．使用电子电压表进行电压测量时，其芯线和地线的接线顺序是什么？

8．示波器的带宽表示何种意义？它与被测信号是什么关系？

9．示波器的输入阻抗表示何种意义？对输入阻抗的要求是什么？

10．解释扫描和同步的概念，要稳定显示重复波形，扫描锯齿波与被测信号间应具备怎样的关系？

11．试说明下列开关、旋钮的作用和调整原理。

偏转灵敏度粗调（示波器面板上标"V/cm"）；偏转灵敏度微调；Y 轴位移；触发电平；触发极性；触发方式；扫描速度粗调（示波器面板上标"t/cm"）；扫描速度微调；X 轴扩展；X 轴位移。

12．什么是连续扫描和触发扫描？如何选择扫描方式？

13．如何进行示波器的幅度校正和扫描时间校正？

14．两个周期相同的正弦波，在屏幕上显示一个周期为 6 个格，两波形间相位间隔如下值时，求两波形间的相位差。

（1）0.5DIV （2）2DIV （3）3DIV （4）1.5DIV （5）1.6DIV （6）1.8DIV

15．用示波器测量三角波信号时显示如图 2.22 所示下波形，若 Y 轴偏转置 1V/DIV，扫描速度置 100μs/DIV，示波器使用 1:10 探头，Y 输入为 DC 耦合。

（1）计算该信号的重复周期和频率？

（2）求该信号的平均值、峰值和有效值？（K_F=1.15，K_P=1.73）

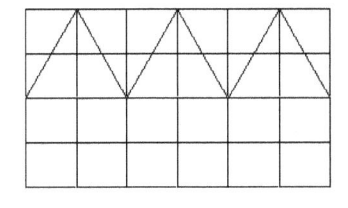

图 2.22

16．用晶体管特性图示仪测量小功率 NPN 型晶体管的输出特性曲线，应如何调整相应开关旋钮？从输出特性曲线能读测晶体管的哪些参数？

17．如何用晶体管特性图示仪测量二极管的反向特性？

18．SP-1500 型数字频率计的测频范围是多少？适合测量哪些波形？

第 3 章 电子产品设计组装与调试

内容提要：

本章根据电子产品的结构特点，详细介绍了电子产品的生产过程、电路设计的一般方法和步骤、整机工艺设计、利用 DXP 2004 SP2 设计印制电路板方法步骤、手工焊接工艺及质量标准以及电子电路调试和故障检测方法。

3.1 电子产品设计与生产的一般步骤

3.1.1 电子产品的生产过程

电子产品从设计到正式投产，一般需经过器件检查、焊接组装、调试等几个步骤。

1. 器件、材料的选择与测量

选用性能优良的元器件和质量过关的原材料是保证生产出的电子产品质量优良的关键。所有电子产品所需器件和原材料，在组装焊接成电子产品前都应进行质量检测。对于不合格的元器件，必须坚决剔除，否则将会对调试工作带来不必要的麻烦，甚至直接影响到电子产品的质量，给企业带来不可估量的损失。

2. 电子电路的焊接组装

目前，对于生产批量大，质量标准要求高的电子产品，一般采用自动化的焊接系统，如波峰焊、回流焊、高频加热焊、脉冲加热焊等，而对于小批量生产和维修加工，仍然采用手工焊接方法，对于焊接中的具体问题，将在第 4 章中介绍，此处仅介绍焊接安装过程中应注意的几个问题。

1）应熟练掌握各种电子元器件的性能、封装形式，提高对电子元器件的识别能力。

2）对于电阻元件，安装时应注意阻值的大小。因为在同一个电路中，可能会有阻值不同的多个电阻，若由于疏忽将电阻器位置插错，会导致整个电子产品发生故障。给后面的调试工作带来不必要的麻烦。

3）对于电容器，应注意其容量和耐压，不要选错。对于电解电容，还要注意其引脚的极性，不要插反。

4）对于二极管、三极管、场效应管、晶闸管等分立器件，应注意其引脚排列，不要接错位置。

5）对于集成电路，安装时注意其引脚 1 的位置，不要安错，焊接时不要连焊，以免造成短路。

6）对于接插件和开关，安装时应注意安装方向。

3. 总装、调试与检验

单元电路组装完成后，必须进行调试和性能检测，待各项指标都达到设计要求后，进行整机组装，最后对产品的各种技术指标进行综合测试，形成技术文档资料。

3.1.2 电路设计的一般方法和步骤

1. 电路设计的基本原则

电子电路设计时应遵守的基本原则：满足设计要求的功能特性和技术指标，这是最基本的条件；同时电路简单性价比高，成本低，体积小，可靠性高，电磁兼容性好，系统的集成度高；电路调试、生产工艺简单，操作简单方便，耗电少，性能价格比高。

2. 电路设计的一般方法和步骤

通常电路设计的步骤一般包括：总体方案的设计与选择、单元电路的设计与选择、元器件的选择与参数计算、单元电路调试与总体电路调试、调整元器件修改参数、确定实际电路、编写设计文档。电路设计的一般步骤如图 3.1 所示。

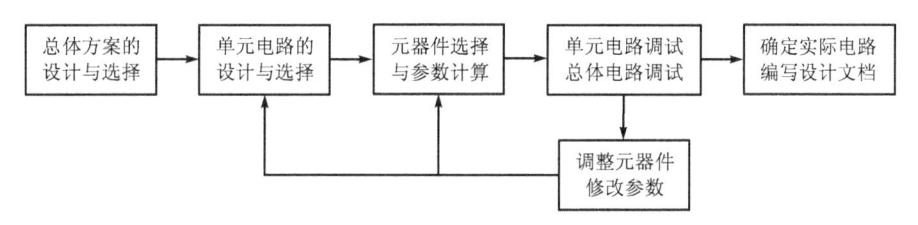

图 3.1 电路设计的一般步骤

（1）总体方案的设计与选择

总体方案的设计与选择是根据设计的任务、技术指标要求和已知的条件，分析所要设计电路应完成的功能，将总体功能分解成若干单元，分清主次和相互之间的关系，形成有若干单元电路组成的总体方案。符合要求的总体方案一般可以有多个，通过对各个设计方案的比较和论证，分析每个设计方案的可行性、先进性和可靠性等方面，选出相对最优的设计方案。

（2）单元电路的设计与选择

设计单元电路的第一步，是根据设计要求和已选定设计方案的原理框图，明确对各单元电路的要求，详细拟定主要单元电路的性能指标。此外，要特别注意各单元电路之间的相互配合。选择什么样的单元电路是非常重要的，设计者应查阅各种相关资料，优选出更好的电路（电路更简单，成本更低）。同时，也可以模仿成熟的先进电路，或在这些电路的基础上进行创新和改进。

（3）元器件的选择与参数计算

单元电路的结构、形式选定后，需对影响技术性能指标和元器件的参数进行设计计算。根据电路理论，按照工程估算方法进行参数计算，有的可用典型电路参数或经验数据。依照电路设计参数选择相应的元器件，同时要考虑性能价格比。元器件选择不仅应在功能、特性和工作条件等方面满足设计要求，而且应考虑到其封装形式。

选择元器件时应综合考虑以下几点：

1) 一般优先选用集成电路。

集成电路的应用越来越广泛，这不仅减少了电子设备的体积和成本，提高了可靠性，使安装调试和维修变得比较简单，而且大大简化了电子电路的设计。但是，并不是采用集成电路就一定比采用分立元器件好，有时功能相当简单的电路，只要用一只二极管或三极管就能解决问题，若采用集成电路就会使问题复杂化，而且成本较高。但在一般情况下，应优先选择集成电路。

2) 集成电路的选择。

集成电路的种类很多，怎样选择呢？一般是先根据主体方案考虑应选用什么功能的集成电路，再进一步考虑它的具体性能，然后再根据价格等考虑选用什么型号。选择的集成电路不仅要在功能上和特性上实现设计方案，而且要满足功耗、电压、温度、价格等多方面的要求。

3) 阻容元件的选择。

电阻和电容种类很多，正确选择电阻和电容是很重要的，不同的电路对电阻和电容性能要求也不同，有些电路对电容的漏电要求很严，还有些电路对电阻、电容的性能和容量要求很严，设计时要根据电路的要求选择合适的阻容元件，并要注意功耗、容量、频率、耐压范围是否满足要求。

4) 分立元器件的选择。

分立元器件包括二极管、三极管、场效应管、晶闸管等。在选用这些器件时应考虑它的极性、功率、管子的电流放大倍数、击穿电压、特征频率、静态功耗等是否满足电路要求。

计算电路参数时应注意下列问题：

1) 各元器件的工作电流、工作电压、频率和功耗应在允许的范围内，并留有适当余量，以保证电路在规定的条件下能正常工作。

2) 对于环境温度、交流电网电压等工作条件，计算参数时应按最不利的情况考虑。

3) 设计元器件的极限参数，必须留有足够的余量，一般按 1.5 倍左右考虑。

4) 电阻值尽可能选在 1MΩ 范围内，其阻值应在常用电阻器标称值系列之内，并应根据具体情况正确选用电阻器的品种。

5) 非电解电容尽可能在 100pF 至 0.1μF 范围内选择，其数值应在常用电容器标称值系列之内，并应根据具体情况正确选择电容器的品种。

6) 在保证电路性能的前提下，尽可能设法降低成本，减少元器件的品种，减小元器件的功耗和体积，并为安装调试创造有利条件。

7) 在满足性能指标和上述各项要求的前提下，应优先选用现有的或容易买到的元器件，以节省时间和精力。

8) 把计算所确定的各参数值，标在电路图中适当的位置。

（4）单元电路调试

在调试单元电路时，应明确本单元电路的调试要求和测试条件，按照性能指标逐项测试。通过单元电路的静态和动态调试，记录调试的数据、波形、现象，对电路进行分析、判断，以达到性能指标的要求。

（5）调整元器件修改参数

通过单元电路调试，调整元器件，修改单元电路参数，最终实现单元电路的各项性能指标。

(6) 总体电路调试

总体电路调试重点是各单元电路连接后单元电路之间的信号关系,动态调整电路性能指标,分析数据和波形,及时调整单元电路之间的相互影响,直到满足总体电路的各项技术指标为止。

(7) 确定实际电路编写设计文档

总体电路调试完成后,确定实际电路图及工艺图。汇总单元电路和总体电路调试方法,调试技术数据及测试条件,编写设计文档。

3.2 整机工艺设计

整机工艺设计是十分重要的,它是将设计图纸变为产品的可靠保证。整机工艺设计的内容主要包括:结构设计、防护设计、外观及装潢设计。

3.2.1 结构设计

所谓结构,包括外部结构和内部结构两部分。外部结构指机柜、机箱、机架、底座、面板、底板等。内部结构指零部件的布局、安装、相互连接等。欲达到合理的结构设计,必须对整机的原理方案、使用条件和环境、整机的功能与技术指标及元器件等十分熟悉,因此,在整机工艺设计前必须了解上述各项内容,然后进行下述内容的设计。

1. 机柜、机箱的选用

整机的使用方式和组成零部件的数量,决定了机柜、机箱形式的选用。一般有立式、台式、便携式等。立式机厢用于较大型设备,便于走动和站立操作,通常用于某些机械设备的控制柜或不需经常操作的设备。大量电子产品采用台式,如各类电源、信号源、测量仪器、实验仪器、微型计算机等。这类产品常置于工作台上进行操作使用。便携式机箱适用于元器件体积小、数量少的产品,这种形式的机箱种类繁多,结合产品特点可设计成各式各样。

机厢的材料可以选择铝型材,也可以选择塑料机壳,他们的特点是外观与造型美观,结构简单、互换性强、重量轻、造价低。

2. 面板设计

任何产品几乎都需要面板,通过面板可标注出仪器的名称,反应出仪器的主要性能,并可通过面板安装固定开关、控制元件、显示和指示装置,实现对整机的操作和控制,此外,还可通过面板达到对整机的装饰作用。

面板分做前面板和后面板。把需要经常操作的开关、按钮、旋钮、指示灯、显示装置等安装布置在前面板,把不常操作的元件,如电源插座、保险、与其他设备连接的输入、输出信号插座等装在后面板。在面板设计中应注意下述各点:

1) 表头、显示器、刻度盘的安装应使其垂直于操作者的视线,不要使操作者仰视或俯视,以免造成读数误差。

2) 表头、显示器的排列应保持水平,并按采读和操作循序从左到右排列。

3) 不需同时采读的表头和显示器应尽可能合并,通过开关转换实现一表多用,这不仅使面板宽松清晰，便于采读，且能降低成本。

4）指示和显示器件的安装位置应和与之相关的开关、旋钮等操作元件上下对应，复杂面板上的相关内容可通过不同颜色区或用线条围成小区，便于操作，给使用者带来方便。

5）选用指示灯应尽量选用同型号，以便于更换，并应降压使用，以提高使用寿命。指示灯颜色与指示内容通常规定了四种颜色供选用。

红色表示禁止、停止、报警或危险；蓝色表示指令和必须遵守的规定；黄色表示警告、注意；绿色表示安全状态、通行、低压等。

6）不经常调节的电位器，轴端不要漏出面板，可经过面板小孔进行调节。

7）面板元件布置应均匀、和谐、美观、整齐。面板颜色应和机箱颜色配合协调。

3. 内部结构和连接

产品内部结构设计对整机的性能指标、装配、调试、维修及运行的可靠性都会有直接影响，设计主要考虑如下因素：

1）便于整机装配、调试、维修。较复杂的产品可根据原理功能分成若干部件，每个部件为一独立单元，整机装配前均可单独装配和调试，适合于批量生产。维修时可通过更换单元及时排除故障。

2）零部件的布局和固定：零部件的布局要保证整机重心尽量低，并尽量落在底层中心位置。彼此需要相互连接的部件应尽量靠近，避免走线过长或反复走线，避免元器件间的电磁干扰。易损零件应安装在易于更换的位置。零部件的固定应满足防震要求。印制板通过插座连接时应有导轨，导轨长度不应短于印制板的 2/3，插入后应有紧固措施。

3）零部件连接方式：常用方式有插接式、压接式、焊接式三种，可根据电流大小、装配、维修方便等因素选择。

4）内部连线按以下方式处理：同一部件的连线捆在一起，线扎应与机架固定；注意导线颜色的选择，一般有红色为高压、正电源；蓝色为负电源；黄白为信号线；黑色为地线、零线。

3.2.2 保护设计

保护设计一方面是产品必须适应和克服周围环境对它的影响，而另一方面又要防止产品对外界环境的影响。主要包括：散热、防电磁场干扰、防震动、防潮、防腐、防寒等。

1. 散热设计

任何电子元器件受热后参数都要发生变化，这给整机性能带来不良的影响，温度超出一定范围，还将造成元器件的损坏，使整机出现故障。散热设计就是要针对不同情况采取相应措施，以便排出热量控制温升，达到产品稳定运行的目的。具体措施有：

1）通风孔。在机壳的顶板、底板、侧板上开通风孔，可使机内空气对流。为提高对流散热作用，应使进风孔尽量低，出风孔尽量高。

2）散热片。半导体器件，特别是功率器件，运行中都要产生热量，如不进行散热，就会影响器件性能，为使器件温升稳定在额定范围，可用散热片。散热片的种类很多，选用时应根据器件的功耗、封装形式确定。

3）散热表面涂黑处理。辐射是热传导的方式之一。在机内涂上黑色有利于散热，我们使用的散热片都应涂黑处理。

2. 屏蔽设计

为使整机正常工作，通常采用屏蔽的方法来抑制各种干扰。屏蔽可分三种：电屏蔽、磁屏蔽、电磁屏蔽。

1）电屏蔽：两个系统之间由于分布电容的存在，通过耦合可产生静电干扰。用良好接地的金属外壳或金属板将两系统隔开，是防止静电干扰的有效方法。

2）磁屏蔽：用屏蔽罩对低频交变磁场及恒定磁场产生干扰的抑制叫磁屏蔽。屏蔽罩应选用高磁导率的金属材料，如钢、铁、镍合金等。铜、铝材料对磁屏蔽的效果极低。屏蔽罩的作用是把磁力线限制在屏蔽体内，防止扩散到屏蔽的空间之外。

3）电磁屏蔽：对高频电磁场也就是对辐射磁场的抑制称为电磁屏蔽。完全封闭的金属壳即可起到良好的电磁屏蔽作用，但封闭的金属壳不利于散热，外壳有通风孔式电磁屏蔽的效果变差，为解决这一矛盾，可在通风孔处另加金属网。

4）屏蔽线：机内外微弱信号或高频信号在传输过程中也需进行屏蔽，方法可用屏蔽线。使用屏蔽线时应将屏蔽层良好接地。

3. 防潮防腐设计

1）防潮措施：湿度对元器件的性能将产生影响，湿度越大对绝缘性能和介电参数影响越大。防潮措施可采用密封、涂覆或浸渍防潮涂料、灌封等。

2）防腐措施：防腐主要针对一些金属件，如机壳、底板、面板和机内其他金属件。具体方法可对金属进行化学处理或油漆涂覆。

4. 防震设计

1）机柜、机箱结构要合理，应具有足够机械强度，结构设计中应尽量避免采用悬臂式、抽屉式结构；如必须采用，运输中应拆成部件运输或采用固定装置。

2）任何接插件都应采取紧固措施。

3）重量超过一定范围的元器件不能只靠其引脚支撑固定，应另加固定装置，如压板、卡箍、卡环等。

4）合理选用螺钉、螺母等紧固件，正确进行装配。

5）机内零部件合理布局，尽量降低整机重心。

6）整机应安装橡皮垫脚，机内易碎、易损件应加减震垫，不要钢性连接。

7）靠螺纹紧固的元件，如电位器、波段开关等，固定时应加弹簧垫或齿形垫圈。

8）灵敏度高的表头，如微安表，装箱运输前应将两输入端短接，震动中可对表针起阻尼作用。

9）产品出厂包装必须采用足够的减震材料，不准使产品外壳与包装箱硬性接触。

5. 防寒设计

对在寒冷地区长期用于室外工作的仪器，应选用具有低温特性好的元器件，必要时，可在仪器内加一定形式的加热装置，来提高仪器内部的温度，确保仪器低温下正常工作。

3.2.3 外观及装潢设计

产品的外观设计必须在满足技术要求的前提下尽量美观。产品外观设计应考虑如下

因素:
1) 技术上合理、经济上合算。
2) 外形简单、表意明白、功能突出。
3) 局部设计应与整体设计风格统一。
4) 外形尺寸比例适宜,避免过分扁平、瘦长、高耸的形状。
5) 注意色彩与明暗,一般产品面板与机身的颜色应深浅区分,以使面板突出,操作时注意力集中。产品的外观与装潢很难使所有人满意,但成功的设计应得到多数人的赞赏。

3.2.4 整机装配工艺

整机装配工艺包括电气装配工艺和机械装配工艺,电气装配部分包括元器件的布局,元器件性能检测,连接线安装前的加工处理,各种元器件的安装、焊接,单元装配,连接线的布置与固定等。机械装配部分包括机箱和面板的加工,各种电气元件的固定支架的安装,各种机械连接,面板控制器件的安装,以及面板上必要的图标、文字符号的喷涂,等等。整机总装就是按照安装工序和工艺要求,将所需的零部件、连接线进行组装,之后经过调试、检验至组成合格成品的整个过程。

3.2.5 印制电路板组装工艺

印制电路板装配过程为:准备待安装元件→将元器件引线成型→插装到PCB板上→准备焊接材料和焊接工具,进行焊接→剪切元器件引线→检查焊接质量,对焊接不良处进行修补。

印制电路板组装的基本原则:根据PCB板的设计要求,选择合适的插装形式。安装时应遵循先小后大、先低后高、先里后外、先一般元器件后特殊元件的基本原则。安装元件的方向应一致,如电阻、电容、电感等无极性的元件,应使标记和色码朝上,以利于辨认。

3.3 印制电路板的设计

印制电路板的设计是整机工艺设计中的重要一环,设计质量不仅关系到元件在焊接装配、调试中是否方便,而且直接影响整机技术性能。

1. 印制电路板设计时应考虑的方面

印制电路板有单面板、双面板、多层板等多种形式,采用单面板时,元器件装在板的正面,引脚穿过电路板焊接到反面的铜箔连线上,即正面只有元件,引线都在反面。双面板的两面都有连线,它的正面既有元件,又有连线。多层板看起来像双面板,实际上之间有多层连线,层间用绝缘材料隔离。

印制电路图的设计有很大灵活性,每个人的设计习惯和经验不同,设计的线路也就各不相同,要得到最佳的设计方案,必须经过反复的实践,掌握一定的设计规则。设计时应考虑以下几个方面。

1) 设计印制电路图时,需要研究电路图中元器件的排列,确定元件在电路板上的最佳位置。考虑元件位置时,要考虑元件的尺寸、重量、电气上的相互关系及散热效果。至于印制电路板的尺寸,应该根据元器件的数量、大小和合理排列来计算需要电路板的面积。还要考虑到电路板之间的连接方式。电路板之间一般是通过插座相互连接的,因此,每块印制电

2）元器件必须安排在同一面上，称作元件面或正面。分立元件的安装方式可以采用卧式，也可以采用立式，同一类元件尽可能向同一方向排列。所有元件都应标上引脚标识，如三极管的 E、B、C 极和二极管的正、负极，电解电容的正、负极和电容量，电阻的阻值，双列直插式集成电路引脚 1 的位置，以及在电路图上的相应位置，这样，在安装元器件时才能避免出错。完成电路图设计后，还应画出对应的元件分布图，以方便调试和检查。

3）元件引脚的焊点和相互之间的距离要根据实物确定，为了使焊锡易于填满元件引脚与焊点间的空隙，保证引脚和电路板之间接触良好，对孔的尺寸要严加控制。一般孔的直径只比穿过孔的引脚的直径大 0.2~0.5mm。双列直插式集成电路的引脚间的距离为 2.54mm，画图时要严格遵守，否则将给安装造成困难。

4）根据通过电流的大小确定印制电路板的连线宽度。1mm 宽的连线允许通过的电流可以按 200mA 计算。但在板面允许的情况下，可以适当加宽，以保证电气和机械方面的质量。一般线宽取 1.0~1.5mm，相邻两条线间的距离不小于线宽。电源线和地线尽可能取得宽一些，以减少线上的压降，提高可靠性。

5）布线时应考虑到减小干扰，使用可靠，维修与测量方便。

6）印制电路板的四周应空出 5~10mm 的空间，以免在印制电路板装入金属导轨后造成板上引线和金属架之间短路。

7）另外，设计印制电路板时还应遵循以下几点：

① 连接处要用圆角，避免用直角。
② 在优先考虑间隔的前提下，导体走向尽可能取直线方向。
③ 避免往返和不必要的接点。
④ 使图形简单，避免双弧形。
⑤ 优先考虑元件的取向。

2．印制电路板设计一般步骤

印制电路板设计通常有以下几步：设计前的准备、绘制草图、元器件布局、设计布线、制版底图的绘制、加工工艺图及技术要求。

（1）设计前的准备

了解电路工作原理、组成和各功能电路的相互关系及信号流向等内容，了解印制板的工作环境及工作机制（连续工作还是断续工作等）。掌握最高工作电压、最大电流及工作频率等主要电路参数；熟悉主要元器件和部件的型号、外形尺寸、封装，必要时取得样品或产品样本。确定印制板的材料、厚度、形状及尺寸。

（2）绘制草图

草图是绘制制版底图的依据。绘制草图是根据电路原理图把焊盘位置、间距、焊盘间的相互连接、印制导线的走向及形状、整图外形尺寸等均按印制板的实际尺寸（或按一定比例）绘制出来，作为生产印制板的依据。

（3）元器件布局

元器件布局可以手工进行，也可以利用 CAD 自动进行，但布局要求、原则、布放顺序和方法都是一致的。元器件布局要保证电路功能和技术性能指标，且兼顾美观性、排列整齐、疏密得当，满足工艺性、检测、维修等方面的要求。

（4）设计布线

在整个印制板设计中，以布线的设计过程限定最高、技巧最细、工作量最大。印制板设计布线有单面布线、双面布线及多层布线；布线的方式有手动布线、自动布线两种。进入布线阶段时往往发现元器件布局方面的不足，需要调整和改变布局，一般情况下设计布线和元器件布局要反复几次，才能获得比较满意的效果。

（5）制版底图的绘制

印制电路板设计定稿以后，生产制造前必须将设计图转换成印制板实际尺寸的原版底片。制版底图的绘制有手工绘图和计算机绘图等方法。

一般将导电图形和印制元件组成的图称为线路图。除线路图外，还有阻焊图和字符标记图两种制版底图，根据印制板种类和加工要求，可以要求其中的一两种或全部。阻焊图和字符标记图也称为制版工艺图。

（6）加工工艺图及技术要求

设计者将图纸交给制板厂时需提供附加技术说明，一般通称为技术要求。技术要求必须包括：外形尺寸及误差；板材、板厚；图纸比例；孔径及误差；镀层要求；涂层（包括阻焊层和助焊剂）要求。

3. 用 DXP 2004 SP2 设计电路原理图的一般步骤

利用 DXP 2004 SP2 设计电路原理图的流程如图 3.2 所示。

1）准备工作：在硬盘上建立一个文件夹，用以保存整个工程的相关文件；启动 DXP 2004 SP2，建立一个新的工程并保存；建立一个新的原理图文件并保存。

2）图纸设置：根据实际电路的复杂程度设置图纸的大小，根据需要调整图纸的背景颜色等。

3）加载元器件库：将包含用户所需要元器件的集成元器件库调入系统中，以便用户从中查找和选用所需的元器件。

4）放置元器件：从元器件库里取出所需的元器件放置到图纸上。用户可以根据元器件之间的疏密程度、走线等，对放置在图纸上的元器件的位置进行调整，并对元器件进行编号，对封装形式进行设定等，为下一步工作打好基础。注意：如果此电路图在后期要制成印制板图，一定要对元器件的封装形式进行设定。

5）原理图布线：布线过程是一个画图的过程。用户可以利用 DXP 2004 SP2 提供的各种工具进行布线，将图纸上的元器件用导线、电气连接符号等连接起来，构成一个完整的电路原理图。

6）编辑与调整：在这一阶段，利用 DXP 2004 SP2 所提供的各种强大功能对所绘制的原理图做进一步的调整和修改，以保证原理图的正确和美观，如旋转、移动、删除元器件，修改元器件属性等。

7）完善阶段：利用 DXP 2004 SP2 的绘图工具绘制一些不具有电气意义的图形或者加入一些文字说明等，对原理图进行进一步的补充和完善。

8）输出报表：对设计完的原理图进行存盘、输出打印，以供存档。

4．用 DXP 2004 SP2 设计电路印制板图的一般步骤

利用 DXP 2004 SP2 设计电路印制板图的流程如图 3.3 所示。

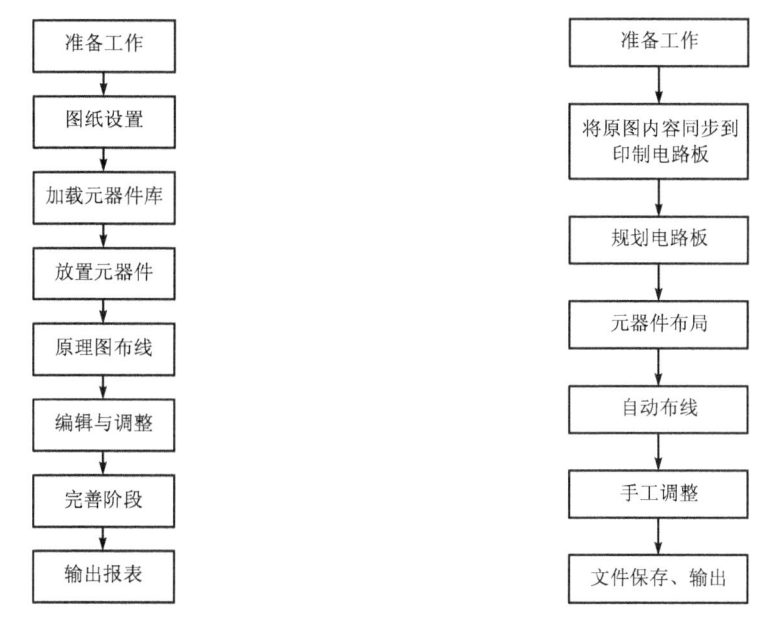

图 3.2　原理图的设计流程　　　　　　图 3.3　印制电路板设计流程

1）准备工作：已经创建好文件夹、工程文件、原理图文件并完成原理图文件的制作；创建印制电路板文件并保存。

2）将原理图内容同步到印制电路板：将绘制好的电路原理图内容同步到印制电路板。

3）规划电路板：在绘制印制电路板之前，首先要对电路板作一个初步规划，如电路板物理尺寸有多大，采用什么样的电路板，是单面板还是双面板，若采用多层电路板，还需要确定具体采用的是几层电路板，各个元器件采用何种封装形式及其安装位置等。根据实际的具体情况确定电路板设计的框架，这是一项极其重要的工作，需要设计者做到心中有数。

4）元器件布局：将元器件布置在电路板边框内。DXP 2004 SP2 可以自动布局，也可以手工布局，但是自动布局的效果一般不理想，所以需要根据具体电路手工布局。如果元器件的布局不合理，将会导致布线失败或者印制板成为废品，一定要仔细调整，只有元器件的布局合理了，才能进行下一步的布线工作。

5）自动布线：在进行自动布线之前，首先要进行布线规则设置，布线规则设置包括板层设置、安全距离设置、导线宽度设置等。只要元器件的布局合理，电路图基本上都可以布通。

6）手工调整：自动布线结束后，往往或多或少还存在令人不满意的地方，此时需要进行手工调整以达到完美的地步。

7）文件保存、输出：完成电路板的布线后，保存完成的电路印制板图文件；利用各种图形输出设备，如打印机或绘图仪，输出电路板的布线图，输出各种报表。

5．电路原理图设计

此处以制作图 3.4 所示电路图及其印制电路板为例进行讲解。

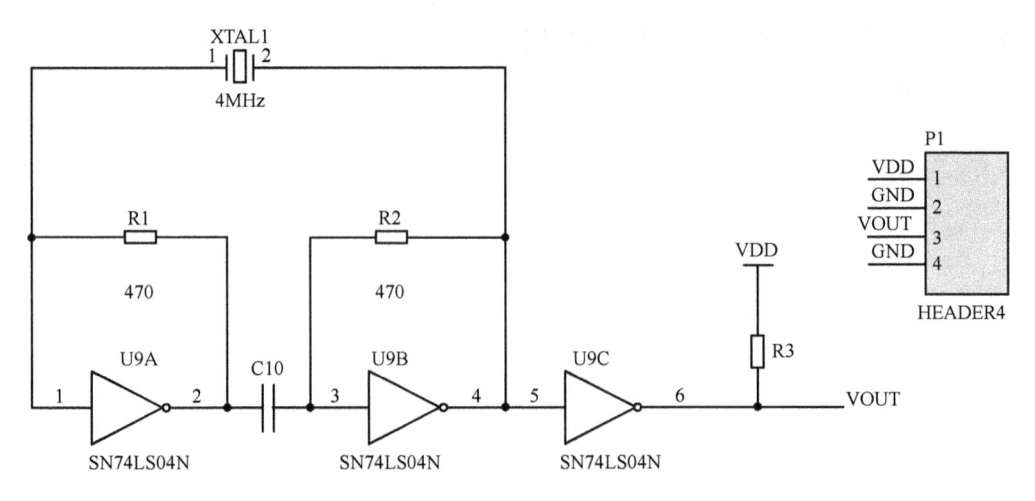

图 3.4 多谐振荡器电路图

（1）新建工程

运行 DXP 2004 SP2 软件，新建工程文件，命名为"多谐振荡器.PRJPCB"，保存。

（2）新建原理图文件

新建原理图文件，命名为"多谐振荡器.SCHDOC"，保存。结果如图 3.5 所示。

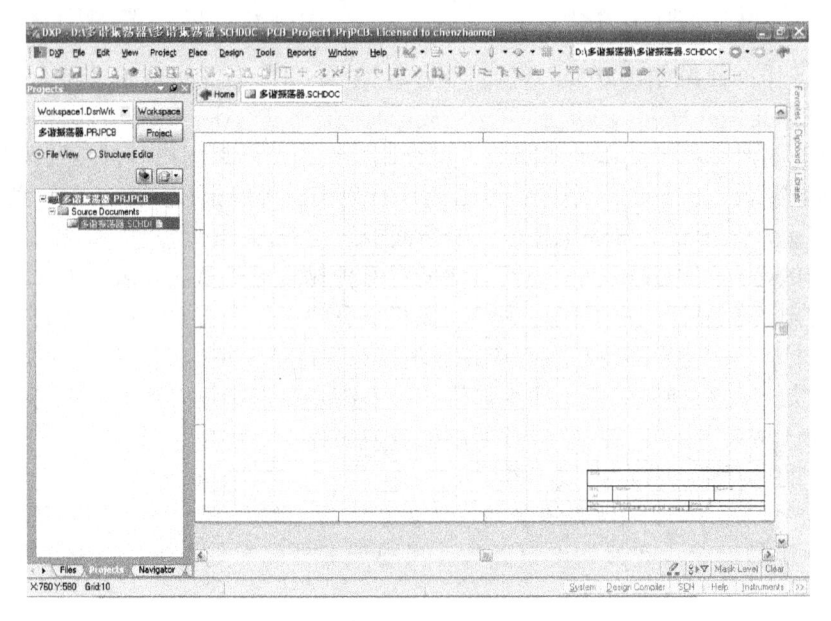

图 3.5　DXP 2004 SP2 主界面

（3）图纸的基本设置

执行菜单 Tools→Schematic Preferences…，出现图 3.6 所示原理图首选项对话框。注意图中左侧展开选项应选择 Schematic→Graphical Editing。在该选项的右上部，为 Auto Pan Options（自动滚屏）设置区域，自动滚屏是为了帮助用户高效利用有限的屏幕显示区域而设计的，当屏幕无法完全显示一张图纸时，这个功能可以发挥作用，当光标移动到工作区边缘时，软件将沿着移动方向重新选取显示中心。此处原理图尺寸较小，可以取消此功能，单击 Style 下拉列表，选择 Auto Pan Off（关闭自动滚屏）。

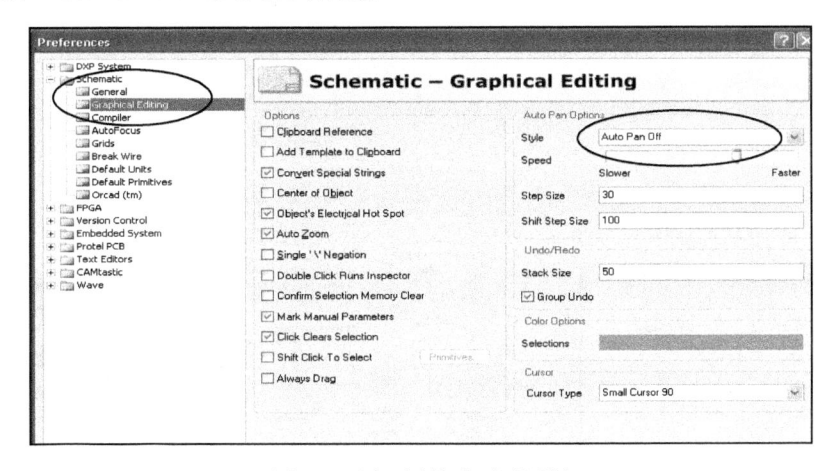

图 3.6　原理图首选项对话框

（4）元器件库的加载和使用

制作图 3.4 所用的元器件在 DXP 2004 SP2 软件的成品库内都能找到，它们位于名为 ON Semi Logic Buffer Line Driver.IntLib（该库位于 DXP2004 SP2 的成品库文件夹中的 ON Semiconductor 目录下）和名为 Miscellaneous Connectors.IntLib（该库位于成品库目录下）的集成库内。DXP 2004 SP2 按生产厂家分类，已经为用户准备好大量的元器件，根据需要，用户必须先加载相应的库，才能使用它。加载后，序列表如图 3.7 所示。

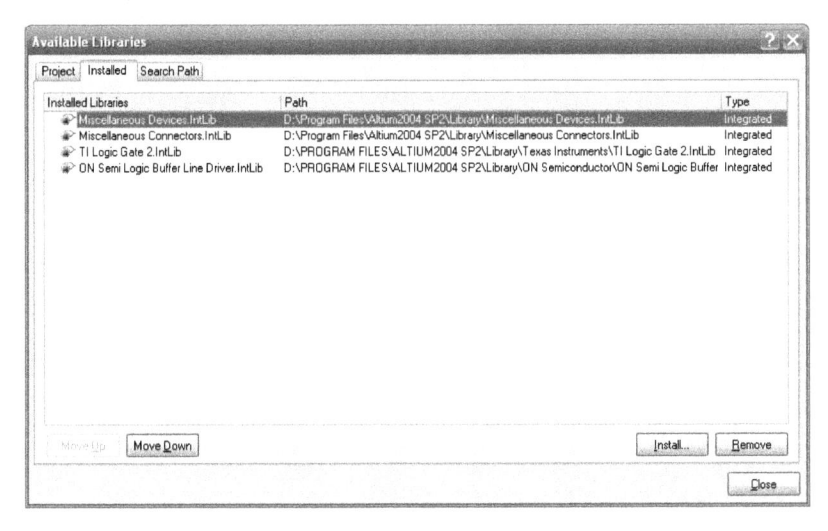

图 3.7　加载的库列表

（5）放置元器件

执行菜单 Place→Part…，出现放置元器件的对话框，如图 3.8 所示，单击"..."按钮，从加载的元器件库内选择元器件，如图 3.9 所示。注意填写元器件标号以及选择适合的封装方式。

之后，光标变成"十"字光标，并附带有浮动的元器件，移动鼠标单击左键，确定元器件放置位置。重复此项操作，将原理图中所有的元器件放置到电路原理图中，如图 3.10 所示。

图 3.8 放置元器件对话框

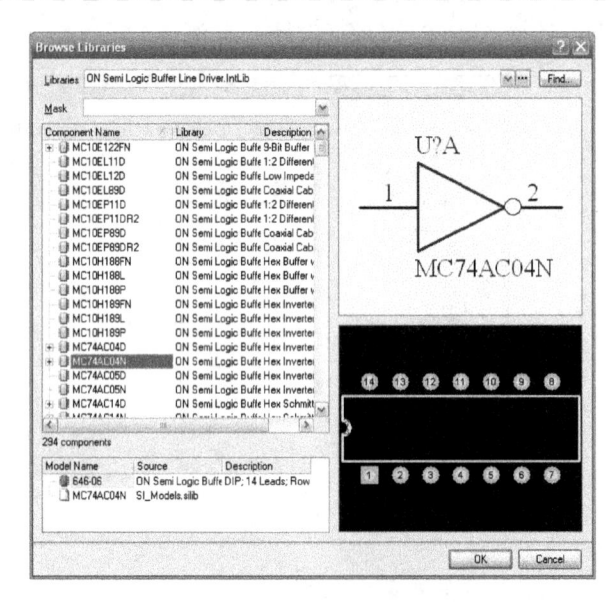

图 3.9 选择元器件

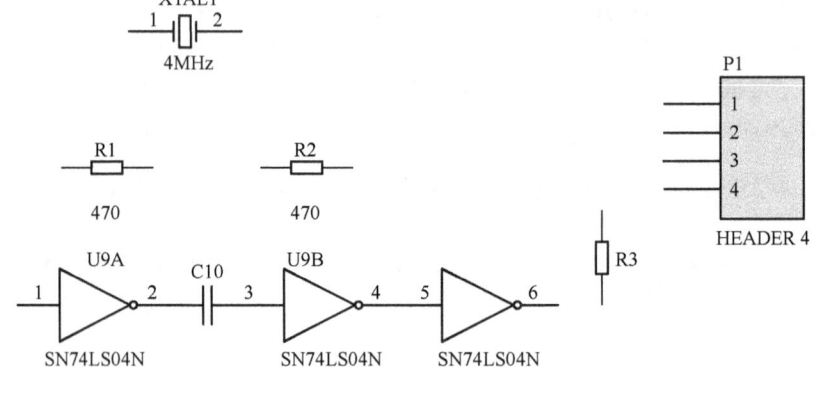

图 3.10 元器件排布

(6)画线过程

执行菜单 Place→Wire,画导线;执行菜单 Place→Power Port,放置电源端口;执行菜单 Place→Net Label,放置网络标号,完成电路的电气连接。绘制完成的电路原理图如图 3.4 所示。

(7)保存原理图

执行 File→Save 命令,对设计完的原理图进行存盘,以供存档。

6. 印制电路板的设计

(1)准备工作

新建印制电路板文件,命名为"多谐振荡器.PCBDOC",保存,如图 3.11 所示。

(2)将原理图内容同步到印制电路板上

在原理图编辑器中,执行菜单 Design→Update PCB Document 多谐振荡器.PCBDOC,将原理图内容同步到印制电路板文件中,如图 3.12 所示。将所有的元器件拖放到黑色区域的印制板面上,如图 3.13 所示。

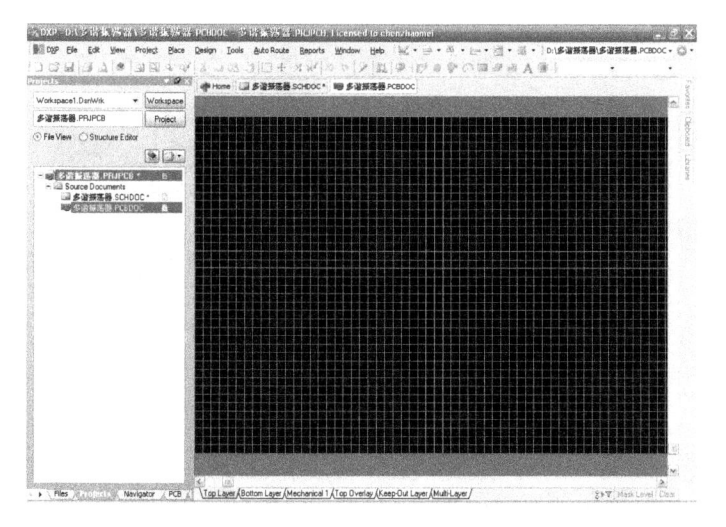

图 3.11　印刷电路板编辑器

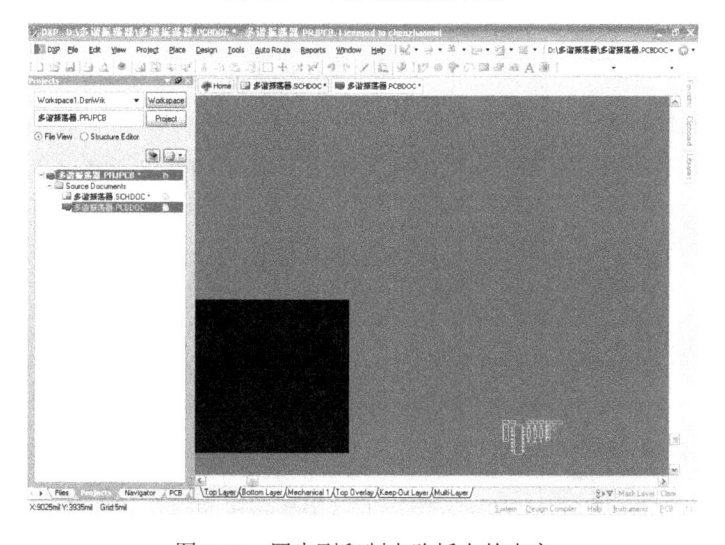

图 3.12　同步到印制电路板上的内容

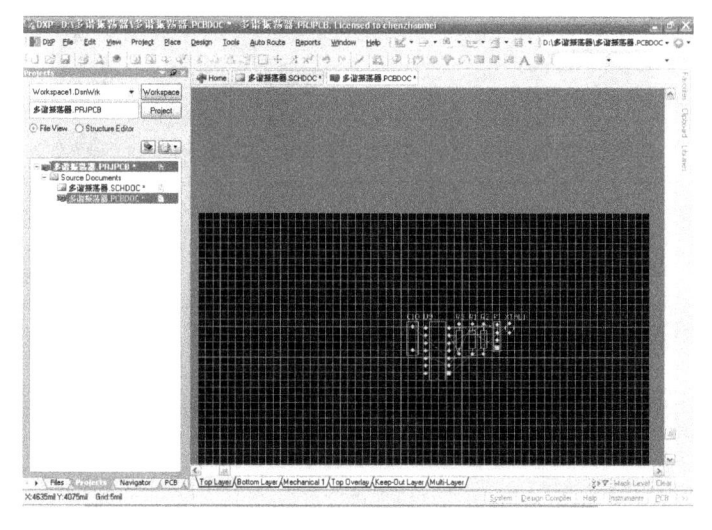

图 3.13　元器件拖放到印制板面上

（3）元器件布局

参考原理图走线方向，布局元器件，保证连线最短，如图 3.14 所示。

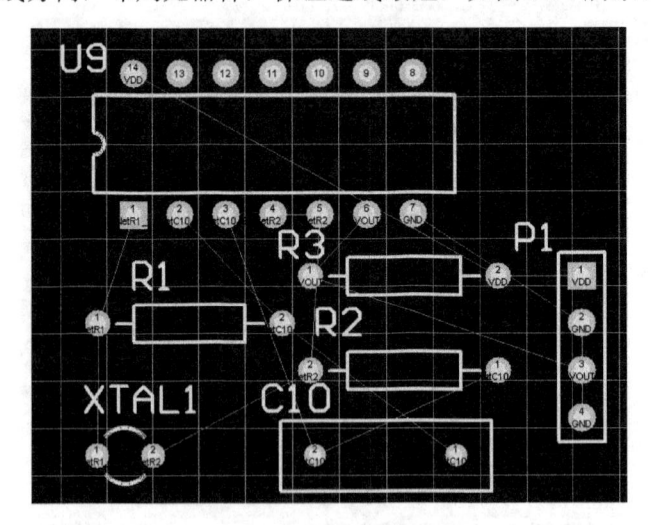

图 3.14　元器件布局

（4）规划布线区域

切换到 Keep out layer 层，执行菜单 Place→Keep out→Track，画出允许的布线区域，如图 3.15 所示。

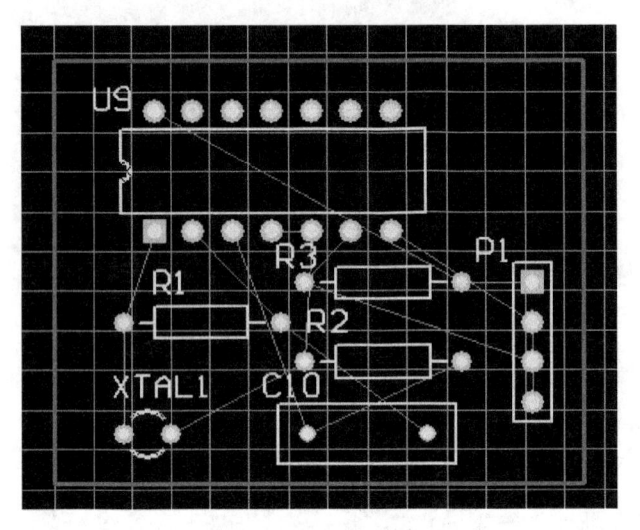

图 3.15　布线区域

（5）布线规则设置

执行菜单 Design→Rules…，显示规则设置对话框，如图 3.16 所示。

在 Routing（布线）规则中，设置普通导线的宽度为 0.5mm，电源和地导线宽度为 1mm，如图 3.17 所示。

（6）自动布线

执行菜单 Auto Route→All…，启动自动布线器，显示对话框图 3.18，采用默认设置。单击 Route All 按钮，开始自动布线，布线效果如图 3.19 所示。

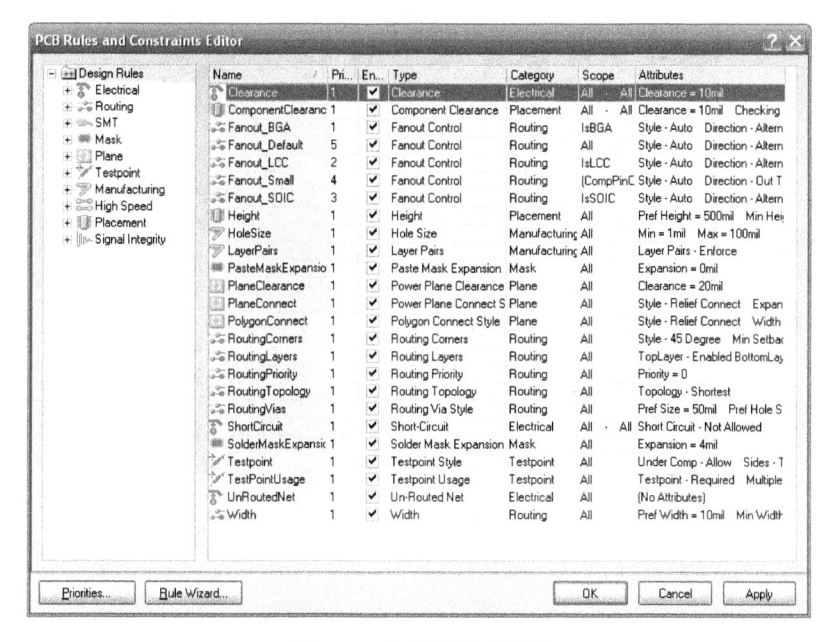

图 3.16　规则设置对话框

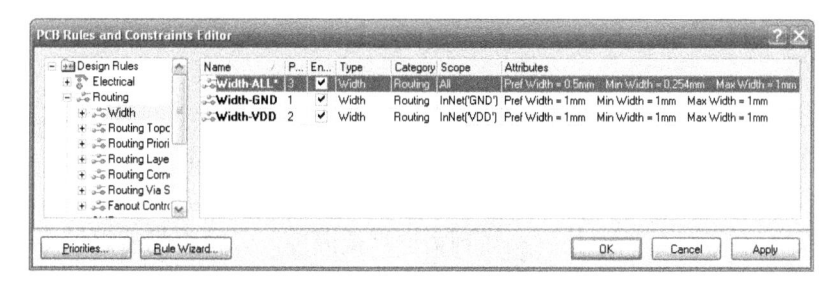

图 3.17　布线宽度设置

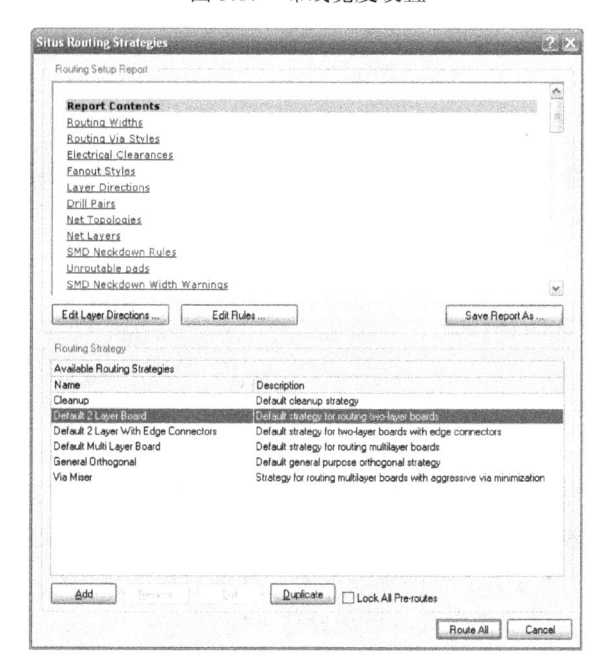

图 3.18　自动布线策略设置

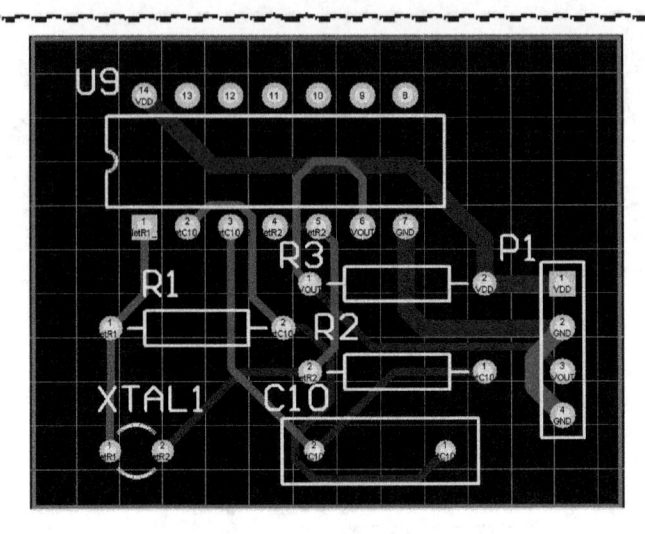

图 3.19 布线效果

（7）打印输出及报表

根据需要，可以打印输出印制板内容，输出报表以供购买元器件等。

3.4 焊接技术

焊接技术是电子产品生产中极为重要的一个环节，也是电子实践操作的基本技能，任何一个设计精良的电子设备没有相应的焊接工艺技术保证是难以达到技术指标。在电子设备制造中应用最普遍的焊接技术是锡焊，其操作简单、实用、易于掌握。锡焊的特点：焊料熔点低于焊件，焊接时将焊件与焊料共同加热到最佳焊接温度，焊料熔化而焊件不熔化；连接的形式是由熔化的焊料浸润焊件的焊接面产生冶金、化学反应形成结合层而实现；焊点有良好的电气性能，适合于半导体等电子材料的连接；焊接接头平整光滑，外形美观；焊接过程可逆，易于拆焊。

3.4.1 焊接工具

电子产品装配过程都离不开手工工具，制作简易电子产品则手工工具更显示出了它们的重要性。下面介绍部分常用工具的特点及使用方法。

1. 常用装接工具

在电子整机装接过程中使用的工具称为装接工具，常用的装接工具有焊接工具和装配工具。

1）钳子：钳子的种类很多，常用的钳子有尖嘴钳、斜口钳、平口钳、剥线钳等。尖嘴钳一般用来夹持小螺母、小零件；斜口钳可用于剪断细小导线，也可用来剪切元件的引脚以及其他在装配中使用的塑料绑线等；平口钳主要用于夹持和折断金属薄板及金属丝；剥线钳是用来剥掉电线端部的绝缘层的专用工具。

2）镊子：在焊接时可用镊子夹持导线和元器件使它们固定不动，又有助于元器件散热；拆卸小的电子元件时，用镊子作夹具，可使操作方便。

3）螺丝刀：螺丝刀是一种最常用的手工工具，按头部形状的不同可分为"一"字形和

"十"字形两种。螺丝刀用于紧固螺钉,调整可调元件。

4)其他工具:在电子整机装接过程中使用的工具除了上述工具以外,还有一些其他工具,如电动螺钉旋具、电动螺母旋具、组合扳手、六角组合扳手、内六角扳手、同轴电缆剥线器、压接工具。这些工具我们在整机装配和电子设备检修中也经常用到,灵活使用这些工具可以大大地提高工作效率,改善装配工艺水平。

2. 焊接工具

常用的手工焊接工具是电烙铁,其作用是加热焊料和被焊金属,使熔融的焊料浸润被焊金属表面并生成合金。电烙铁是电子产品装配过程中必不可少的工具。

(1)电烙铁的结构

常见的电烙铁有直热式、感应式、恒温式,还有吸锡式电烙铁。本章主要介绍直热式和吸锡式电烙铁。

1)直热式电烙铁。

直热式电烙铁又可以分为内热式和外热式两种。图 3.20 所示为典型直热式电烙铁结构,主要由以下几部分组成:

① 加热元件:俗称烙铁芯。它是将镍铬发热电阻丝缠在云母、陶瓷等耐热、绝缘材料上构成的。内热式与外热式主要区别在于外热式发热元件在传热体的外部,而内热式的发热元件在传热体的内部,也就是烙铁芯在内部发热。显然,内热式能量转换效率高。根据焊接元件的大小和印制导线的粗细来选择电烙铁的功率。功率越大烙铁头的温度也就越高。

② 烙铁头:作为热量存储和传递的烙铁头,一般用紫铜制成。

③ 手柄:一般用实木或胶木制成,手柄设计要合理,否则因温升过高而影响操作。

④ 接线柱:是发热元件同电源线的连接处。必须注意:一般烙铁有三个接线柱,其中一个是接金属外壳的,接线时应用三芯线将外壳接保护零线。

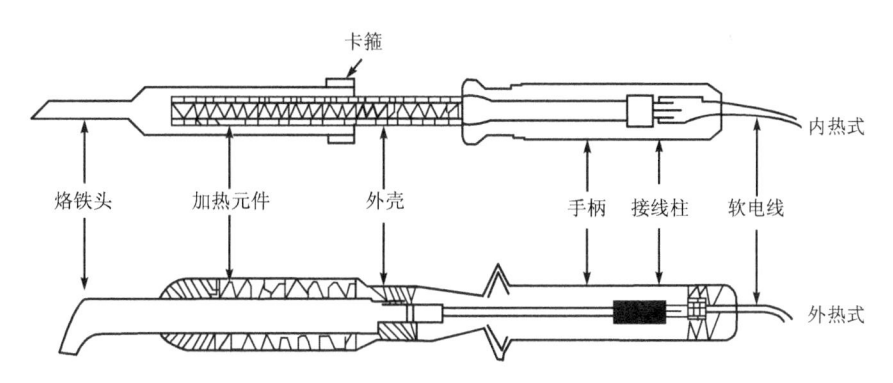

图 3.20 直热式电烙铁结构示意图

2)吸锡电烙铁。

吸锡电烙铁是将活塞式吸锡器与电烙铁熔为一体的拆焊工具。吸锡电烙铁的使用方法是:接通电源预热 3~5 分钟,然后将活塞柄推下并卡住,把吸锡烙铁的吸头前端对准欲拆焊的焊点,待焊锡熔化后,按下吸锡烙铁手柄上的按钮,活塞便自动上升,焊锡即被吸进气筒内,元件引线便与焊盘(焊片)脱离。另外,使用吸锡器时要及时清除吸入的锡渣,保持吸锡孔畅通。

(2) 电烙铁的选用

在从事科研、生产、仪器维修时，可根据不同的施焊对象选择不同功率的普通烙铁。如有特殊要求时，可选感应式、调温式等。选择烙铁的功率和类型，一般是根据焊件大小与性质而定。表 3.1 提供的选择可供参考。

表 3.1 电烙铁选择

焊件及工作性质	选用烙铁	烙铁头温度（室温 220V 电压）/℃
一般印制电路、安装导线、小功率晶体管、集成电路、敏感元件、片状元件	20W 内热式、30W 外热式、恒温式	300~400
焊片、电位器、2~8W 电阻、大电解电容	35~50W 内热式、恒温式、50-75W 外热式	350~450
8W 以上大电阻、大功率元器件、变压器引线脚、整流桥	100W 内热式、150-200W 外热式	400~550
汇流排、金属板等	300W 外热式	500~630
维修、调试一般电子产品	20W 内热式、恒温式、感应式	

(3) 烙铁头的选择与修整

1) 烙铁头的选择：烙铁的温度与烙铁头的体积、形状、长短等都有一定的关系。当烙铁头的体积比较大时，则保持温度的时间就长些，为适应不同焊接物的要求，烙铁头的形状有所不同，常见的烙铁头的形状如表 3.2 所示。应根据被焊工件的具体情况选择合适的烙铁头。

表 3.2 常见烙铁头的形状

形 状		用 途
	圆切面	通用
	凿式	长形焊点
	半凿式	较长焊点
	尖锥式	密集焊点
	圆锥	密集焊点
	斜面复合式	通用
	变形大功率	大焊点

2) 烙铁头的处理：烙铁头是用纯铜制作的，在焊锡的润湿性和导热性方面性能非常好。但它有一个最大的弱点是容易被焊锡腐蚀和被氧化。所以电烙铁使用一定时间应对烙铁进行处理，处理方法如下。

① 新烙铁头使用前的处理：一把新烙铁不能拿来就用，必须先对烙铁头进行处理，就

是说在使用前先给烙铁头镀上一层焊锡。具体的方法是：在使用前先用砂布打磨烙铁头，将其氧化层除去，露出均匀、平整的铜表面，然后将烙铁头装好通电，将纱布放在木板上，再在纱布上放少量的松香，待烙铁沾上锡后在松香中来回摩擦，直到整个烙铁修整面均匀地挂上一层锡为止，见图 3.21。应该注意，烙铁通电后一定要立刻蘸上松香，否则表面会再一次生成氧化层。

② 使用过的烙铁头的处理：烙铁用了一定时间，或是烙铁头被焊锡腐蚀，头部凸凹不平，此时不利于热量传递，或者是烙铁头氧化使烙铁头被"烧死"，不再吃锡。这种情况，烙铁头虽然很热，但就是焊不上元件。其处理方法：首先用锉刀将烙铁头部锉平，然后按照新烙铁头的处理方法进行处理。

（4）烙铁头温度的调整与判断

烙铁头的温度可以通过插入烙铁芯的深度来调节。烙铁头插入烙铁芯的深度越深，其温度越高。

通常情况下，我们用目测法判断烙铁头的温度。

1）根据助焊剂的发烟状态判别：图 3.22 是根据助焊剂的发烟状态判断烙铁头温度的方法。在烙铁头上熔化一点松香芯焊料，根据助焊剂的烟量大小判断其温度是否合适。温度低时，发烟量小，持续时间长；温度高时，烟气量大，消散快；在中等发烟状态，约 6~8 秒消散时，温度约为 300℃，这时是焊接的合适温度。

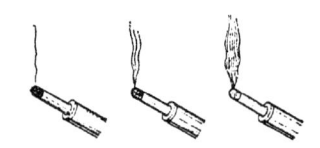

图 3.21　烙铁头修整和镀锡　　　　　图 3.22　根据助焊剂的发烟状态判别温度

2）根据焊锡颜色的变化判别：首先将烙铁头上的残留焊锡擦干净，然后在烙铁头上熔化少许焊锡，根据表层焊锡的颜色变化来判断烙铁头的温度。温度低时焊锡在短时间内不氧化，其表面颜色不变。若温度超过 400℃时，焊锡在很短时间内就变成紫色。如果在 3~5 秒内焊锡变成黄色，则此时温度较合适。

（5）电烙铁的接触及加热方法

1）电烙铁的接触方法：用电烙铁加热被焊工件时，烙铁头上一定要黏有适量的焊锡，这样做有利于把热量传到焊接件的表面上去。然后用烙铁的侧平面接触被焊工件表面。

2）电烙铁的加热方法：加热时应尽量使烙铁头同时接触印制板上焊盘和元器件引线，如图 3.23（a）所示，这样加热有利于待焊工件吸收热量。对于直径大于 5mm 的较大焊盘焊接时，烙铁头应绕焊盘转动，即一边加热一边移动烙铁，以免长时间停留一点导致局部过热，如图 3.23（b）所示。

（a）小焊盘加热　　　　　　　　　　（b）大焊盘加热

图 3.23　电烙铁与焊件的接触与加热方法

（6）使用电烙铁的注意事项

1）在使用前或更换烙铁芯时，必须检查电源线与地线的接头是否正确。尽可能使用三芯的电源插头，注意接地线要正确地接在烙铁的壳体上，如果接错就会造成烙铁外壳带电，人触及烙铁外壳就会触电，若用于焊接，还会损坏电路上的元器件。

2）使用电烙铁过程中，烙铁线不要被烫破，否则可能会使人触电，随时检查电烙铁的插头、电线，发现破损老化应及时更换。

3）使用电烙铁的过程中，一定要轻拿轻放，不焊接时，要将烙铁放到烙铁架上，以免灼热的烙铁烫伤自己或他人、他物；若长时间不使用应切断电源，防止烙铁头氧化；不能用电烙铁敲击被焊工件；烙铁头上多余的焊锡不要随便乱甩，落下的焊锡溅到人身上会造成烫伤；若溅到正在维修或调试的设备内，焊锡会使设备内部造成短路引起不必要的损失，应用湿布或其他工具将其去除。

4）使用合金烙铁头（长寿烙铁）时，切忌用锉刀修整。

5）操作者头部与烙铁头之间应保持 30cm 以上的距离，以避免过多的有害气体（焊剂加热挥发出的化学物质）被人体吸入。

3.4.2 焊接材料

1．焊锡

常用的焊料是焊锡，焊锡是一种锡铅合金。在锡中加入铅后可获得锡和铅都不具备的优良特性。锡的熔点为 232℃，铅为 327℃，锡铅比例为 60:40 的焊锡，其熔点只有 190℃左右，低于被焊金属，焊接起来很方便。锡铅合金的特性优于锡铅本身，机械强度是锡铅本身的 2~3 倍；而且降低了表面张力及黏度，从而增大了流动性；提高了抗氧化能力。市面上出售的焊锡丝有两种，一种是将焊锡做成管状，管内填有松香，称松香焊锡丝，使用这种焊锡丝焊接时可不加助焊剂。另一种是无松香的焊锡丝，焊接时要加助焊剂。

2．助焊剂

由于金属表面同空气接触后都会生成一层氧化膜，这层氧化膜阻止焊锡对金属的润湿作用，助焊剂就是用于清除氧化膜的一种专用材料。我们通常使用的有松香和松香酒精溶液。后者是用一份松香粉末和三份酒精（无水乙醇）配制而成，焊接效果比前者好。另一种助焊剂是焊油膏，在电子电路的焊接中，一般不使用它，因为它是酸性焊剂，对金属有腐蚀作用。如果确实需要使用它，焊接后应立即使用溶剂将焊点附近清洗干净。

3.4.3 手工焊接工艺与质量标准

1．元器件焊接前的准备

（1）元器件引线加工成型

元器件在印制板上的排列和安装有两种方式，一种是立式，另一种是卧式。元器件引线弯成的形状应根据焊盘孔的距离不同而加工成型。加工时，注意不要将引线齐根弯折，并用工具保护好引线的根部，以免损坏元器件。成型后的元器件，在焊接时，尽量保持其排列整齐，同类元件要保持高度一致。各元器件的符号标志向上（卧式）或向外（立式），以便于检查。

（2）镀锡

元器件引线一般都镀有一层薄的钎料，但时间一长，引线表面产生一层氧化膜，影响焊接。所以，除少数有良好银、金镀层的引线外，大部分元器件在焊接前都要重新镀锡。

1）镀锡要点：待镀件表面应清洁，如焊件表面带有锈迹、污垢或氧化物，轻的用酒精擦洗，重的可用刀刮或用砂纸打磨。要使用有效的焊剂，通常用松香水。加热温度要足够。

2）小批量生产的镀锡：镀焊可用锡锅，使用中要注意锡的温度不能太低，这从液态金属的流动性可判定。但也不能太高，否则锡表面氧化较快。电炉电源可用调压器供电，以调节锡锅的最佳温度。使用过程中，要不断用铁片刮去锡表面的氧化层和杂质。

3）多股导线镀锡：多股导线镀锡前要用剥线钳或其他方法去掉绝缘皮层（不要将导线剥伤或造成断股），再将剥好的导线朝一个方向旋转拧紧后镀锡，镀锡时不要把焊锡浸入到绝缘皮层中去，最好在绝缘皮前留出一个导线外径长度没有锡，这有利于穿套管，如图3.24所示。用烙铁镀锡前要将导线蘸松香水，有时也将导线放在有松香的木板上用烙铁给导线上一层焊剂，同时也镀上焊锡。

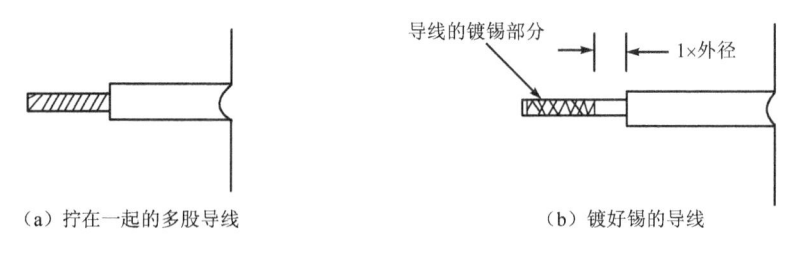

（a）拧在一起的多股导线　　　　（b）镀好锡的导线

图3.24　多股导线镀锡要求

2．元器件的插装

1）卧式插装：卧式插装是将元器件紧贴印制电路板插装，元器件与印制电路板的间距应小于1mm。卧式插装法使元件的稳定性好、比较牢固、受振动时不易脱落，如图3.25（a）所示。

2）立式插装：立式插装的特点是密度较大、占用印制板的面积少、拆卸方便。电容、三极管、DIP系列集成电路多采用这种方法，如图3.25（b）所示。

3）表面贴装：表面贴装有如下几种形式，如图3.26所示。全表面装分为单面表面贴装和双面表面贴装。其特点是工艺简单，适用于小型、薄型和高密度PCB板的组装，如图3.26（a）所示。双面混装如图3.26（b）所示，单面混装如图3.26（c）所示，其特点是先贴后插，工艺较复杂，组装密度高。

3．常用元器件的安装注意事项

1）晶体管的安装：晶体管在安装前一定要识别引脚，分清集电极、基极、发射极。元件比较密集的地方应分别套上不同彩色的塑料套管，防止碰极短路；引脚引线保留一般在3~5mm左右。对于一些大功率晶体管，需要再加散热片，应先固定散热片，然后将大功率晶体管插入到安装位置并用紧固件固定后再焊接，如图3.25（c）所示。

2）集成电路的安装：集成电路的封装形式有晶体管式封装、单列直插式封装、双列直插式封装和扁平式封装，在使用时一定要弄清其方向和引线脚的排列顺序，不能插错。现在多采用集成电路插座，先焊好插座再安装集成块。插装集成电路引线脚时，用力不要过猛，以防止弄断引出脚。

3）变压器、电解电容器、磁棒的安装：对于较大的电源变压器，就要采用螺钉固定了，螺钉上最好能加弹簧垫圈，以防止螺母或螺钉的松动；中小型变压器，将固定脚插入印制电路板的孔位，然后将屏蔽层的引线压倒再进行焊接；磁棒的安装，先将塑料支架插到印制电路板的支架孔位上，然后将支架固定，再将磁棒插入；对一些体积大而重的元器件，首先要将其固定，固定好以后才可以焊接，如图3.25（d）所示。

安装元器件时应注意：无极性两端子元件安装到印制电路板上，元器件字符标记方向一致，并符合阅读习惯，以便今后的检查和维修。穿过焊盘的引线，对手工焊接建议不要把引线剪断，待全部焊接完后再剪断。如果元件的引线特别长，那么至少要保留距焊盘 1~2mm 的长度。

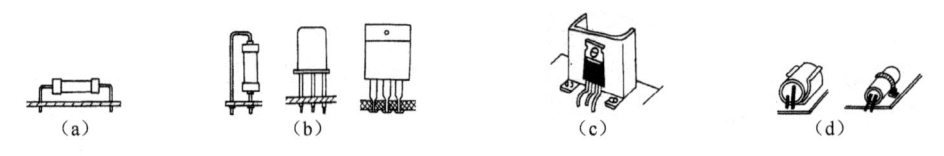

图 3.25 元器件的安装与固定

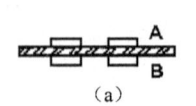

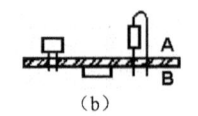

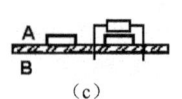

图 3.26 表面贴装

4．手工烙铁焊接技术

焊接是电子产品制造中最主要的一个环节，一个虚焊点不但会给调试工作带来很大的麻烦，而且在使用时会造成整台产品的失灵。要在有成千上万个焊点的电子产品中找出虚焊点并不是容易的事。据统计，电子产品中的故障近一半是由于焊接不良引起的，因此高质量的焊点是保证电子产品可靠工作的基础。

（1）焊接操作姿势

电烙铁拿法有三种，如图3.27所示。反握法动作稳定，长时间操作不宜疲劳，适合于大功率烙铁的操作。正握法适合于中等功率烙铁或带弯头电烙铁的操作。一般在工作台上焊印制板等焊件时，多采用握笔法。

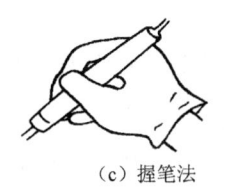

图 3.27 电烙铁的握法

焊锡丝一般有两种拿法，如图3.28所示是焊锡的基本拿法。焊接时，一般左手拿焊锡，右手拿电烙铁。进行连续焊接时采用图3.28（a）所示的拿法，这种拿法可以连续向前送焊锡丝。图3.28（b）所示的拿法在只焊接几个焊点或断续焊接时适用。由于焊丝成分中，铅占一定比例，因此操作时应戴手套或操作后洗手，避免食入。电烙铁用后一定要稳妥放于烙铁架上，并注意不要让烙铁碰导线等物。

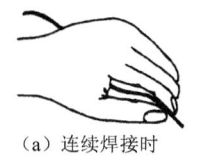

(a) 连续焊接时　　(b) 只焊几个焊点时

图 3.28　焊锡的基本拿法

（2）焊接温度与加热时间

合适的温度对形成良好的焊点很关键。同样的烙铁，加热不同热容量的焊件时，要想达到同样的焊接温度，可以用控制加热时间来实现。但是，用一个小功率烙铁加热较大焊件时，无论停留时间多长，焊件温度也上不去。因为有烙铁供热容量和焊件、烙铁在空气中散热的问题。若加热时间不足，造成焊料不能充分浸润焊件，形成夹渣（松香）、虚焊。此外，有些元器件也不容许长时间加热，过量的加热可能造成元器件损坏，焊点外观变差。烙铁撤离时容易造成拉尖，同时出现焊点表面粗糙无光，焊点发白。另外焊接时所加松香焊剂在温度较高时容易分解碳化（一般松香210℃开始分解），失去助焊剂作用，而且夹到焊点中造成焊接缺陷。过多的受热会破坏印制板黏合层，导致印制板上铜箔的剥离。

（3）焊接步骤

要提高焊接质量，必须通过实践反复练习，逐步掌握焊接方法，避免急于求成。下面介绍焊接步骤：

1）加热焊件：将烙铁头放在工件上进行加热，注意加热方法要正确，烙铁头接触热容量较大的焊件，这样可以保证焊接工件和焊盘被充分加热，如图3.29（a）所示。

2）熔化焊锡：将焊锡丝放在工件上，熔化适量的焊锡，如图3.29（b）所示。在送焊锡过程中，可以先将焊锡接触烙铁头，然后移动焊锡至与烙铁头相对的位置，这样做有利于焊锡的熔化和热量的传导。此时注意焊锡一定要润湿被焊工件表面和整个焊盘。

3）移开焊锡丝：待焊锡充满焊盘后，迅速拿开焊锡丝，如图3.29（c）所示。此时注意熔化的焊锡要充满整个焊盘，并均匀地包围元件的引线，待焊锡用量达到要求后，应立即将焊锡丝沿着元件引线的方向向上提起焊锡。

4）移开烙铁：焊锡的扩展范围达到要求后，拿开烙铁，注意撤烙铁的速度要快，撤离方向要沿着元件引线的方向向上提起。如图3.29（d）所示。

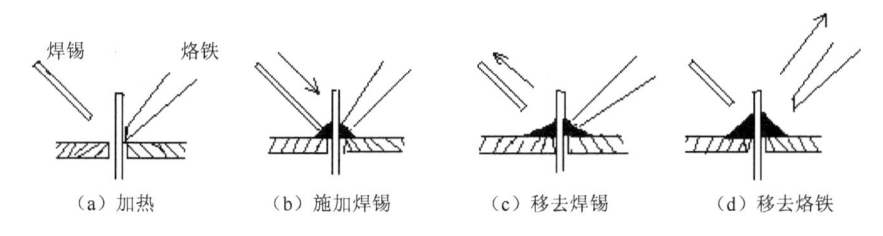

焊锡　　烙铁

(a) 加热　　(b) 施加焊锡　　(c) 移去焊锡　　(d) 移去烙铁

图 3.29　焊接步骤示意图

（4）焊接操作的注意事项

1）保持烙铁头的清洁。

因为焊接时烙铁头长期处于高温状态，又接触焊剂等杂质，其表面很容易氧化并沾上一层黑色杂质，这些杂质形成隔热层，使烙铁头失去加热作用。因此要随时除去杂质。

2）采用正确的加热方法和加热时间。

要靠增加接触面积加快传热，而不要用烙铁对焊件加力。正确的办法应该根据焊件形状选用不同的烙铁头，或自己修整烙铁头，让烙铁头与焊件形成面接触而不是点接触，就能大大提高效率。还要注意，加热时不是仅加热焊件本身而是让焊件上需要焊锡浸润的各部分均匀受热。焊接时间在保证润湿的前提下尽可能短，一般不超过3秒。

3）加热要靠焊锡桥。

要提高烙铁头加热的效率，需要形成热量传递的焊锡桥。所谓焊锡桥，就是靠烙铁上保留少量焊锡作为加热时烙铁头与焊件之间传热的桥梁。显然，由于金属液的导热效率远高于空气，而使焊件很快被加热到焊接温度。应注意，作为焊锡桥的锡保留量不可过多。

4）在焊锡凝固之前不要使焊件移动或振动。

用镊子夹住焊件时，一定要等焊锡凝固后再移去镊子。这是因为焊锡凝固过程是结晶过程，在结晶期间受到外力（焊件移动）会改变结晶条件，形成大粒结晶，焊锡迅速凝固，造成所谓"冷焊"。外观现象是表面光泽呈豆渣状。焊点内部结构疏松，容易有气隙和裂缝，造成焊点强度低，导电性能差。

5）焊锡量要合适。

过量的焊锡不但毫无必要，而且增加了焊接时间，相应降低了工作速度。更为严重的是在高密度的电路中，过量的锡很容易造成不易察觉的短路。但是焊锡过少不能形成牢固的结合，同样也是不允许的，特别是在板上焊导线时，焊锡不足往往造成导线脱落。

6）不要用过量的焊剂。

适量的焊剂是非常有必要的。但不意味著越多越好。过量的松香不仅造成焊后焊点周围脏不美观，而且当加热时间不足时，又容易夹杂到焊锡中形成"夹渣"缺陷。对开关元件的焊接，过量的焊剂容易流到触点处，从而造成接触不良。合适的焊剂量应该是松香水仅能浸湿将要形成的焊点，不要让松香水透过印制板流到元件面或插座孔里（如IC插座）。对使用松香芯的焊丝来说，基本不需要再涂松香水。

7）耐热性差的元器件应使用工具辅助散热。

如微型开关、CMOS集成电路、瓷片电容，发光二极管，中周等元件，焊接前一定要处理好焊点，施焊时注意控制加热时间，焊接一定要快。还要适当采用辅助散热措施。在焊接过程可以用镊子、尖嘴钳子等夹住元件的引线，用以减少热量传递到元件，从而避免元件承受高温。

8）集成电路若不使用插座，直接焊到印制板上的安全焊接顺序为：地端→输出端→电源端→输入端。

9）焊接时应防止邻近元器件、印制板等受到过热影响，对热敏元器件要采取必要的散热措施。

5．特殊元件的焊接

（1）集成电路元件

MOS电路特别是绝缘栅型，由于输入阻抗很高，稍不慎即可能使内部击穿失效。为此，在焊接集成电路时，应注意下列事项：

1）对CMOS电路，如果事先已将各引线短路，焊前不要拿掉短路线。

2）焊接时间在保证浸润的前提下，尽可能短，每个焊点最好用3s焊好，最多不能超过

4s，连续焊接时间不要超过 10s。

3）最好使用 20W 内热式烙铁，接地线应保证接触良好。若无保护零线，最好采用烙铁断电用余热焊接，必要时还要采取人体接地的措施。

（2）几种易损元件的焊接

1）有机材料铸塑元件接点焊接。

各种有机材料，包括有机玻璃、聚氯乙烯、聚乙烯、酚醛树脂等材料，现在已被广泛用于电子元器件的制作，例如，各种开关、电容、插接件等，这些元件都是采用热铸塑方式制成的。它们最大的弱点就是不能承受高温。当对铸塑有机材料中的导体接点施焊时，如不注意控制加热时间，极容易造成塑性变形，导致元件失效或降低性能，造成隐性故障。因此，在元件预处理时，尽量清理好接点，力争一次镀锡成功，镀锡及焊接时加助焊剂量要少，防止浸入电接触点。烙铁头不要对接线片施加压力，焊接时间要短一些，焊后不要在塑壳未冷前对焊点作牢固性试验。

2）簧片类元件接点焊接。

这类元件如继电器、波段开关等，它们的共同特点是簧片制造时加预应力，使之产生适当弹力，保证了电接触性能。因此，安装施焊过程中避免对簧片施加外力，少用焊锡和助焊剂，焊接速度要快。

（3）导线的焊接

导线间接线端子、导线与导线之间的焊接有三种基本形式：绕焊、钩焊、搭焊。

1）导线同接线端子的焊接。

① 绕焊。

把经过镀锡的导线端头在接线端子上缠一圈，用钳子拉紧缠牢后进行焊接，如图 3.30（a）。注意导线一定要紧贴端子表面，绝缘层不接触端子，一般 $L=1\sim3\text{mm}$ 为宜。这种连接可靠性最好（L 为导线绝缘皮与焊面之间的距离）。

② 钩焊。

将导线端子弯成钩形，钩在接线端子上并用钳子夹紧后施焊，如图 3.30（b），端头处理与绕焊相同。这种方法强度低于绕焊，但操作简便。

③ 搭焊。

把经过镀锡的导线搭到接线端子上施焊，如图 3.30（c）。这种连接最方便，但强度可靠性最差。仅用于临时连接或不便于缠、钩的地方以及某些接插件上。

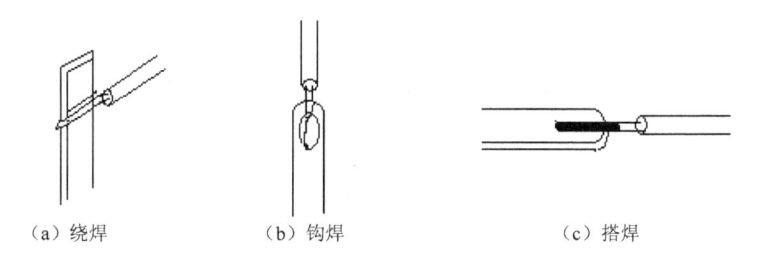

（a）绕焊　　　　（b）钩焊　　　　（c）搭焊

图 3.30　导线与端子的焊接

2）导线与导线的焊接。

导线之间的焊接以绕焊为主，操作步骤如下：

① 去掉一定长度绝缘皮，如图 3.31（a）所示；

② 端头上锡，并串上合适套管，如图3.31（b）所示；
③ 绞合，焊接，如图3.31（c）所示；
④ 趁热套上套管，冷却后套管固定在接头处，如图3.31（d）所示。

对调试或维修中的临时线，也可采用搭焊的办法，只是这种接头强度和可靠性都较差，不能用于生产中的导线焊接。

3）片状焊件的焊接方法。

为了使元件或导线在焊片上焊牢，需将导线插入焊片孔内绕住，然后再用电烙铁焊好，不应搭焊。如果焊片上焊的是多股导线，最好用套管将焊点套上，这样既保护焊点不易和其他部位短路，又能保护多股导线不容易散开。

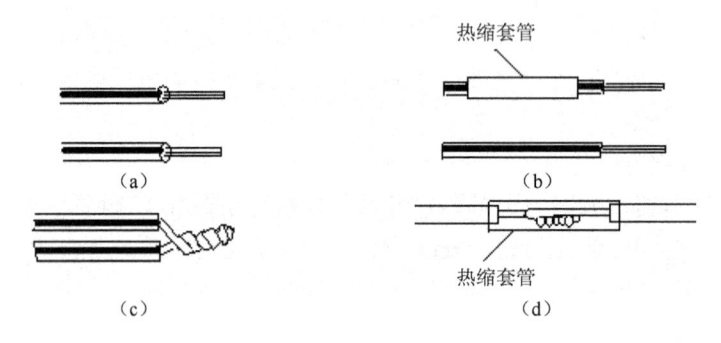

图 3.31 导线的焊接

6．焊接质量标准与检查

电子产品的焊接是同电路通断情况紧密相连的。一个焊点要能稳定、可靠地通过一定的电流，没有足够的连接面积和稳定的组织是不行的。为了保证焊接质量，一般都要进行检查。

（1）合格焊点的质量标准

1）焊点有足够的机械强度：为保证被焊件在受到振动或冲击时不至松动、脱落，要求焊点要有足够的机械强度。

2）焊点应具有良好的导电性能，防止出现虚焊。

3）焊点表面整齐、美观：焊点的外观应光滑、圆润、清洁、均匀，印制板焊点应使焊锡充满整个焊盘并与焊盘大小比例合适。

（2）目视检查

就是从外观上检查焊接质量是否合格，有条件的情况下，建议用 3~10 倍放大镜进行目检，目视检查的主要内容有：

1）是否有错焊、漏焊、虚焊；
2）有没有连焊、焊点是否有拉尖现象；
3）焊盘有没有脱落、焊点有没有裂纹；
4）焊点外形润湿应良好，焊点表面是不是光亮、圆润；
5）焊点周围是否有残留的焊剂；
6）焊接部位有无热损伤和机械损伤现象。

（3）手触检查

在外观检查中发现有可疑现象时，采用手触检查。主要是用手指触摸元器件有无松动、焊接不牢的现象，用镊子轻轻拨动焊接部位或夹住元器件引线，轻轻拉动观察有无松动现象。手触检查的主要内容有：

1）导线、元器件引线和焊盘与焊锡是否结合良好，有无虚焊现象；
2）引线和导线根部是否有机械损伤；
3）检查焊点接合处是否有裂缝、元件有无松动等现象。

7. 拆焊

调试和维修中常须更换一些元器件，如果方法不得当，不但会破坏印制电路板，也会使换下而并没失效的元器件无法重新使用。

一般电阻、电容、晶体管等引脚不多，且每个引线能相对活动的元器件可用烙铁直接拆焊。将印制板竖起来夹住，一边用烙铁加热待拆元件的焊点，一边用镊子或尖嘴钳夹住元器件引线轻轻拉出。重新焊接时，需先用锥子将焊孔在加热熔化焊锡的情况下扎通，需要指出的是，这种方法不宜在一个焊点上多次用，因为印制导线和焊盘经反复加热后很容易脱落，造成印制板损坏。当需要拆下多个焊点且引线较硬的元器件时，以上方法就不行了，例如要拆多线插座。一般有以下三种方法：

1）采用专用工具，采用专用烙铁头，一次可将所有焊点加热熔化取出插座。这种方法速度快，但需要制作专用工具，且需较大功率的烙铁，同时拆焊后，焊孔很容易堵死，重新焊接时还须清理。显然，这种方法对于不同的元器件需要不同类的专用工具，因而有时并不是很方便的。

2）采用吸锡烙铁或吸锡器。这种工具对拆焊是很有用的，既可以拆下待换的元件，又不使焊孔堵塞，而且不受元器件种类限制。但它须逐个焊点除锡，效率不高，而且须及时排除吸入的锡。

3）用吸锡材料。可用做吸锡的材料有屏蔽线编织层、细铜网以及多股导线等。将吸锡材料浸上松香水贴到待拆焊点上，用烙铁头加热吸锡材料，通过吸锡材料将热传到焊点熔化焊锡。熔化的锡沿吸锡材料上升，将焊点拆开，这种方法简便易行，且不易烫坏印制板。

3.5 电路调试技术

由于元器件参数的分散性以及装配工艺的影响，使得安装完毕的电子电路不能达到设计要求的性能指标，需要通过测试和调整来发现、纠正、弥补，使其达到预期的功能和技术指标，这就是电子电路的调试。

3.5.1 检查电路接线

电路安装完毕，不要急于通电，先要认真检查电路接线是否正确，包括错线、少线和多线，多线一般是因接线时看错引脚，或在改接线时忘记去掉原来的旧线造成的，在实验中时常发生，而查线时又不易被发现，调试中往往会给人造成错觉，以为问题是元器件故障造成的。为了避免做出错误诊断，通常采用两种查线方法，一种是按照设计的电路图检查安装的线路。把电路图上的连线按一定顺序在安装好的线路中逐一对应检查，这种方法比较容易找出错线和少线。另一种是按照实际线路来对照电路原理图，把每个元件引脚连线的去向一次查清，检查每个去处在电路图上是否都存在，这种方法不但可以查出错线和少线，还很容易查到是否多线。不论用什么方法查线,一定要在电路图上把查过的线做出标记,并且还要检查每个元件引脚的使用端数是否与图纸相符。查线时,最好用指针式万用表"R×1"挡,或用数字万用表的蜂鸣器来测量,而且要尽可能直接测量元器件引脚,这样可以同时发现接触不良的地方。通过直观检查也可以发现电源、地线、信号线、元器件引脚之间有无短路;连接处有无接触不良;二极管、三极管、电解电容等引脚有无错接等明显错误。

3.5.2 调试用的仪器

1. 数字万用表或指针式万用表

它可以很方便地测量交、直流电压,交、直流电流,电阻及晶体管 β 值等。特别是数字万用表具有精度高、输入阻抗高、对负载影响小等优点。

2. 示波器

用示波器可以测量直流电位,正弦波、三角波和脉冲等波形的各种参数。用双踪示波器还可同时观察两个波形的相位关系,这在数字系统中是比较重要的。因示波器灵敏度高、交流阻抗高,故对负载影响小。调试中所用示波器频带一定要大于被测信号的频率。但对高阻抗电路,示波器的负载效应也不可忽视。

3. 信号发生器

因为经常要在加信号的情况下进行测试,则在调试和故障诊断时最好备有信号发生器。它是一种多功能的宽频带函数发生器,可产生正弦波、三角波、方波及对称性可调的三角波和方波。必要时自己可用元器件制作简单的信号源,例如单脉冲发生器、正弦波或方波等信号发生器。

以上三种仪器是调试和故障诊断时必不可少的,三种仪器配合使用,可以提高调试及故障诊断的速度,根据被测电路的需要还可选择其他仪器,比如逻辑分析仪、频率计等。

3.5.3 调试方法

调试包括测试和调整两个方面。测试是在安装后对电路的参数及工作状态进行测量,调整就是指在测试的基础上对电路的参数进行修正,使之满足设计要求。为了使调试顺利进行,设计的电路图上应当标出各点的电位值,相应的波形图以及其他数据。

调试方法有以下两种:

一种方法是采用边安装边调试的方法。也就是把复杂的电路按原理框图上的功能分块进行安装和调试,在分块调试的基础上逐步扩大安装和调试的范围,最后完成整机调试。对于新设计的电路,一般采用这种方法,以便及时发现问题并加以解决。

另一种方法是整个电路安装完毕,实行一次性调试。这种方法一般适用于定型产品和需要相互配合才能运行的产品。

如果电路中包括模拟电路、数字电路和微机系统,一般不允许直接连用。不但它们的输出电压和波形各异,而且对输入信号的要求也各不相同。如果盲目连接在一起,可能会使电路出现不应有的故障,甚至造成元器件大量损坏。因此,一般情况下要求把这三部分分开,按设计指标对各部分分别加以调试,再经过信号及电平转换电路后实现整机联调。

3.5.4 调试步骤

1．通电观察

把经过准确测量的电源电压加入电路（先关断电源开关，待接通连线之后再打开电源开关）。电源通电之后不要急于测量数据和观察结果，首先要观察有无异常现象，包括有无冒烟，是否闻到异常气味，手摸元器件是否发烫，电源是否有短路现象等。如果出现异常，应该立即关断电源，待排除故障后方可重新通电。然后再测量各元器件引脚电源的电压，而不只是测量各路总电源电压，以保证元器件正常工作。

2．分块调试

分块调试是把电路按功能分成不同的部分，把每部分看做一个模块进行调试。在分块调试的过程中逐渐扩大调试范围，最后实现整机调试。比较理想的调试顺序是按照信号的流向进行，这样可以把前面调试过的输出信号作为后一级的输入信号，为最后的联调创造条件。分块调试包括静态和动态调试。静态调试一般是指在没外加信号的条件下测试电路各点的电位，比如模拟电路的静态工作点，数字电路的各输入端和输出端的高、低电平值及逻辑关系等。通过静态测试可以及时发现已经损坏和处于临界状态的元器件。动态调试可以利用前级的输出信号作为本功能块的输入信号，也可以利用自身的信号检查功能块的各种指标是否满足设计要求，包括信号幅值、波形形状、相位关系、频率、放大倍数等。对于信号产生电路一般只看动态指标。把静态和动态测试的结果与设计的指标加以比较，经深入分析后对电路的参数提出合理的修正。

3．整机联调

在分块调试的过程中，因逐步扩大调试范围，实际上已经完成了某些局部联调工作。下面先要做好各功能块之间接口电路的调试工作，再把全部电路连通，就可以实现整机联调。整机联调只需观察动态结果，就是把各种测量仪器及系统本身显示部分提供的信息与设计指标逐一对比，找出问题，然后进一步修改电路的参数，直到完全符合设计要求为止。调试过程中不能凭感觉和印象，要始终借助仪器观察。使用示波器时，最好把示波器的信号输入方式置于"DC"挡，它是直流耦合方式，可同时观察测试信号的交、直流成分。被测信号的频率应处在示波器能够稳定显示的范围内，如果频率太低，观察不到稳定波形时，应该改变电路参数后再测量。

4．系统精度及可靠性测试

系统精度是设计电路时很重要的一个指标。如果是测量电路，被测元器件本身应该是由精度高于测量电路的仪器进行测试，然后才能作为标准元器件接入电路校准精度。例如，电容量测量电路，校准精度时所用的电容不能以标称值计算，而要经过高精度的电容表测量其准确值后，才可作为校准电容。

对于正式产品，应该就以下几个方面进行可靠性测试：
1）抗干扰能力；
2）电网电压及环境温度变化对装置的影响；
3）长期运行实验的稳定性；

4）抗机械振动的能力。

5．注意事项

1）调试之前先要熟悉各种仪器的使用方法，并仔细加以检查，避免由于仪器使用不当或出现故障时做出错误判断。

2）测量用的仪器的地线和被测电路的地线连在一起，只有使仪器和电路之间建立一个公共参考点，测量的结果才是正确的。

3）调试过程中，发现器件或接线有问题需要更换或修改时，应该先关断电源，待更换完毕经认真检查后才可重新通电。

4）调试过程中，不但要认真观察和测量，还要善于记录。包括记录观察的现象、测量的数据、波形及相位关系，必要时在记录中要附加说明，尤其是那些和设计不符的现象更是记录的重点。依据记录的数据才能把实际观察到的现象和理论预计的结果加以定量比较，从中发现电路设计和安装上的问题，加以改进，以进一步完善设计方案。

安装和调试自始至终要有严谨的科学作风，不能采取侥幸心理。出现故障时要求认真查找故障原因，仔细做出判断，切不可一遇故障解决不了就拆掉线路重新安装。因为重新安装的线路仍然存在各种问题，况且原理上的问题不是重新安装就能解决的。

3.6 电路故障分析及排除方法

在电子技术实践与训练中，出现故障是经常的事。通过查找和排除故障，对全面提高电子技术实践能力十分有益。但是，初学者往往在遇到故障后束手无策，因此，了解和掌握检查和排除故障的基本方法，是十分必要的。

下面介绍在实验室条件下，对电子电路中的故障进行检查和诊断的基本方法。

3.6.1 常用检查方法

1．直观检查法

通过视觉、听觉、触觉来查找故障部位，这是一种简便有效的方法。

1）检查接线，在面包板上接插电路，接错线引起的故障占很大比例，有时还会损坏器件。如发现电路有故障时，应对照安装接线图检查电路的接线有无漏线、断线和错线，特别要注意检查电源线和地线的接线是否正确。为了避免和减少接线错误，应在课前画出正确的安装接线图。

2）听通电后有否打火声等异常声响；闻有无焦糊异味出现；摸晶体管管壳是否冰凉或烫手，集成电路是否温升过高。听、摸、闻到异常时应立即断电。电解电容器极性接反时可能造成爆裂，漏电流大时，介质损耗将增大，也会使温度上升，甚至使电容器胀裂。

2．电阻法

用万用表测量电路电阻和元件电阻来发现和寻找故障部位及元件，注意应在断电条件下进行。

（1）通断法

用于检查电路中连线是否断路，元器件引脚是否虚连。要注意检查是否有不允许悬空的输入端未接入电路，尤其是 CMOS 电路的任何输入端不能悬空。一般采用万用表电阻 R×1 挡或 R×10 挡进行测量。

(2) 测电阻值法

用于检查电路中电阻元件的阻值是否正确；检查电容器是否断线、击穿和漏电；检查半导体器件是否击穿、开断及各 PN 结的正反向电阻是否正常等。检查二极管和三极管时，一般用万用表的 R×100 挡或 R×1k 挡进行测量。在检查大容量电容器（如电解电容器）时，应先用导线将电解电容的两端短路，泄放掉电容器中的存储电荷后，再检查电容有没有被击穿或漏电是否严重，否则，可能会损坏万用表。在测量电阻值时，如果是在线测试，还应考虑到被测元器件与电路中其他元器件的等效并联关系，需要准确测量时，元器件的一端必须与电路断开。

3．电压法

用电压表直流挡检查电源、各静态工作点电压、集成电路引脚的对地电位是否正确。也可用交流电压挡检查有关交流电压值。测量电压时，应当注意电压表内阻及电容对被测电路的影响。

4．示波法

通常是在电路输入信号的前提下进行检查。这是一种动态测试法。用示波器观察电路有关各点的信号波形，以及信号各级的耦合、传输是否正常来判断故障所在部位，是在电路静态工作点处于正常的条件下进行的检查。

5．电流法

用万用表测量晶体管和集成电路的工作电流、各部分电路的分支电流及电路的总负载电流，以判断电路及元件正常工作与否。这种方法在面包板上不多用。

6．元器件替代法

对怀疑有故障的元器件，可用一个完好的元器件替代，置换后若电路工作正常，则说明原有元器件或插件板存在故障，可作进一步检查测定之。这种方法力争判断准确。对连接线层次较多、功率大的元器件及成本较高的部件不宜采用此法。

对于集成电路，可用同一芯片上的相同电路来替代怀疑有故障的电路。有多个与输入端的集成器件，如在实际使用中有多余输入端时，则可换用其余输入端进行试验，以判断原输入端是否有问题。

7．分隔法

为了准确地找出故障发生的部位，还可通过拔去某些部分的插件和切断部分电路之间的联系来缩小故障范围，分隔出故障部分。如发现电源负载短路可分区切断负载，检查出短路的负载部分；或通过关键点的测试，把故障范围分为两个部分或多个部分，通过检测排除或缩小可能的故障范围，找出故障点。采用上述方法，应保证拔去或断开部分电路不至于造成关联部分的工作异常及损坏。

3.6.2 故障分析与排除

在不能直接迅速地判断故障时，可采用逐级检查的方法逐步孤立故障部位。逐步孤立法分析与排除故障的步骤如下。

1. 判断故障级

在判断故障级时，可采用三种方式：

1）由前向后逐级推进，寻找故障级。这时从第一级输入信号，用示波器或电压表逐级测试其后各级输出端信号，如发现某一级的输出波形不正确或没有输出时，则故障就发生在该级或下级电路，这时可将级间连线或耦合电路断开，进行单独测试，即可判断故障级。模拟电路一般加正弦波，数字电路可根据功能的不同输入方波、单脉冲或高、低电平。

2）由后向前逐级推进寻找故障级。可在某级输入端加信号，测试其后各级输出信号是否正常，无故障则往前级推进。若在某级输出信号不正常时，处理方法与1）相同。

3）由中间级直接测量工作状态或输出信号，由此判断故障是在前半部分还是在后半部分，这样一次测量可排除一半电路的故障怀疑。然后再对有怀疑的另一半电路从中间切断测量。如此进行可使孤立故障的速度加快。此种方法对于多级放大电路尤为有效。

2. 寻找故障的具体部位或元器件

故障级确定后，寻找故障具体部位可按以下几步进行。

（1）检查静态工作点

可按电路原理图所给的定静态工作点进行对照测试，也可根据电路元件参数值进行估算后测试。

以晶体管为例，对线性放大电路，则可根据：

$$U_C=(1/2\sim1/3)U_{CC}, \quad U_E=(1/6\sim1/4)U_{CC}$$
$$U_{BE}（硅）=(0.5\sim0.7)V, \quad U_{BE}（锗）=(0.2\sim0.3)V$$

来估算和判断电路工作状态是否正常。

对于开关电路，如果三极管应处于截止状态，则根据 U_{BE} 电压加以判断，它应略微处于正偏或反偏；如果三极管应处于饱和状态，则 U_{CE} 小于 U_{BE}。若工作点值不正常，可检查该级电路的接线点以及电阻、三极管是否完好，查出故障所在点。若仍不能找出故障，应作动态检查。对于数字电路，如果无论输入信号如何变化，输出一直保持高电平不变时，这可能是被测集成电路的地线接触不良或未接地线。如输出信号的变化规律和输入的相同，则可能是集成电路未加上电源电压或电源接触不良所致。

（2）动态的检查

要求输入端加检查信号，用示波器（或电子电压表）观察测试各级各点波形，并与正常波形对照，根据电路工作原理判断故障点所在。

3. 更换元器件

元器件拆下后，应先测试其损坏程度，并分析故障原因，同时检查相邻的元器件是否也有故障。在确认无其他故障后，再动手更换元器件。更换元器件应注意以下事项。

1）更换电阻应采用同类型、同规格（同阻值和同功率级）的电阻，可用金属膜电阻代替碳膜电阻，一般不可用大功率等级代用，以免电路失去保护功能。

2）对于一般退耦、滤波电容器，可用同容量、同耐压或高容量、高耐压电容器代用。对高中频回路电容器，一定要用同型号瓷介电容器或高频介质损耗及分布电感相近的其他的电容器代换。

3）集成电路应采用同型号、同规格的芯片替换。对于型号相同但前缀或后缀字母、数字不同的集成电路，应查找有关资料，弄明白其意义方可使用。

4）晶体管的代换，尽量采用同型号，参数相近的代用。当使用不同型号的晶体管代用的，应使其主要参数满足电路要求，并适当调整电路相应元件的参数，使电路恢复正常工作状态。

3.6.3 故障举例

超外差式收音机无声故障的分析与排除。

1．故障现象

完全无声。

2．分析

造成完全无声故障的原因可能有以下几个：
1）电源失效或电源开关未接通；
2）低放及功放部分晶体管损坏；
3）低放及功放部分变压器及耦合元件损坏；
4）扬声器损坏及断线。

3．检查

采用中间插入法，先用手握改锥的金属部分点击音量电位器的中心插头，无嚓嚓声（正常时应听到嚓嚓声），判断故障在低放、功放及扬声器部分，然后测量低放、功放工作点电压均正常，断开电源，用万用表"R×1"挡检测扬声器两个端子无嚓嚓声，将扬声器引线与电路板断开测电阻，发现为开路，故障为扬声器线圈断路，更换同型号扬声器电路正常。

练习题：

1．电路设计的一般方法和步骤是什么？
2．计算机、电视机后盖上的开孔有什么作用？
3．功率器件的散热片表面为什么要进行涂黑处理？
4．有几种屏蔽方式，分别可以抑制何种干扰？
5．用 DXP 2004 SP2 设计电路原理图的一般步骤是什么？
6．用 DXP 2004 SP2 设计电路印制板图的一般步骤是什么？
7．手工焊接的操作要领是什么？在实践中如何提高焊接质量？
8．合格焊点的质量标准是什么？
9．拆焊有几种方法？如何正确操作？
10．检查电路故障的方法有几种？如何使用孤立法排除电路故障？

第 4 章 EDA 技术在电子线路设计中的应用

内容提要：

电子设计自动化（EDA）技术，是 20 世纪 90 年代电子信息技术发展起来的杰出成果，EDA 技术的应用水平已成为一个国家电子信息工业现代化的重要标志之一。国家教育部已高度重视 EDA 技术的教学，并指出：随着集成技术和 EDA 技术的进步和新器件的出现，要求电子技术类课程的体系和内容作相应改革，在设计手段上应用 EDA 工具和新方法。EDA 技术就是电子技术类课程教学改革的重要方向，是培养适应 21 世纪发展需要的高素质的全面人才的必不可少的课程。本章主要介绍 EDA 仿真软件 Electronics Workbench 5.0c 在电子线路仿真实验方面的使用。

4.1 概述

实验是电子技术课程教学中不可缺少的环节，学习电子技术不仅要求掌握基本原理和计算公式，而且要求在掌握基本原理的基础上，着重培养对电路的分析设计和应用开发能力。随着电子技术和计算机技术的飞速发展，电子电路的集成度越来越高，电子产品的更新周期越来越短。新电路、新器件不断涌现，由于受实验室条件的限制，无法满足各种电路的设计和调试要求。采用计算机仿真方法，在计算机上用软件仿真出一个测试仪器先进、元器件品种齐全的电子工作台，弥补了实验室在元器件品种、规格和数量上的不足，避免了使用中仪器仪表损坏等不利因素。

4.1.1 电子工作台（EWB）简介

Electronics Workbench 5.0c（简称 EWB）是基于 PC 的电子设计软件，由加拿大 Interactive Image Technologies 公司研制开发，该软件界面形象直观、操作方便，将原理图的创建、电路的测试分析和结果的图表显示等全部集成到同一个电路窗口中。提供了多种虚拟仪器，能够完成多种常用的电路仿真功能，能基本满足一般电子电路的分析设计要求。用户使用虚拟仪器对电路进行仿真实验如同置身于实验室使用真实仪器调试电路，既解决了购买高档仪器、大量元器件之难，又避免了仪器损坏等不利因素。

Electronics Workbench 软件方便的操作方式，直观的电路图和仿真分析结果的显示形式非常适合电子技术课程的辅助教学，有利于提高学生对理论知识的理解和掌握。

4.1.2 电子工作台（EWB）的主窗口界面

1. 电子工作台（EWB）的主窗口

启动 Electronics Workbench 5.0c，可以看到 Electronics Workbench 的主窗口。它由菜单、常用工具按钮、元件选取按钮和原理图编辑窗口等组成，如图 4.1 所示。

从图 4.1 中可以看到，EWB 模仿了一个实际的电子工作台，其中最大的区域是电路工作区，在此可以进行电路的连接和测试。窗口的最上边是标题栏，第二行是菜单栏，第三行是工具栏，第四行是元器件库栏，最下边是状态栏。在菜单栏中可选择电路连接、实验所需的命令。工具栏包括常用的操作命令按钮。元器件库包含了电路实验所需的各种元件和测试仪器。用鼠标可以方便地选取各种命令和设备。

2．EWB 菜单栏

（1）文件菜单"File"

用鼠标左键单击主窗口中"File"菜单，打开文件菜单，如图 4.2 所示。

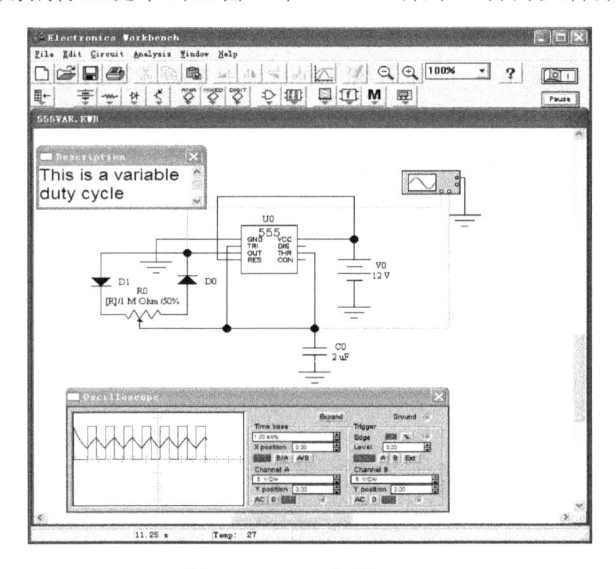

图 4.1　EWB 主窗口　　　　　　　图 4.2　文件菜单

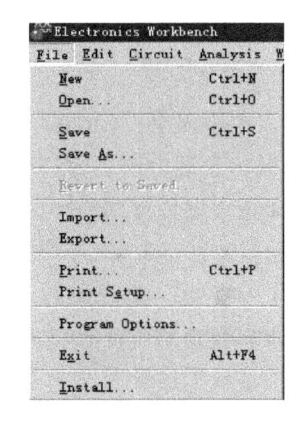

New（新文件）：建立一个新文件。

Open（打开文件）：将已存盘的文件调入本软件中。

Save（存盘）：将电路原理图存入磁盘。

Save As（换名存盘）：将电路原理图换个名字存入磁盘。

Revert to saved（恢复原存储文件）：恢复原存储文件，在此基础上的所有改动都将无效。

Import（输入其他电路文件）：可以输入 SPICE 网络表文件（Windows 扩展名为.NET 或.CIR）并形成原理图。

Export（输出文件）：可以把电路原理图文件以扩展名为.NET、.SCR、.BMP、.CIR 和.PIC 的文件存入磁盘。

Print（打印）：单击 Print 命令，打开如图 4.3 所示的对话框，从中可以选择打印内容，也可以同时选择几项内容打印。

Print Setup（打印设置）：设置方法与 Windows 的设置方法相同。
Exit（退出）：退出仿真系统软件。
Install（安装）：安装有关文件。

（2）编辑菜单"Edit"

用鼠标左键单击主窗口中"Edit"菜单，打开编辑菜单，如图 4.4 所示。

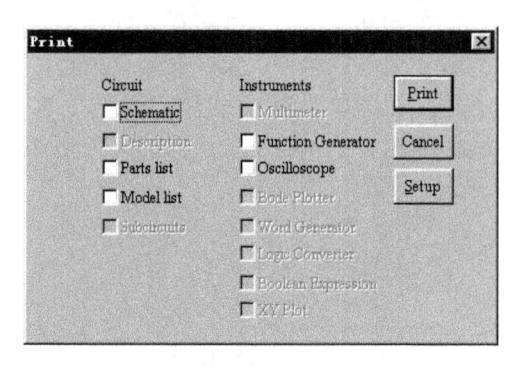

图 4.3　Print 对话框　　　　　　　　图 4.4　编辑菜单

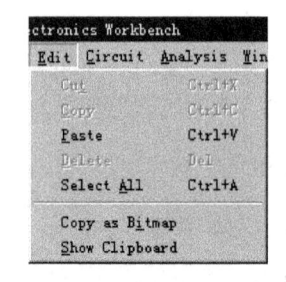

编辑菜单中的剪切、复制、粘贴、删除、全选等项的功能与 Windows 的基本功能相同，在此不做详细介绍。

Copy as Bitmap（复制位图）：将所选位图复制到剪贴板上。
Show Clipboard（显示剪贴板内容）：可以显示剪贴板上的有关内容。

（3）电路菜单"Circuit"

用鼠标左键单击主窗口中"Circuit"菜单，打开电路菜单，如图 4.5 所示。

Rotate（旋转）：旋转元器件。
Flip Horizontal（水平翻转）：水平翻转元器件。
Flip Vertical（垂直翻转）：垂直翻转元器件。
Component Properties（元器件属性）：在属性选择设置对话框中，根据需要修改元器件的参数。
Create Subcircuit（创建子电路）：对选好的电路建立子电路。
Zoom In（放大）：放大窗口。
Zoom Out（缩小）：缩小窗口。
Schematic Options（原理图选项）：在选择设置对话框中，可进行栅格、标号等是否显示，标号、标称值的显示颜色等内容的设置。
Restrictions（限定）：根据电路口令才能选择设置对话框，选择组件、分析等内容。

（4）分析菜单"Analysis"

用鼠标左键单击主窗口中"Analysis"菜单，打开分析菜单，如图 4.6 所示。

Activate（激活电路）：相当于接通了电源开关（数字电路的开关可由数字发生器接通）。
Pause（暂停）：仿真暂停。
Stop（停止）：选择此命令相当于关闭了电源开关。
Analysis Options（分析选项）：此项用于设置有关分析计算和仪器使用方面的内容。一般仿真电路不需要设置，使用默认值即可。

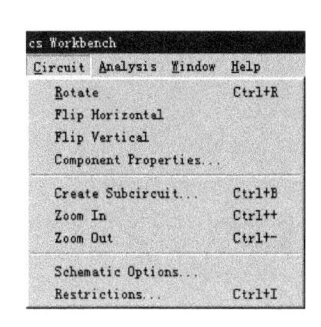

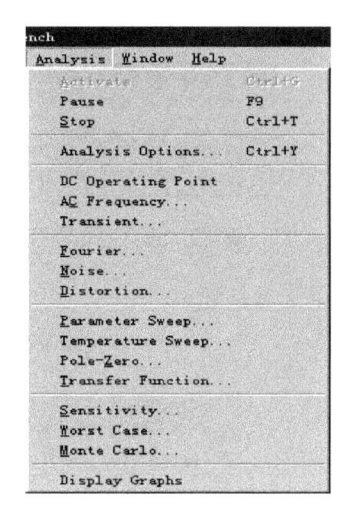

图 4.5 电路菜单　　　　　　　　图 4.6 分析菜单

DC Operating Point（直流工作点）：分析显示电路的静态工作点数值。
AC Frequency（交流频率分析）：分析电路的频率特性。
Transient（瞬态分析）：瞬态分析又叫时域分析。
Fourier（傅里叶分析）：分析时域信号的直流分量、基波分量和谐波分量。
Noise（噪声分析）：分析电路中的电阻或三极管的噪声对电路的影响。
Distortion（失真分析）：分析电路中的谐波失真和内部调制失真。
Parameter Sweep（参数扫描）：分析某元件的参数变化对电路的影响。
Temperature Sweep（温度扫描）：分析不同温度条件下的电路特性。
Pole-Zero（极零点）：分析电路中极点、零点数目及数值。
Transfer Function（传递函数）：分析源和输出变量之间的直流小信号传递函数。
Sensitivity（灵敏度）：分析节点电压或支路电流对电路元件参数的灵敏度。
Worst Case（最坏情况分析）：分析电路特性变化的最坏可能性。
Monte Carlo（蒙特卡罗）：分析电路中元件参数在误差范围内变化时对电路特性的影响。
Display Graphs（图形显示）：可以显示各种分析的结果，既可以显示图形也可以显示数据。

（5）窗口菜单"Window"
用鼠标左键单击主窗口中"Window"菜单，打开窗口菜单，如图 4.7 所示。
Arrange（排列窗口）：重排窗口内容。
Circuit（电路窗口）：显示电路窗口内容。
Description（描述窗口）：显示描述窗口内容。

（6）帮助菜单"Help"
用鼠标左键单击主窗口中"Help"菜单，打开帮助菜单，如图 4.8 所示。
Help（帮助）：提供在线帮助。
Help Index（帮助索引）：提供帮助目录。
Release Notes（版本注释）：提供注释目录。
About Electronics Workbench（版本说明）：版本说明。

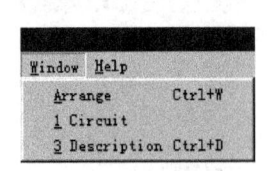

图 4.7 窗口菜单 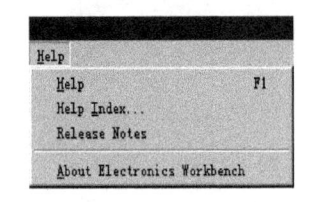　　　　图 4.8 帮助菜单

3．常用工具按钮

利用如图 4.9 所示的工具按钮可以方便地操作菜单。

图 4.9 常用工具按钮

Electronics Workbench 的常用工具如下。

新建：准备生成新电路。
打开：打开电路文件。
保存：保存电路文件。
打印：打印电路文件。
剪切：剪切到剪贴板。
复制：复制到剪贴板。
粘贴：粘贴到指定文件中。
旋转：将选中的元件逆时针旋转 90°。
水平翻转：将选中的元件水平翻转。
垂直翻转：将选中的元件垂直翻转。
创建子电路：创建子电路。
显示分析结果图：调出曲线分析结果图。
元器件属性：调出元件特性对话框。
缩小：将电路图缩小一定比例。
放大：将电路图放大一定比例。
显示比例：选择电路图的缩放比例。
帮助：调出与选中对象有关的帮助内容。

4．元器件库按钮

EWB 5.0c 提供了丰富的元器件库。它包含：信号源库、基本元器件库、二极管库、三极管库、模拟集成电路库、数字集成电路库、逻辑门电路库、数字器件库、指示器件库、控制器件库、其他器件库、仪器库和自定义器件库。它们均是以图标的形式显示在电子工作台的主窗口界面上。下面以图标的形式列出并加以说明，如图 4.10 所示。

第 4 章　EDA 技术在电子线路设计中的应用

（1）信号源库

信号源库如图 4.11 所示。根据电路需要用鼠标单击某个元件拖到原理图编辑区，双击该元件，利用相应的设置选项修改标称值等有关项目。

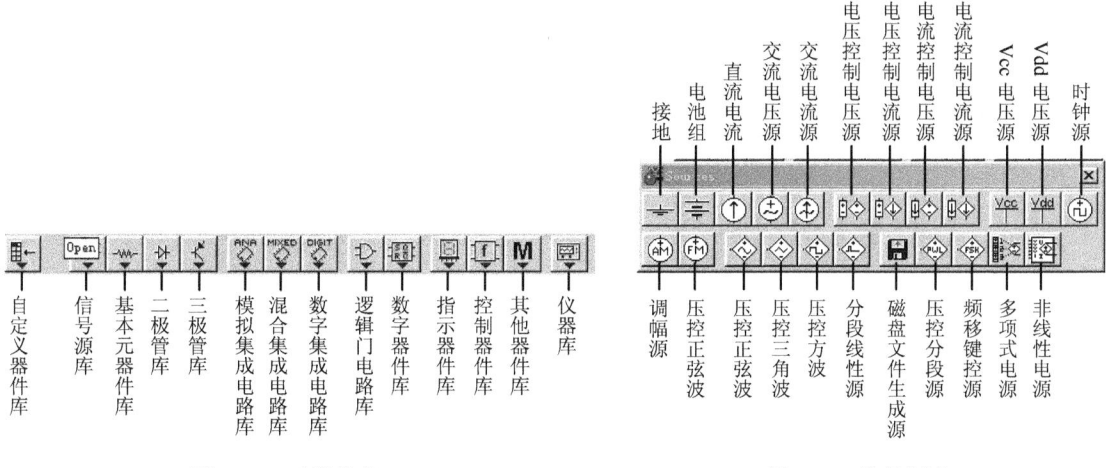

图 4.10　元器件库

图 4.11　信号源库

（2）基本元器件库

基本元器件库如图 4.12 所示。根据电路需要用鼠标单击某个元件拖到原理图编辑区，对于电位器、可变电容、可变电感等元件，在电路中调节中心抽头时，其值是可以用指定的字符键改变的。字符可以使用默认值，也可以在设置选项中加以设置，如电位器，按指定的字符键，阻值减少（%），按"Shift+指定的字符键"，阻值增加（%），在数字电路的逻辑开关比较多时，可设置不同的字符加以区别，用它们控制各个逻辑开关的断开与闭合等。

（3）二极管库

二极管库内容如图 4.13 所示。

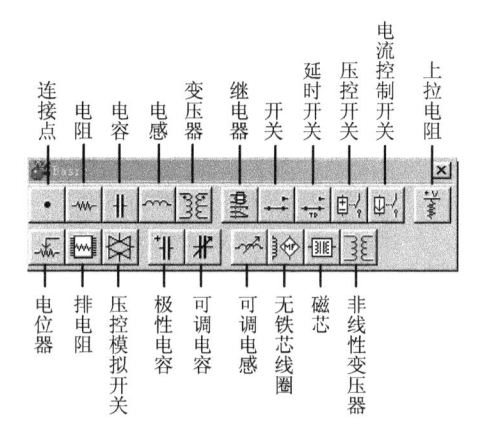

图 4.12　基本元器件库

图 4.13　二极管库

（4）晶体管库

晶体管库内容如图 4.14 所示。

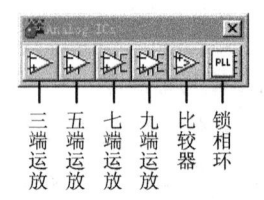

（5）模拟集成电路库

模拟集成电路库内容如图 4.15 所示。

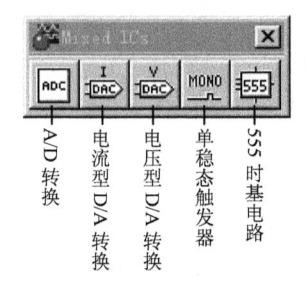

（6）混合集成电路库

混合集成电路库内容如图 4.16 所示。混合集成电路是将模拟电路和数字电路的功能集成到一个芯片中的电路。它包括：A/D 转换器、D/A（U）转换器、D/A（I）转换器、单稳态触发器和 555 时基电路。

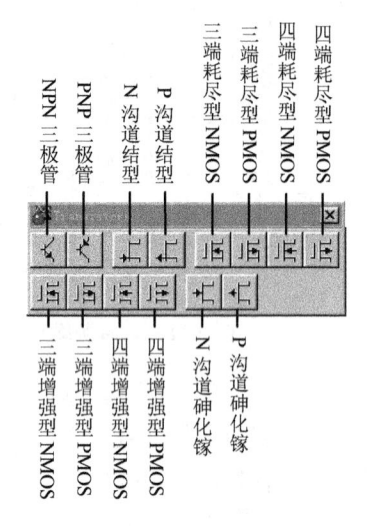

图 4.14　晶体管库

图 4.15　模拟集成电路库

（7）数字集成电路库

数字集成电路库内容如图 4.17 所示。包括 74 系列和 CMOS 结构 4×××系列元件，详见表 4.1。

图 4.16　混合集成电路库

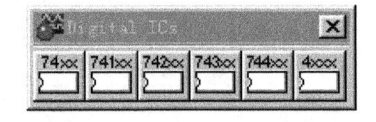

图 4.17　数字集成电路库

表 4.1　74 系列和 CMOS 结构 4×××系列元件详细情况

元器件名称	默认设置值	设置、选择范围
74××	理想	7400~7493
741××	理想	74107~74199
742××	理想	74238~74298
743××	理想	74350~74395
744××	理想	74445~74446
4×××	理想	4000~4556

第4章 EDA技术在电子线路设计中的应用

（8）逻辑门电路库

逻辑门电路库内容如图4.18所示。逻辑门电路可以模拟74系列和4000系列数字集成电路，元件属性基本与74系列和4000系列相同，可以设置74系列或4000系列。元件的引脚数目可以改变，如2输入与非门通过设置改成4输入与非门等，如图4.19所示。

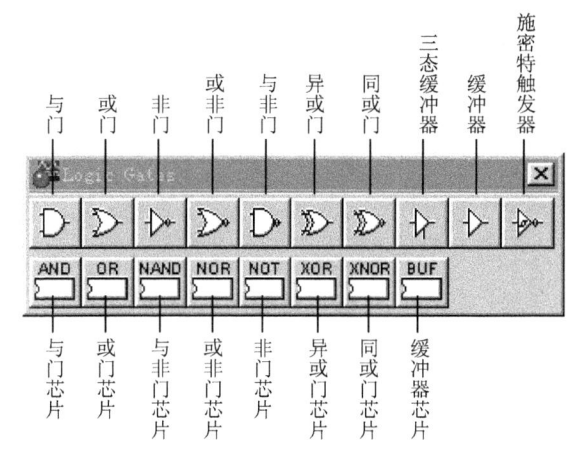

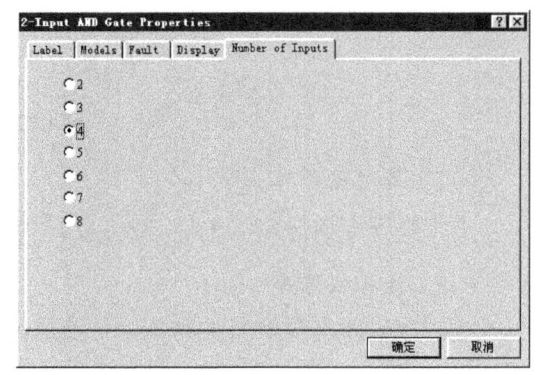

图4.18 逻辑门电路库

图4.19 修改引脚数目对话框

（9）数字器件库

数字器件库内容如图4.20所示。各种数字器件的设置方法与数字集成电路一样。

（10）指示器件库

指示器件库内容如图4.21所示。库中的各种器件调用数量没有限制。彩色指示灯可以设置红、绿、蓝三种颜色。条形光柱是由10个发光管并排排列，左侧为阳极，右侧为阴极。带译码的条形光柱相当于10个LED串联，如果每一个点亮电压为1V，当接入电压为5V时，仅下边5个发光。点亮每一个LED的电压值：$U_{ON}=U_L+（U_H-U_L）×（n-1）/9$，其中$n$为点亮LED的数量。$U_H$、$U_L$由对话框设置。蜂鸣器相当于一个压电陶瓷片晶体。当两段电压超过设置电压时，计算机内扬声器就发出响声。带译码器的七段数码管只有4个输入端，可将4位编码对应的十六进制的0~F予以显示。

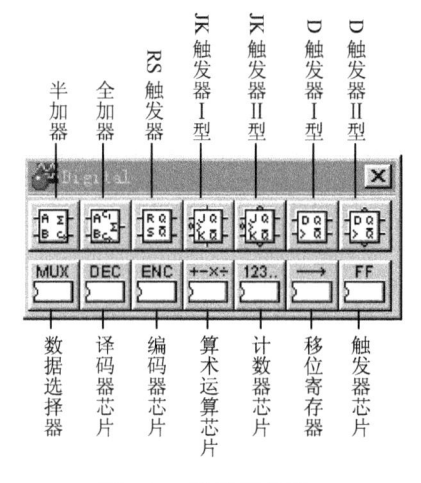

图4.20 数字器件库

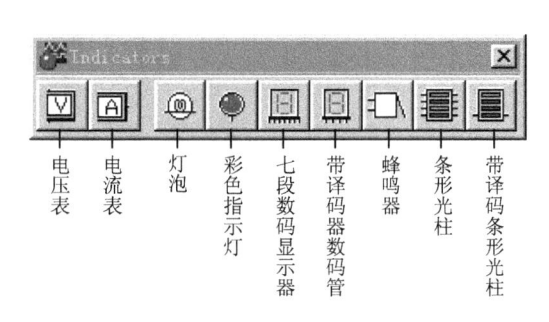

图4.21 指示部件库

（11）控制器件库

控制器件库内容如图4.22所示。控制部件用于仿真系统，用鼠标激活器件就可以对器件进行相应的设置。

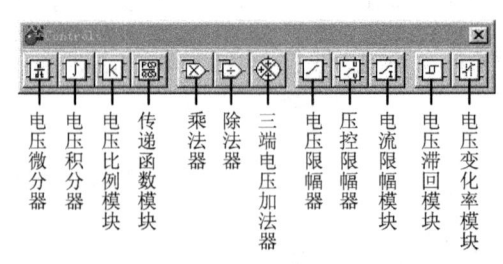

图4.22 控制器件库

器件从左到右依次为：电压微分器、电压积分器、电压比例函数模块、传递函数模块、乘法器、除法器、三端电压加法器、电压限幅器、电压限幅器、电流限幅模块、电压滞回模块、电压变化率模块

（12）其他器件库

其他器件库内容如图4.23所示。用鼠标激活器件就可以对器件进行相应的设置。

（13）虚拟仪器库

虚拟仪器库内容如图4.24所示。虚拟仪器库的仪器每种只有一台，用鼠标激活仪器可对仪器进行设置。关于仪器的使用方法后面有详细的介绍。

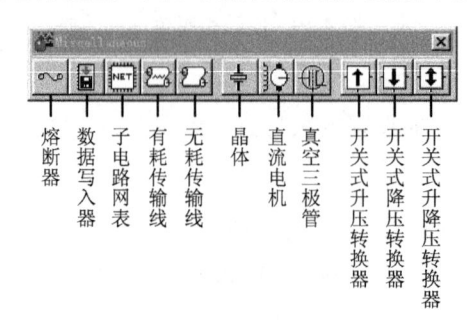

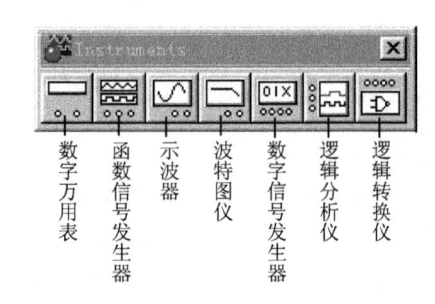

图4.23 其他器件库：熔断器、数据写入器、子电路网表、有耗传输线、无耗传输线、晶体、直流电机、真空三极管、开关式升压转换器、开关式降压转换器、开关式升降压转换器

图4.24 仪器库：数字万用表、函数信号发生器、示波器、波特图仪、数字信号发生器、逻辑分析仪、逻辑转换仪

4.2 电路设计与编辑的基本操作方法

前面介绍了 EWB 5.0c 的一些基本知识，下面通过建立一个共发射极电路的实例介绍电路的创建。共发射极电路如图4.25所示。要创建一个实验电路，必须掌握一些基本的操作方法，在本节中将对此逐一介绍。

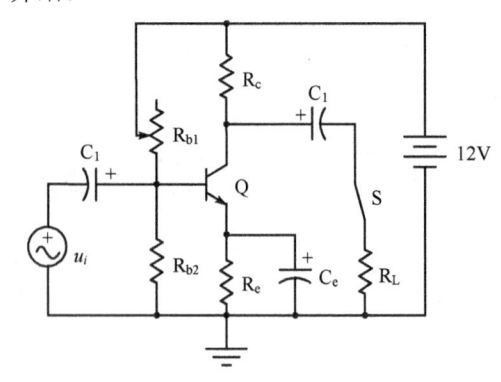

图4.25 共发射极电路

4.2.1 基本操作

1. 元器件选用

首先在元器件库选择元件。单击包含该元件的图标，打开该元器件库。从元器件库中将该元器件拖曳到电路工作区，该电路需要1个晶体三极管、5个电阻、1个可变电阻器、3个电容器、1个直流电源、1个交流信号源、1个接地符号。它们放在晶体管库、基本器件库和信号源库。

2. 对元器件的操作

在连接电路时，常常需要对元器件进行必要的操作，如移动、旋转、删除、设置参数等，此时，需要先使用鼠标的左键单击该元器件选中它。如果还要选中第2个、第3个，可以反复使用鼠标单击选中这些元器件。选中的元器件变成红色。如果要同时选中一组相邻的元器件，可以在电路工作区的适当位置拖曳画出一个矩形区域，包围在该区域内的一组元器件都同时被选中。要取消某一个元器件的选中状态，单击该元件即可。

要移动一个元器件，只要用鼠标拖曳该元件即可。如果要移动一组元器件，必须先将它们选中，然后用鼠标拖曳其中的任意一个元器件，所有选中的部分就一起移动，元器件被移动后，与其相连接的导线会自动重新排列。选中元器件后使用箭头键可作微小移动。

为了使电路便于连接、布局合理，常常需要对元器件进行旋转或翻转操作。先选中该元器件，然后使用工具栏上的旋转、垂直翻转、水平翻转等按钮，或者选择电路菜单中的命令即可。

使用工具栏上的剪切、复制、粘贴按钮或者使用编辑菜单 Edit 中的命令可以分别实现元器件的剪切、复制、粘贴、删除等操作。

3. 元器件参数的设置

对元器件标号、编号、数值、模型参数的设置。在需要修改设置的元器件上，双击该元器件会弹出一个参数设置对话框。如双击电容，会弹出选项对话框。包括标号（Label）、模型（Models）、数值（Value）、错误（Fault）、显示（Display）、分析设置（Analysis Setup）等。

"Label"选项卡用于设置元器件的 Label 标号和 Reference ID（编号）。设置它的对话框如图 4.26 所示。Reference ID（编号）通常由系统自动分配，必要时可以修改，但必须保证编号的唯一性。在电路图上是否显示标号和编号可由"Show/Hide"选项卡设置，如图 4.27 所示。

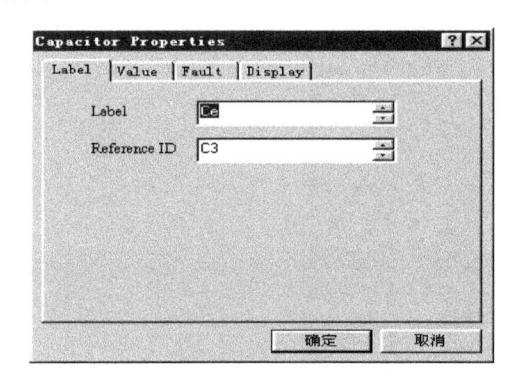

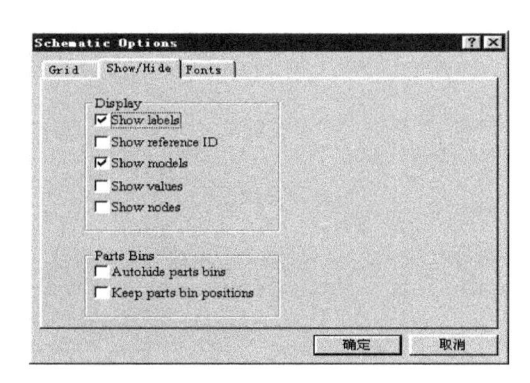

图 4.26 "Label"选项卡　　　　　　　　图 4.27 "Show/Hide"选项卡

在元器件比较简单时,单击"Value"(数值)选项卡,利用该卡可以设置元器件的数值。当元器件比较复杂时,出现"Models"(模型)选项卡,如图 4.28 所示。

有时为了分析电路还需要设置一些参数,如修改三极管的电流放大倍数等,用鼠标单击"Edit"按钮,又会出现一个选项对话框,如图 4.29 所示。

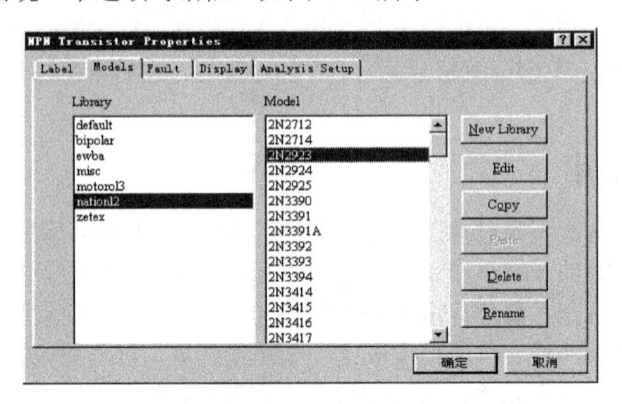

图 4.28 "Models"选项卡

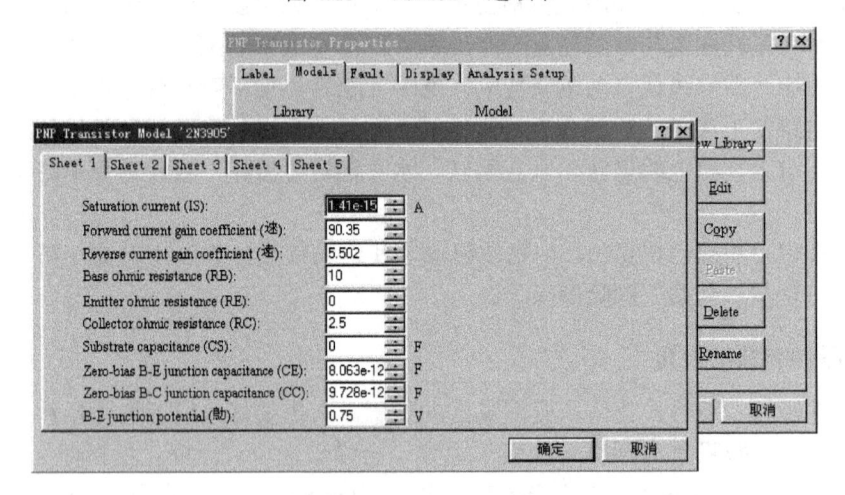

图 4.29 Edit 设置对话框

错误(Fault)选项卡可以人为地设置元器件的故障(隐含)如图 4.30 所示,用于仿真实际电路,共有三种选择:Leakage(漏电)、Short(短路)、Open(开路)、None(无故障)即默认状态。

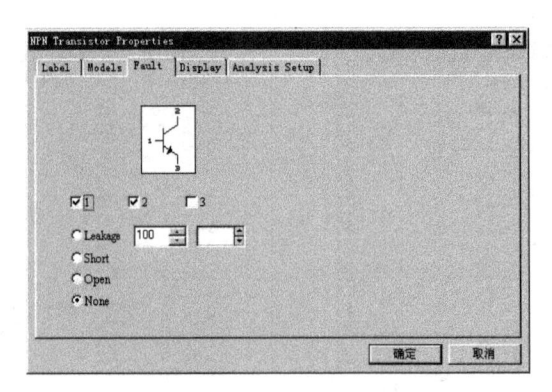

图 4.30 "Fault"选项卡

"Display"（显示）选项卡用于设置 Label、Models、Reference ID 的显示方式。该对话框的设置与"Circuit/Schematic Options"对话框的设置有关。

此外还有"Analysis Setup"（分析设置）卡，它用于设置电路的工作温度等参数。

4．电路图选项的设置

选择"Circuit/Schematic Options"命令可弹出如图 4.27 所示对话框。该对话框用于设置与电路有关的一些选项。在栅格选项卡中若选择了栅格，则电路图中的元器件与导线均落在栅格线上，可以保持电路图横平竖直，美观整齐。

在"Show/Hide"卡中，可以设置标号、数值、元器件库的显示方式。该设置对整个电路图的显示方式有效。如果选择"Fonts"标签，可以设置 Label、Value 和 Models 的字体和字号。

4.2.2 导线的操作

1．导线的连接

首先将鼠标指向元器件的端点使其出现一个小圆点，按下鼠标左键并拖曳出一根导线；拖曳导线并使其指向另一个元器件的端点，待出现小圆点时，释放鼠标左键则导线连接完成。此后，导线将会自动选择合适的走向，不会与其他元器件或仪器发生连接，如图 4.31 所示。

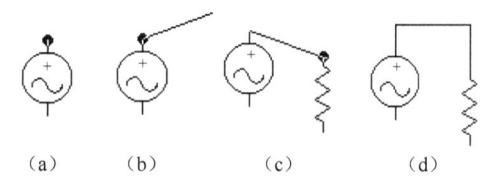

图 4.31　导线的连接

2．导线的改动

首先移动鼠标到该元件的引脚与导线的连接点，待出现一个圆点，按下左键拖曳该圆点，使导线离开元器件的端点，释放左键，导线自动消失，完成导线的删除，如果要改动连线可以拖曳移开的导线连到另一个连接点，如图 4.32（a）、(b)、(c)、(d)、(e) 所示。

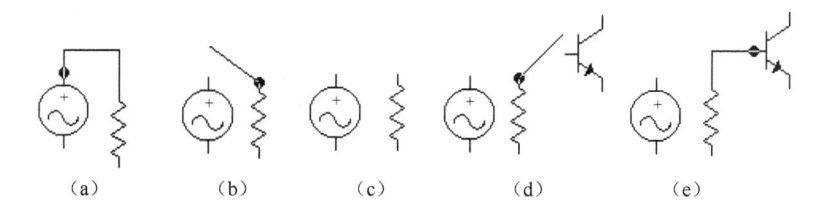

图 4.32　导线的删除与改动

3．改变导线的颜色

导线的颜色有 7 种，可以为复杂电路的导线加上不同的颜色，有利于电路图的识别。用鼠标指向导线双击左键则会出现设置选项对话框，按颜色按钮选择颜色。

4．调整弯曲的导线

如果导线与元器件不在一条直线上，可以选中该元件，用 4 个箭头微调该元件的位置。如果导线接入端点的方向不合适也会造成导线不必要的弯曲。

5．导线的删除

用鼠标指向要删除的导线单击右键，在级联菜单中选择"Delete"选项，单击"确定"

按钮即可。

6. 连接点的使用

连接点是一个小圆点，存放在无源元件库中。一个连接点最多可以连接来自 4 个方向的导线。可以直接将连接点插入连线中，还可给连接点赋予标号如图 4.33 所示。

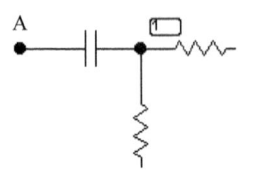

7. 向电路中插入元器件

如果需要在电路的某一地方加入元器件，可将元器件直接拖曳放到导线上释放即可。

图 4.33 连接点使用与接点的编号

8. 从电路中删除元器件

选中要删除的元器件，按下"Delete"键即可。也可以指向要删除的元器件单击右键，在级联菜单中选择"Delete"选项，单击"确定"按钮即可。

4.2.3 子电路的创建与使用

1. 定义子电路的方法

首先，用鼠标单击所要定义子电路的外沿，拖动鼠标画出方框将欲定义为子电路的所有元件围住，如图 4.34 所示。其次，单击工具栏上的生成子电路按钮或选择 Circuit/Create Subcircuit 命令，弹出如图 4.35 所示的对话框。在"Name"栏中填入电路名称，根据需要单击其中一个按钮，子电路就定义好了。此时屏幕上出现已写入的子电路名称为标题的子电路窗口，如图 4.36 所示。表明子电路已存在自定义器件库中。

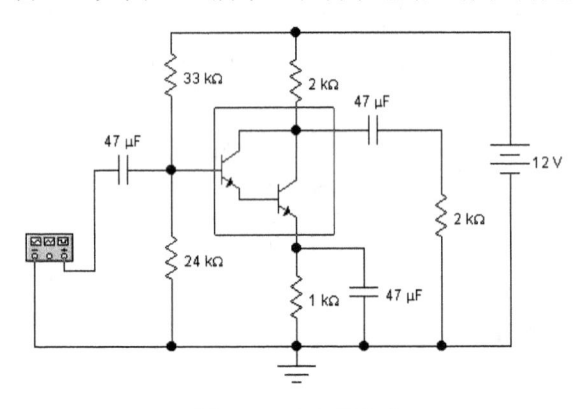

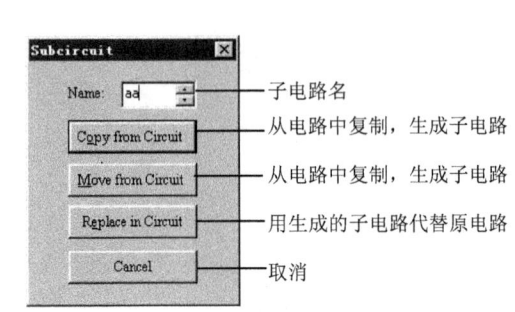

图 4.34 定义子电路　　图 4.35 子电路设置对话框

最后，单击自定义器件库，会弹出其图标，拖曳图标中的"SUB"会弹出"Choose Bub"对话框，如图 4.37 所示。从中选择所需的子电路，弹出红方框图标，双击它可出现所需子电路窗口，可以对它进行修改和添加元器件，增加引出端子的方法是，从子电路某一元件端点处拖曳导线到子电路窗口的任一边沿，当出现小方块时松开鼠标，就得到一个新的引出端子。注意生成子电路仅在本次电路中有效。

2. 多次调用子电路

上述办法仅能在本次电路中使用，而在其他时间及电路中要调用子电路必须把它存入 DEFWLT—EWB。具体方法是使用剪贴板进行复制与粘贴操作，也可以将其粘贴到

DEFWLT—EWB 电路文件的自定义元件库中，以后每次启动 EWB 5.0c，自定义元件库中的子电路会自动出现在电子工作台上。

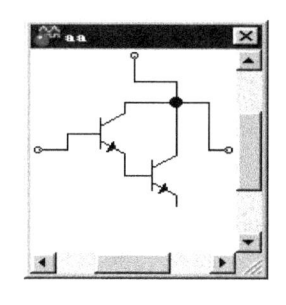

图 4.36 子电路窗口 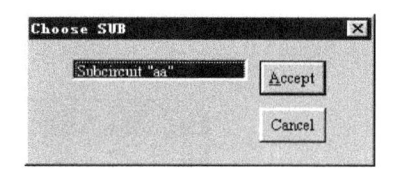　　　　　图 4.37 "Choose SUB"对话框

4.3 虚拟仪表

EWB 5.0c 的仪器库中有数字式电压表、电流表和 7 台虚拟仪器，每种仪器只有一台。在连接电路时，仪器仅以图标方式存在。需要观察测试数据与波形或者设置仪器参数时，可以双击仪器图标打开仪器面板。另外，在指示库提供了电压表和电流表，这两种电表的数量没有限制。双击电压表或电流表可以弹出其参数设置对话框进行设置。

4.3.1 电压表和电流表

在显示器件库中有电压表与电流表。电压表默认参数值：内阻为 1MΩ，测试直流；内阻设置选择范围是 1Ω~1e+09MΩ，测试直流、交流。

电流表默认参数值：内阻为 1mΩ，测试直流；设置选择范围是 1Ω~1e+09MΩ，测试直流、交流。

4.3.2 数字万用表

数字万用表如同实验室里使用的数字万用表，其图标和面板如图 4.38 所示。它自动调整量程，能完成交直流电压、电流和电阻的测量显示。

使用注意事项：
① 测电压时，数字万用表图标的正、负端子应并接在被测元件两端。
② 测电流时，数字万用表图标的正、负端子应串联于被测支路中。
③ 测量电阻时，必须使电子工作台"启动/停止"开关处于"启动"状态。

单击数字万用表面板中的"Settings"按钮，会弹出如图 4.39 所示的对话框，可以对万用表内部的参数进行设置。

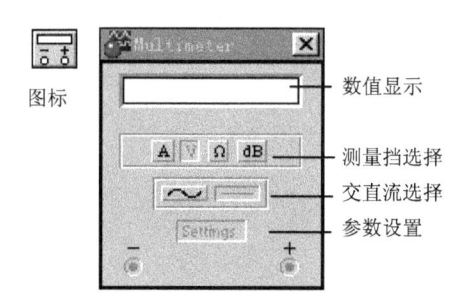

图 4.38 数字万用表图标和面板 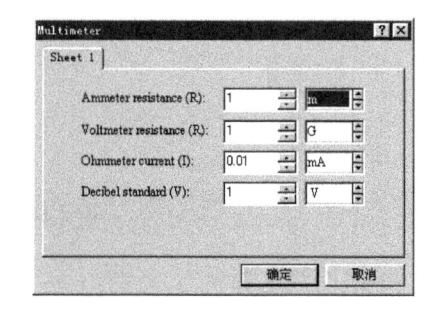　　　　　图 4.39 数字万用表内部参数设置

4.3.3 函数信号发生器

函数信号发生器是产生正弦波、三角波、方波的仪器，其图标和面板如图 4.40 所示。该仪器能够产生 0.1mHz~999MHz 的三种信号。信号幅度在 mV 级到 999kV 之间设置。函数信号发生器的"+"端子与"Common"端子输出的信号是正极性信号（必须将"Common"端子与公共地符号连接），而"−"端子与"Common"端子之间输出负极性信号。两个信号极性相反，幅度相同。

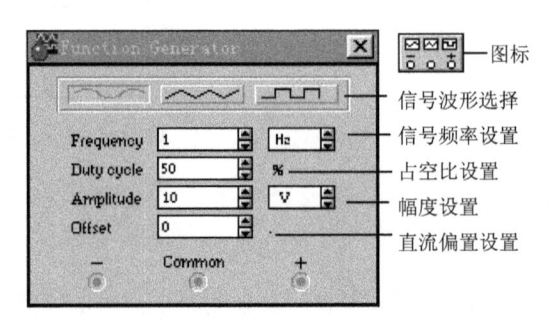

图 4.40 函数信号发生器图标和面板

在仿真过程中若要改变输出波形类型、大小、占空比或偏置电压时，必须暂时关闭电子工作台的电源开关。设置好参数后，重新启动一次"启动/停止"开关，仪器才能按新设置的数据输出信号波形。

4.3.4 示波器

示波器用来观察信号波形并可以测量信号幅度、频率、周期等参数的仪器。该仪器的图标与面板如图 4.41 所示。当单击面板中"Expand"按钮时，可以将面板进一步展开，如图 4.42 所示。

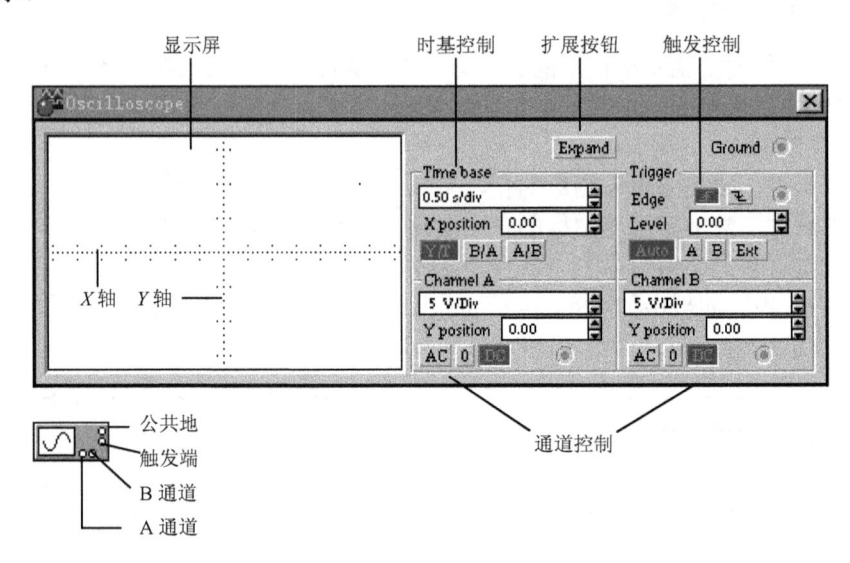

图 4.41 示波器的图标与面板

1．示波器的设置

示波器的设置如图 4.43、图 4.44、图 4.45、图 4.46 所示。示波器与电路连接如图 4.47

所示。

2．波形参数的测量

在屏幕上有两条左右移动的读数指针，指针上方有三角形标志，用鼠标移动读数指针，在下面即可显示测量数据。

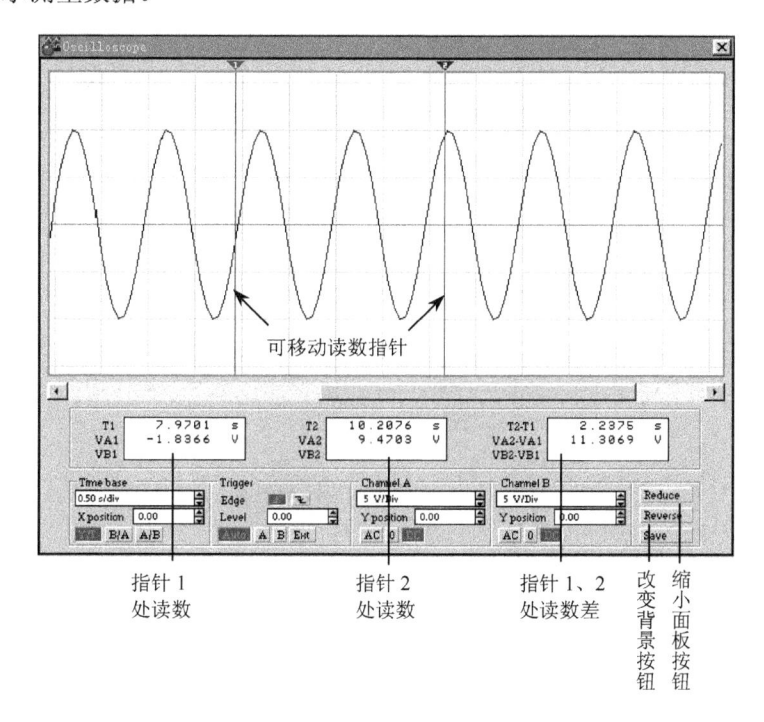

图 4.42 展开后的示波器面板

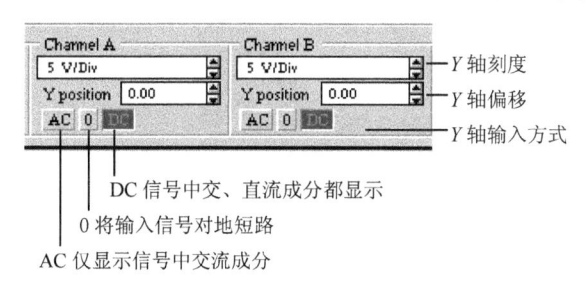

图 4.43 示波器输入通道设置   图 4.44 示波器时基的设置

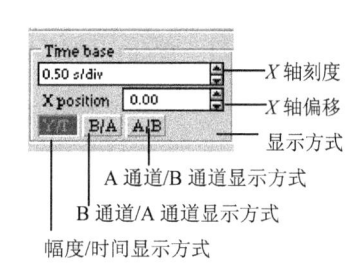

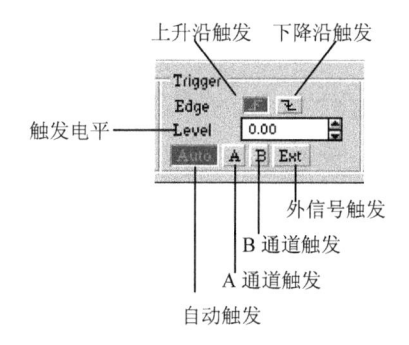

图 4.45 示波器触发方式设置

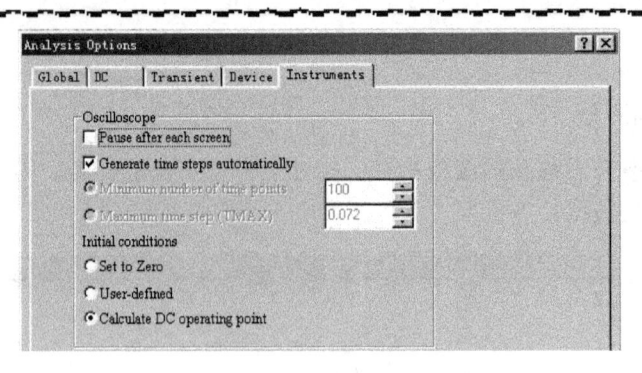

图 4.46　有关示波器设置对话框

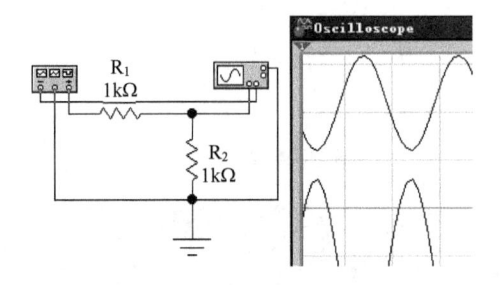

图 4.47　示波器与电路的连接

3. 改变屏幕背景颜色

单击展开面板右下方的"Reverse"按钮，即可改变屏幕背景颜色。再单击一次该按钮恢复为原色。

4.3.5　波特图仪

波特图仪是用来测量和显示一个电路、系统或放大器幅频特性 $A(f)$ 和相频特性 $\phi(f)$ 的一种仪器。类似于实验室的频率特性测试仪或扫频仪，波特图仪的图标和面板如图 4.48 所示。

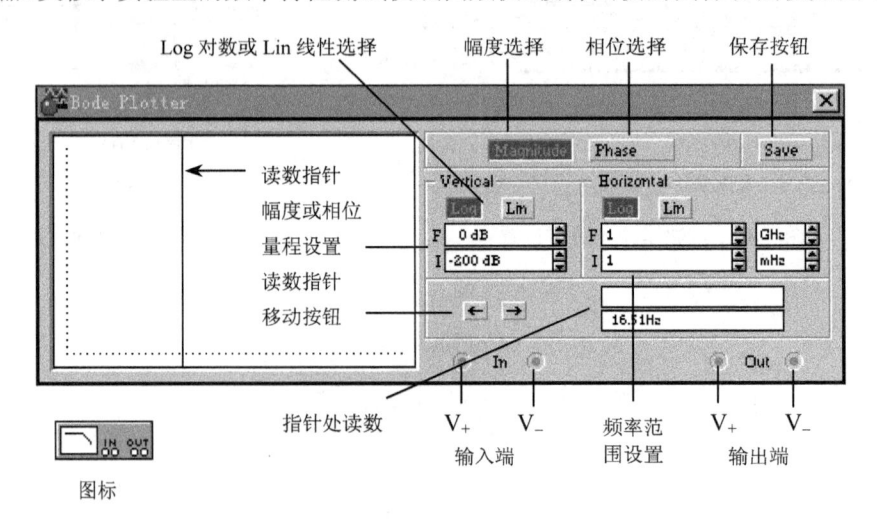

图 4.48　波特图仪面板与图标

波特图仪有输入端口（In 左端子是 V_+，右端子是 V_-）及输出端口（Out 左端子是 V_+，右端子是 V_-）。使用波特图仪时，必须在电路的输入端口接入交流信号源，对信号源的频率无特殊要求。通过对波特图仪面板上的"Horizontal"字符下方的频率设置对话框来设置波特图仪的初始值 I 和最终值 F。

1．波特图仪的设置

选择"Analysis"菜单命令，打开"Analysis Options"对话框，在打开对话框中的"Instruments"选项卡可对波特图仪进行设置，"Points Per Cycle"每个周期显示点数设置的大时，可提高读数精度，但将增加运行时间，默认值为 100。

2．参数的测量

用鼠标拖曳读数指针，可测量某个频率点处的幅值或相位，并且读数显示在右下方的面板中。

3．数据的保存

利用"Save"按钮可实现数据的保存。

4.3.6 字信号发生器

字信号发生器是一个能够产生 16 位同步逻辑信号的仪器，可用来对数字逻辑电路进行测试，又称数字逻辑信号源，它的图标与面板如图 4.49 所示。

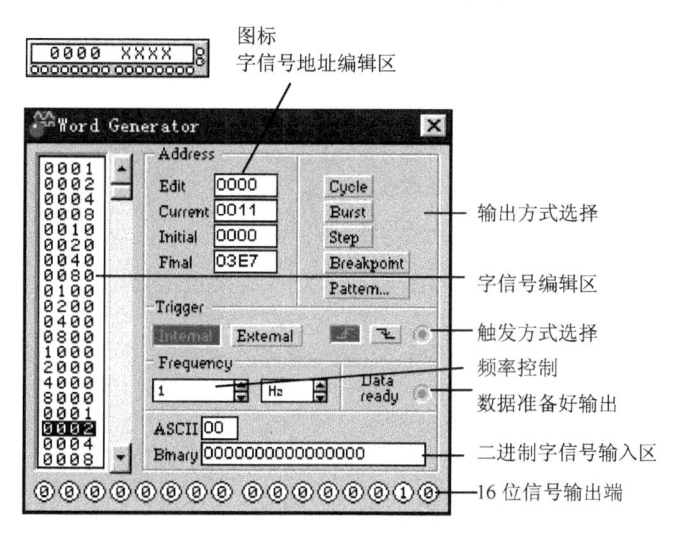

图 4.49 字信号发生器面板与图标

1．字信号的编辑

在面板的最左侧是字信号编辑区，16 位的字信号以 4 位十六进制数形式进行编辑和存放，编辑区地址范围为 0000H~03FFH，共 1024 条字信号。若要求编辑区内的内容上下移动，用鼠标移动滚动条即可。

2．字信号地址编辑区的设置

"Address"为字信号地址编辑区，其中"Edit"表示正在编辑的那条字信号的 16 位地址。

当启动字信号发生器对外输出时，"Current"表示正在输出的那条字信号的地址。当停止输出时，可对其改写。"Initial"和"Final"分别表示输出字信号的地址初值与终止值，设置后，字信号从初值开始逐条输出。

3．字信号的输出方式

"Cycle"表示字信号在设置的地址初值到终值之间周而复始地以设定频率输出。

"Burst"表示字信号从设置的地址初值逐条输出，输出到地址终值便自动停止输出。

"Step"表示鼠标单击一次，输出一条字信号。

"Cycle"和"Burst"输出方式的快慢，可通过"Frequency"输入框中设置的数据来控制。

"Break point"用于设置中断点。在"Cycle"和"Burst"方式中，欲使字信号输出到某条地址后自动停止输出，只需事先单击该条字信号，再单击"Break point"按钮。利用它可设置多个断点。

当字信号输出到断点地址而停止时，打开"Pattern"对话框，单击"Clear buffer"按钮即可。

4．"Presaved patterns"对话框

单击"Pattern"按钮，弹出如图 4.50 所示的对话框。单击该对话框中的"Clear buffer"选项，则清除字信号编辑区内设置的全部内容，字信号内容全部恢复 0000H。

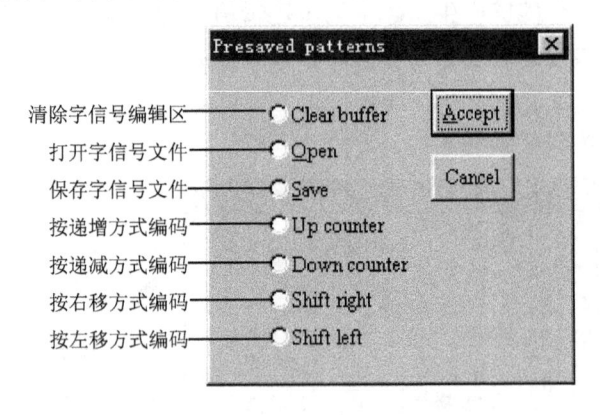

图 4.50 "Presaved patterns"对话框

"Open"表示打开字信号文件。

"Save"表示将字信号文件存盘，字信号文件的后缀为".DP"。

"Up counter"表示在字信号编辑地址范围 0000H~03FFH 内，其内容按 0000，0001，0010……的顺序，以逐个向上的递增方式进行编辑码。

"Down counter"表示在字信号编辑区地址范围 0000H~03FFH 内，按 03FF，03FE，03FD……的顺序，以逐个向下递减方式进行编码。

"Shift right"表示字信号按 8000，4000，2000，1000，0800，0400，0200，0100……的顺序进行编码。

"Shift left"表示字信号按 0001，0002，0004，0008，0010，0020，0040，0080……的顺序进行编码。

4.3.7 逻辑分析仪

虚拟逻辑分析仪和实际的仪器相似，可以同步记录和显示 16 路数字信号，用于数字逻辑信号的高速采集和时序分析，是分析复杂数字信号的有利工具。逻辑分析仪的图标和面板

如图 4.51 所示。

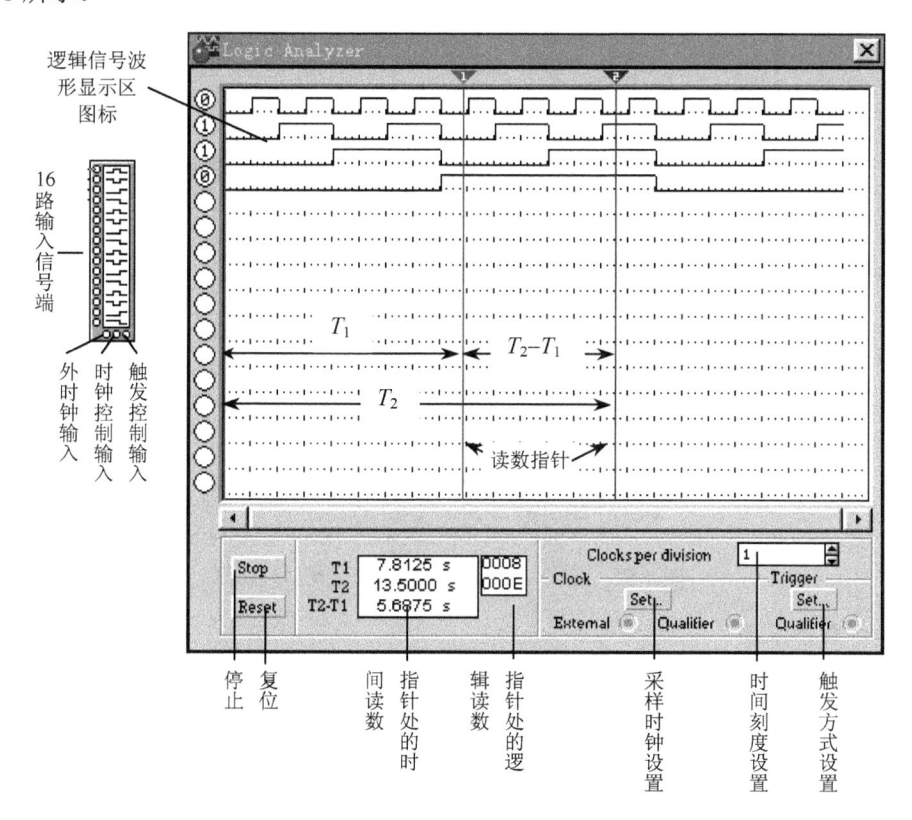

图 4.51　逻辑分析仪的图标和面板

1．逻辑分析仪面板

面板左边的 16 个小圆圈对应 16 个输入端，小圆圈内实时显示各路输入逻辑信号的当前值，从上到下依次为最低位至最高位。通过修改连接导线颜色来区分显示的不同的波形，面板中的 "Clock per division" 用于设置时间基线刻度，当波形拥挤得看不清楚时，可将时间基线设置得低一些。

拖曳读数指针上部的三角形可以读取波形的逻辑数据。其中 T_1、T_2 分别表示读数指针 1、读数指针 2 离开时间基线零点的时间，T_2-T_1 表示两读数指针之间的时间差。

2．采样时钟的设置

用鼠标单击面板中的 "Clock" 下方的 "Set…" 按钮，就打开了 "Clock setup" 对话框，如图 4.52 所示。

"Clock edge" 表示在时钟的上升沿或下降沿采样。

"Clock mode" 表示选择内部时钟（Internal）或外部时钟（External）。当采用内部时钟时，可对 "Internal clock rate" 项进行设置，可以改变时钟速率。

"Clock qualifier" 表示时钟限制，该位设置为 1，表示时钟控制输入为 1 时开放时钟，逻辑分析仪可进行波形采集；若该位设置为 0，表示时钟控制输入为 0 时开放时钟；若该位设置为 x，表示时钟总是开放，不受时钟控制输入的限制。

对话框左下方的 "Per-trigger samples"、"Post-trigger samples"、"Threshold voltage（V）"

分别表示触发前数据采集的点数、触发后数据采集的点数和触发信号电平门限值的设置。触发发生后，逻辑分析仪按照设置的点数显示触发前波形和触发后波形，并标出触发的起始点。在触发前，单击"Stop"按钮可显示触发前波形。任何时候单击"Reset"按钮，逻辑分析仪都会复位，清除显示波形。

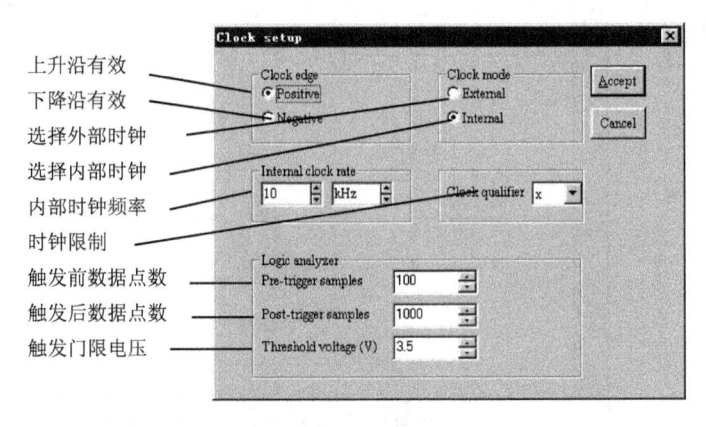

图 4.52 逻辑分析仪"采样时钟设置"对话框

3. 触发方式选择

单击逻辑分析仪右下角"Trigger"字下方"Set…"按钮就打开了触发方式对话框，如图 4.53 所示。

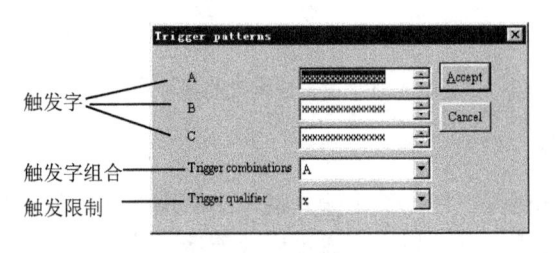

图 4.53 触发方式选择对话框

对话框中有 A、B、C 三个触发字，识别方式可通过"Trigger combinations"进行选择，共有下面 8 种组合方式：

A
A or B （A 或 B）
A then B
A or B or C
（A or B） then C
A then （B or C）
A then B then C
A then B （no C）

触发字的某一位设置为 x 时，表示该位取值为"任意"（0、1 均可）。三个触发字的默认设置均为 xxxxxxxxxxxxxxxx，表示只需要第一个输入逻辑信号到达，无论是 1 电平还是 0 电平，分析仪均被触发而采集波形数据，否则必须满足触发字的组合条件才被触发。

"Trigger qualifier"对触发起控制作用。如果该位为 x，触发控制不起作用，触发由触发字决定；如果该位设置为 1（或 0），只有图标上连接的触发控制输入信号为 1（或 0），触发字才起作用；否则即使 A、B、C 三个触发字的组合条件被满足也不能引起触发。

4.3.8 逻辑转换仪

逻辑转换仪对于数字信号的分析是非常方便的，它可以通过与电路的连接导出真值表、布尔表达式，也可以从真值表、布尔表达式导出电路的连接。逻辑转换仪的图标与面板如图 4.54 所示。左侧为真值表输入、显示区；右侧是控制按钮，自上而下分别为：将电路转换为真值表、真值表转换为布尔表达式、真值表转换为简化的布尔表达式、布尔表达式转换为真值表、布尔表达式转换为逻辑电路、布尔表达式转换为与非门电路按钮。

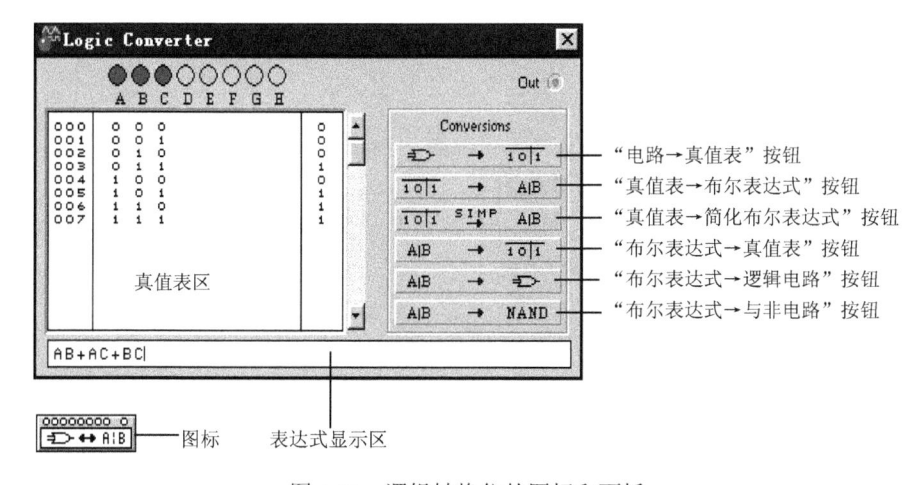

图 4.54 逻辑转换仪的图标和面板

1．逻辑转换仪与电路的连接

在将逻辑电路转换成真值表时，先将已经画出的逻辑电路的输入端接到逻辑转换仪左侧的输入端，将逻辑电路的输出端连接到逻辑转换仪的最右侧的输出端，如图 4.55 所示。上述连接完毕后，单击"电路→真值表"按钮即可得到真值表。

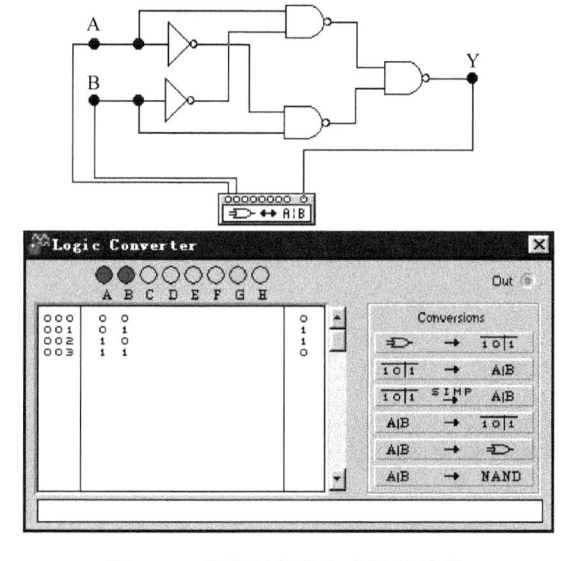

图 4.55 逻辑转换仪与电路的连接

2. 由真值表导出逻辑表达式

由真值表导出逻辑表达式，首先，根据输入变量的个数用鼠标单击逻辑转换仪面板顶部代表输入的小圆圈（A~H），选定输入变量，此时在真值表区自动出现输入变量的所有组合，而右侧输出列（靠滚动条）的初始值均为 0。其次，根据所要求的逻辑关系来修改真值表的输出值（0 或 1）。最后，单击"真值表→布尔表达式"按钮，在面板底部逻辑表达式栏将显示相应的逻辑表达式。表达式中的"A'"表示逻辑变量 A 的"非"。

3. 由真值表导出简化表达式

若将已经得到的逻辑表达式进一步化简，只需单击"真值表→简化布尔表达式"按钮即可得到简化的逻辑表达式。

4. 由逻辑表达式得出真值表

首先，在逻辑表达式栏写入"与—或"（或者"或—与"）表达式，然后单击"布尔表达式→真值表"按钮，便可得到对应的真值表。

在已经得到的"与—或"（或者"或—与"）表达式的基础上，单击"布尔表达式→与非电路"按钮，就可得到由与非门组成的电路。

5. 由逻辑表达式得到与非门电路

在逻辑表达式栏填入"与—或"（或者"或—与"）表达式，然后单击"布尔表达式→与非电路"按钮即可。

4.4 EWB 分析方法

当用户创建一个线路图，并按下电源开关后，就可以从示波器等测试仪器上读得电路中的被测数据。在电路中的每个元器件，都有其设定的数学模型，仿真实际上是该软件通过计算用户所创建的电路数学表达式，求得数值解。因此，这些元器件模型的精度，就决定了电路仿真结果的精度。

通过计算机软件仿真的方法，对电子线路进行模拟运行，其整个运行过程可分成四个步骤：数据输入、参数设置、电路分析和数据输出。

若用户要进行电路分析，EWB 可以根据用户对电路分析的要求，设置不同的参数进行仿真与计算结果的数据显示。例如用户可以设置误差容限，选择不同的仿真方法和运算时的迭代步长。因此仿真的效果也与用户如何设置"分析"栏中的"分析选项"（Analysis Options）的参数有很大关系。因此，需要了解"分析选项"（Analysis Options）中参数的含义和如何进行设置以及默认设置的数值。

在选定"分析"栏中的"分析选项"（Analysis Options）后，屏幕上显示一个对话栏，包括"总体分析选择"（Global），如图 4.56 所示；"直流分析选择"（DC），如图 4.57 所示；"瞬态分析选择"（Transient），如图 4.58 所示；"器件分析选择"（Device），如图 4.59 所示；"仪器分析选择"（Instruments），如图 4.60 所示。通过这五个选项卡，用户可以根据需要对其中的参数进行调整和设置。

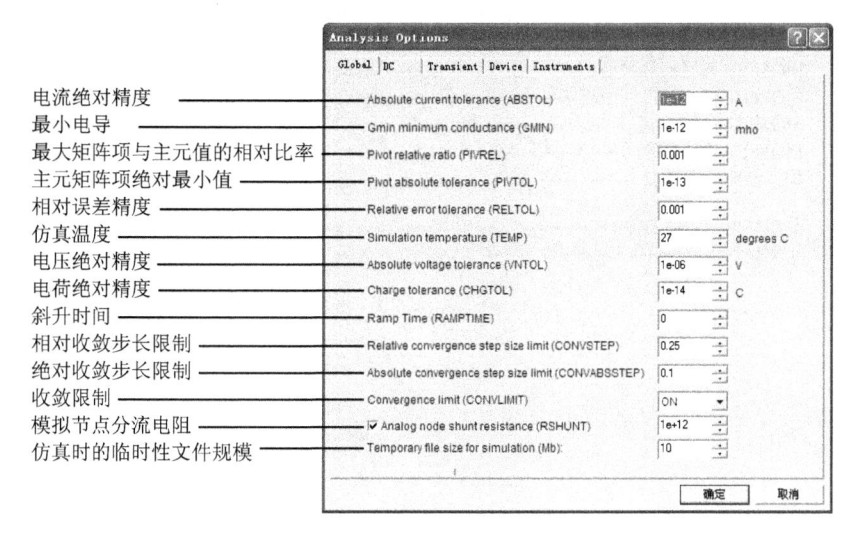

电流绝对精度 —— Absolute current tolerance (ABSTOL) 1e-12 A
最小电导 —— Gmin minimum conductance (GMIN) 1e-12 mho
最大矩阵项与主元值的相对比率 —— Pivot relative ratio (PIVREL) 0.001
主元矩阵项绝对最小值 —— Pivot absolute tolerance (PIVTOL) 1e-13
相对误差精度 —— Relative error tolerance (RELTOL) 0.001
仿真温度 —— Simulation temperature (TEMP) 27 degrees C
电压绝对精度 —— Absolute voltage tolerance (VNTOL) 1e-06 V
电荷绝对精度 —— Charge tolerance (CHGTOL) 1e-14 C
斜升时间 —— Ramp Time (RAMPTIME) 0
相对收敛步长限制 —— Relative convergence step size limit (CONVSTEP) 0.25
绝对收敛步长限制 —— Absolute convergence step size limit (CONVABSSTEP) 0.1
收敛限制 —— Convergence limit (CONVLIMIT) ON
模拟节点分流电阻 —— Analog node shunt resistance (RSHUNT) 1e+12
仿真时的临时性文件规模 —— Temporary file size for simulation (Mb) 10

图 4.56 "Analysis Options" 对话框

工作点分析迭代极限 —— Operating Point Analysis Iteration Limit (ITL1) 100
Gmin 步进算法步长 —— Steps in Gmin stepping algorithm (GMINSTEPS) 10
Source 步进算法步长 —— Steps in source stepping algorithm (SRCSTEPS) 10

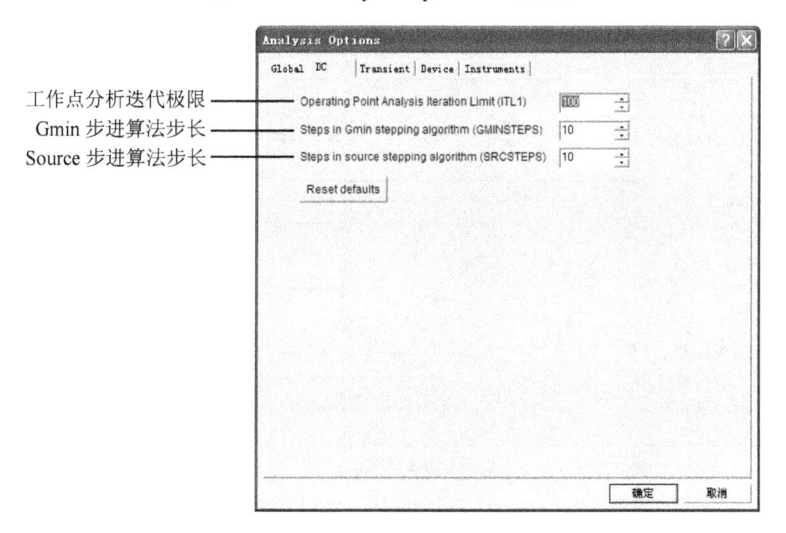

图 4.57 DC 选项卡

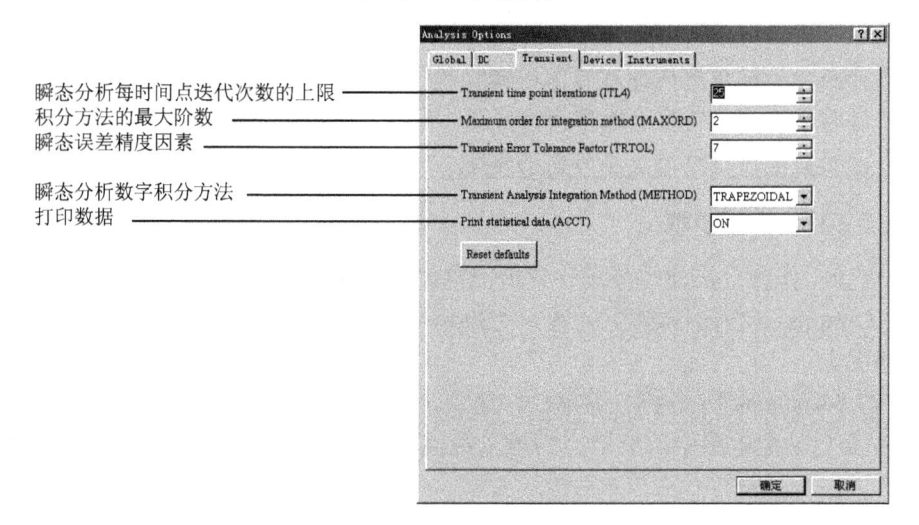

瞬态分析每时间点迭代次数的上限 —— Transient time point iterations (ITL4)
积分方法的最大阶数 —— Maximum order for integration method (MAXORD) 2
瞬态误差精度因素 —— Transient Error Tolerance Factor (TRTOL) 7
瞬态分析数字积分方法 —— Transient Analysis Integration Method (METHOD) TRAPEZOIDAL
打印数据 —— Print statistical data (ACCT) ON

图 4.58 Transient 选项卡

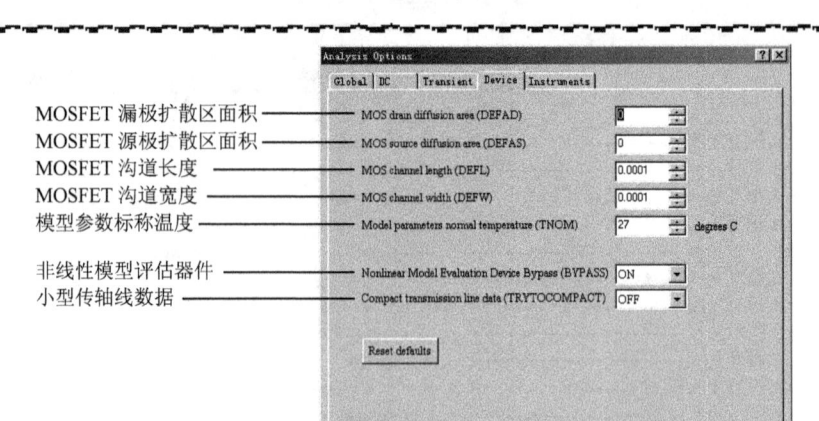

图 4.59　Device 选项卡

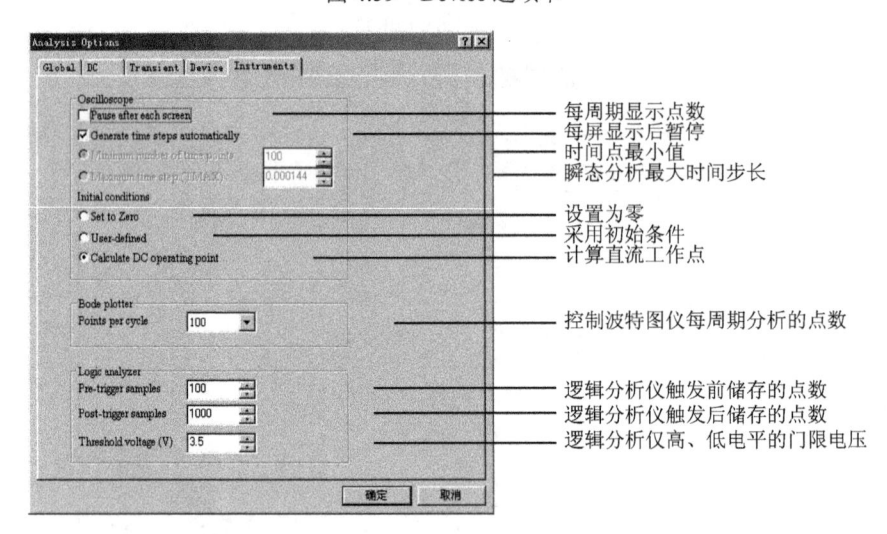

图 4.60　Instruments 选项卡

4.4.1　直流工作点分析（DC Operating Point Analysis）

直流工作点分析即求解电路在直流电源作用下，每个节点的电压与电流值。此时电路中的交流电压源将被短路，交流电流源将被开路，电容开路，电感短路，数字部件为高阻接地。这种分析方法是对电路进行进一步分析的基础。

1. 直流工作点分析步骤

1）在电子工作台上搭建需要进行分析的电路，同时单击"Circuit"（电路）菜单栏中的"Schematic Options"（作图任选项），选中"Show node"（显示节点）把电路的节点标志（ID）显示在电路图上。

2）单击"Analysis"（分析）菜单栏，选定"DC Operating Point"（直流工作点），仿真软件 EWB 会自动把电路中所有节点的电压数值和电源支路的电流数值，显示在"Analysis Graph"中。

2. 应用举例

搭建如图 4.61 所示电路。首先,打开 EWB 仿真软件,从 "Transistor" 库中将 NPN 型三极管拖到工作窗口中,双击三极管出现 "NPN Transistor Properties" 对话框的 "Models" 选项卡,单击 "2n",选择 2N2218 型号,再单击 "确定" 按钮。其次,从 "Basic" 库中拖出电阻、电容器等元器件,经旋转放入电路的适当位置后,双击器件符号,可以设置元器件的属性,如电阻值等。最后,从 "Sources" 库中拖一个交流电压源,一个直流电压源,一个接地符号,并进行参数设置,方法同上。接着连接元器件,构成电路图。

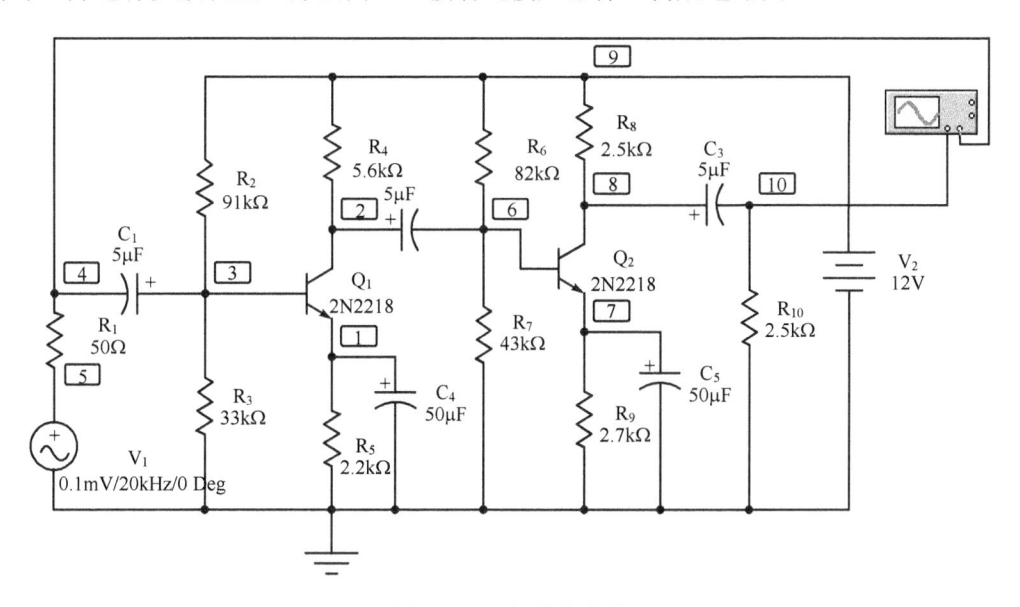

图 4.61 两级放大电路

为了便于观察,可以在工作区域的空白处单击右键,在弹出的快捷菜单上选择 "Schematic Options" 出现对话框,选择 "Show/Hide" 选项卡,选中 "Show nodes"、"Show labels"、"Show values" 复选项,单击 "确定" 按钮,即可进行 DC 分析。结果如图 4.62 所示。

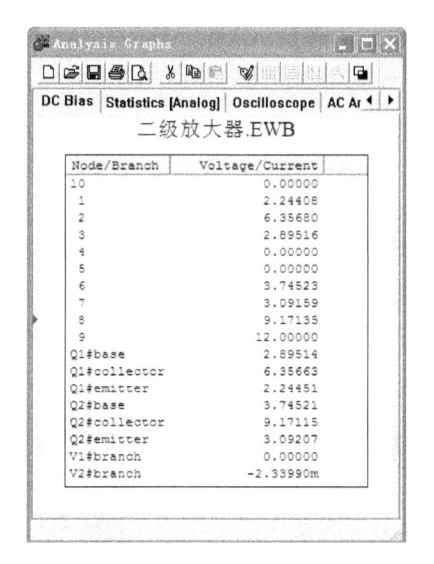

图 4.62 直流工作点分析结果

4.4.2 交流频率分析（AC Frequency Analysis）

交流频率分析，即分析电路的频率特性（幅频特性与相频特性）。需先选定被分析的电路节点，在分析时，电路中的直流源将自动置零，交流信号源、电容、电感等均处在交流模式，输入信号设定为正弦波形式。若把函数信号发生器的其他信号作为输入激励信号，在进行交流频率分析时，会自动把它作为正弦信号输入。因此输出响应也是该电路交流频率的函数。

1. 交流频率分析步骤

1）画出要分析的电路并设定输入信号的幅值和相位，然后按直流工作点分析上例中的步骤进行操作，显示电路节点标志。

2）选定"Analysis"菜单中的"AC Frequency"项，打开相应的对话框，如图 4.63 所示，根据对话框的提示，设置参数。

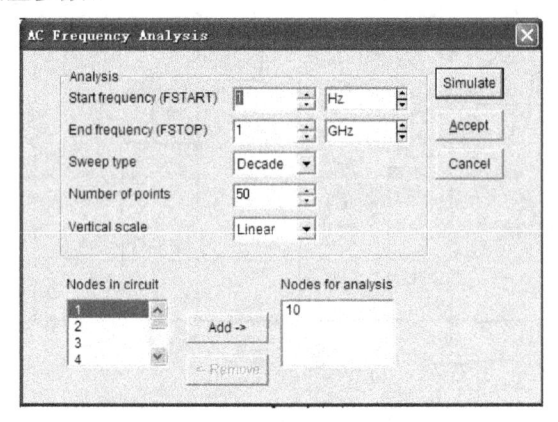

图 4.63 "AC Frequency Analysis" 对话框

对话框中的参数含义如下。

Start frequency（FSTART）：扫描起始频率，默认设置 1Hz。

End frequency（FSTOP）：扫描终点频率，默认设置 10GHz。

Sweep type：扫描类型，显示 X 轴刻度形式，有十倍频（Decade）、线性（Linear）、倍频程（Octave）三种。默认设置 Decade。

Number of points：显示点数，默认设置 100。

Vertical scale：显示曲线 Y 轴刻度形式，有对数（Log）、线性（Linear）、分贝（Decibel）三种。默认设置 Log。

Nodes for analysis：待分析节点，可同时分析多个节点。在"Nodes in circuit"栏中选择待分析的节点，单击"Add"按钮，待分析节点便写入"Nodes for analysis"栏中。如果从"Nodes for analysis"栏中移出节点，先在"Nodes for analysis"栏中选中待移出节点，然后单击"Remove"按钮即可。

3）单击"Simulate"按钮，显示已选节点的频率特性。

4）按"Esc"键，停止仿真。

2. 应用举例

对图 4.61 所示的两级放大器的节点 10 进行交流频率分析。本电路幅频特性与相频特性如图 4.64 所示。

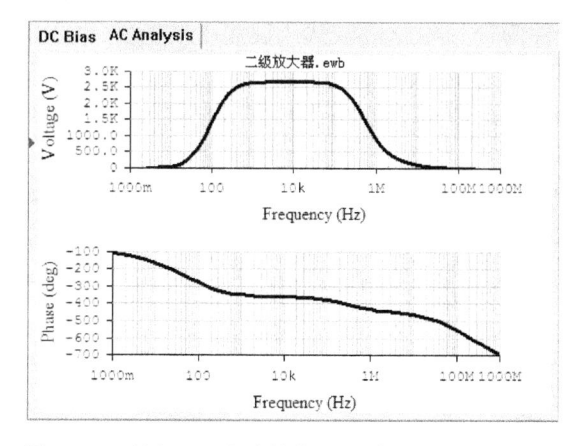

图 4.64 对图 4.61 电路节点 10 的交流频率分析结果

4.4.3 瞬态分析（Transient Analysis）

瞬态分析是对选择的仿真节点按时间来显示信号的波形，即观察该节点在整个显示周期中每一时刻的电压波形。在进行瞬态分析时，直流电源保持常数，交流信号源随着时间而改变，电容和电感都是能量储存模式元件。

若执行了直流工作点分析，在对选定的节点瞬态分析时，软件将直流工作点分析结果作为瞬态分析的初始条件。若"Set to Zero"被选中，瞬态分析将从零初始条件开始。若"User-defined"被选中，则瞬态分析以"Component Properties"对话框中设置的条件作为初始条件进行分析。

1．瞬态分析步骤

1）在电子工作台上搭建需进行分析的电路图并显示节点，选定"Analysis"栏中的"Transient Analysis"项。

2）根据对话框的要求，设置参数，如图 4.65 所示。

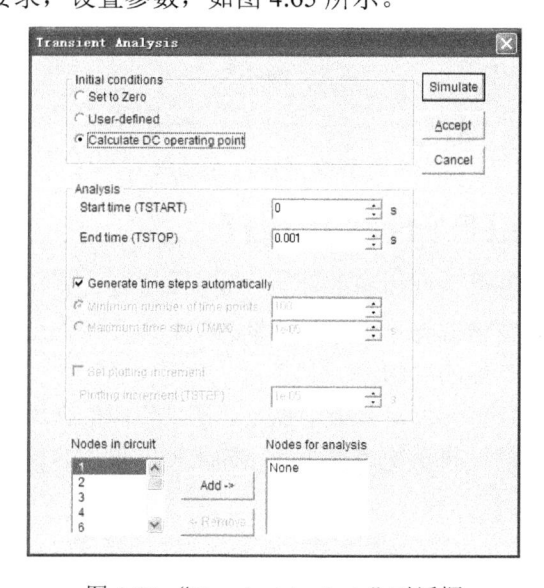

图 4.65 "Transient Analysis"对话框

对话框中参数的含义如下。

Set to Zero：初始条件为零开始分析。默认设置：不选用。

User-defined：由用户定义的初始条件进行分析。默认设置：不选用。

Calculate DC operating point：将直流工作点分析结果作为初始条件进行分析。默认设置：不选用。

Start time：瞬态分析的起始时间。要求大于等于零，小于终点时间。默认设置：0s。

End time：瞬态分析的终点时间。必须大于起始时间。默认设置：0.001s。

Generate time steps automatically：自动选择一个合理的或最大的时间步长。默认设置：选用。

Minimum number of time point：仿真图上从起始时间到终点时间的点数。默认设置：100。

Maximum number of step：最大时间步长。默认设置：1e-0.5s。

Set plotting increment / potting increment：设置绘图线增量。默认设置：1e-0.5s。

Nodes for analysis：待分析节点。

3）单击"Simulate"按钮，即可在显示图上获得被分析节点的瞬态波形。按"Esc"键，将停止仿真的运行。

2．应用举例

对图4.61所示的两级放大器的节点10进行瞬态分析。分析结果如图4.66所示。

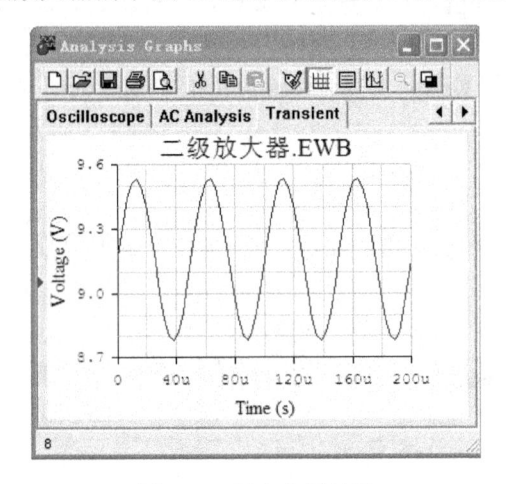

图4.66　瞬态分析结果

4.4.4　傅里叶分析（Flourier Analysis）

傅里叶分析是分析复杂多谐性周期信号的一种数学方法。它可以将某一非正弦周期信号转化为无限多个正弦或余弦谐波与一个直流分量的和，以便深入分析信号的频率成分，或确定该波形与其他信号共同作用的影响。

在进行傅里叶分析前，首先确定分析节点，其次把电路的交流激励信号源设置为基频。若电路中有几个交流信号源，将基频设置在这些频率值的最小公因数上。

1．傅里叶分析步骤

1）在电子工作台上搭建需进行分析的电路图并显示节点，选定"Analysis"菜单中的

"Transient Analysis"项。

2）根据如图 4.67 所示对话框的要求，设置参数。

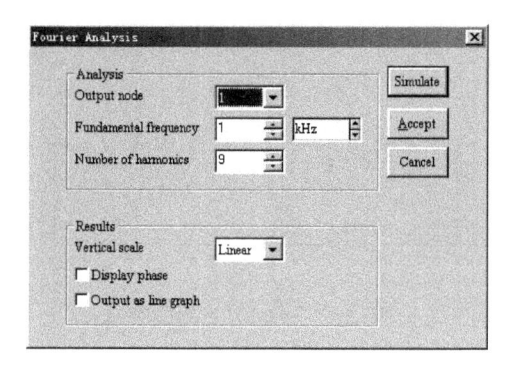

图 4.67　"Flourier Analysis"对话框

对话框中参数的含义如下。

Output node：输出节点。被分析电路的节点，有用户设置。默认设置：电路的第一个节点。

Fundamental frequency：基波频率。电路中交流激励信号源的频率或最小公因数频率。默认设置：1kHz。

Number of harmonics：包括基波在内的谐波总数。默认设置：9。

Vertical scale：纵轴刻度类型设置，有 Linear、log、Decibel 三种。默认设置：Linear。

Display phase：显示傅里叶分析的相频特性。默认设置：不选用。

Output as line graph：显示傅里叶分析的幅频特性。默认设置：不选用。

3）单击"Simulate"按钮，即可在显示图上获得被分析节点的瞬态波形。按"Esc"键，将停止仿真的运行。

2．应用举例

对如图 4.68 所示的电路进行傅里叶分析。分析结果如图 4.69 所示。

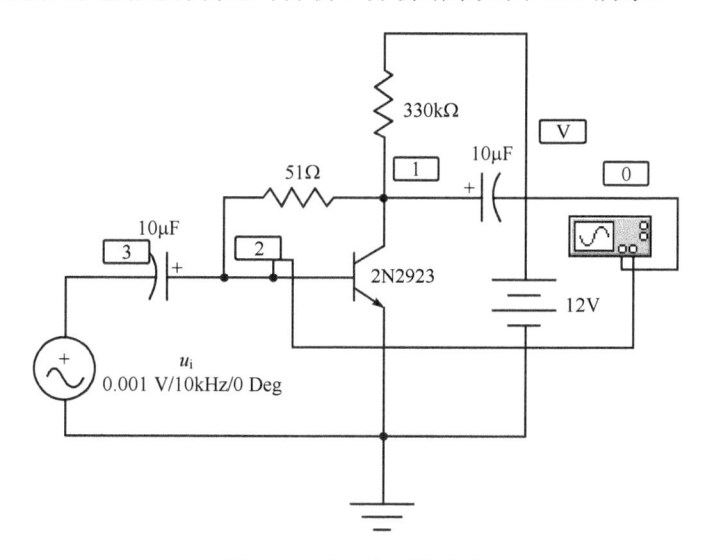

图 4.68　电压负反馈电路

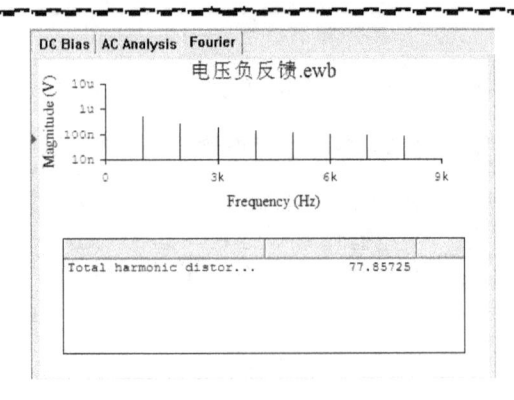

图 4.69 傅里叶分析结果

4.4.5 噪声分析（Noise Analysis）

噪声分析用于检测电子线路输出信号的噪声功率幅度，用于计算、分析电阻和晶体管器件等对指定输出节点的噪声贡献。在通信电路与系统中，常常进行噪声分析。在分析时，假定电路中各噪声源是互不相关的，因此它们的数值可以分开各自计算。总的噪声是各噪声在该节点的和（用有效值表示）

例如，在噪声分析对话框中，把 V_1 作为输入噪声源，把 N_1 作为输出节点，则电路中的各噪声源在 N_1 处形成的输出噪声，等于把该值除以 V_1 至 N_1 的增益获得的等效输入噪声，再把它作为信号输入一个假定没有噪声的电路，即获得在 N_1 点处的输出噪声。

1. 噪声分析步骤

1）在电子工作台上搭建需进行分析电路图并显示节点，选定"Analysis"栏中的"Noise Analysis"项。

2）根据如图 4.70 所示的对话框，按要求设置参数。

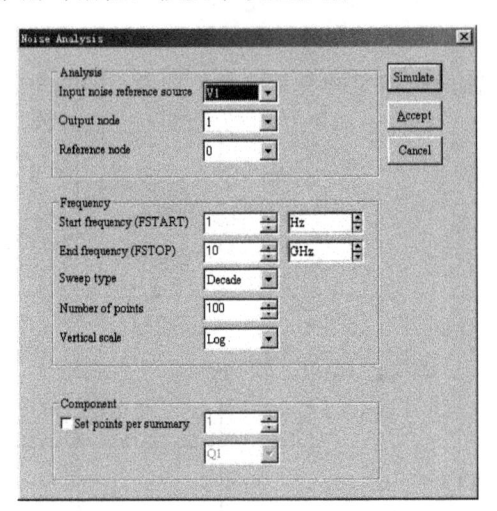

图 4.70 "Noise Analysis"对话框

对话框中参数的含义如下。

Input noise reference source：设置交流电压源作为输入源。默认设置：电路中的第一个编号交流电压源。

Output node：需分析噪声的节点。默认设置：1。
Reference node：参考电压节点。默认设置：0。
Start frequency：起始频率。默认设置：1Hz。
End frequency：终点频率。默认设置：10GHz。
Sweep type：频率扫描形式，有 Decade、Linear、Octave 三种。默认设置：Decade。
Number of points：从起始频率到终点频率的分析点数。默认设置：100。
Vertical scale：纵轴显示刻度类型设置，有 Linear、Log、Decibel 三种。默认设置：Log。
Set points per summary：设置每次求和点数。当选择该项时，选择噪声源进行求和。默认设置：1。

3）单击"Simulate"按钮，即可在显示图上获得被分析节点的噪声分布曲线图。按"Esc"键，将停止仿真的运行。

2．应用举例

对如图 4.68 所示的电路进行噪声分析。分析结果如图 4.71 所示。

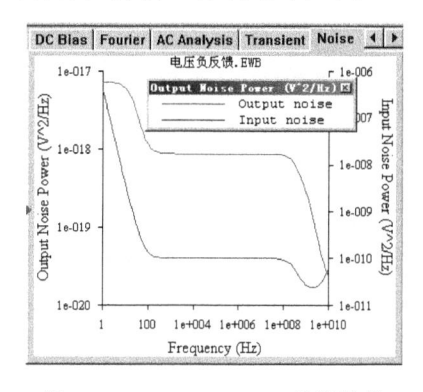

图 4.71 Noise Analysis 分析结果

4.4.6 失真分析（Distortion analysis）

失真分析对于用于研究瞬态分析中不易观察的小失真比较有用。EWB 分析电子电路中的谐波失真和互调失真。若电路中只有一个交流信号源，该分析能确定电路中每一点的二次谐波和三次谐波造成的谐波失真，若电路有两个交流信号源，频率为 F_1 和 F_2，且 $F_1>F_2$，该分析能确定电路变量在三个不同频率处的谐波失真，这三个频率是：F_1+F_2、F_1-F_2、$2F_1-F_2$。

该分析完成电路小信号的失真分析，在工作点附近，采用多维的泰勒级数来描述工作点处的非线性，级数要用到三次方项。

1．失真分析步骤

1）在电子工作台上搭建需进行分析的电路图并显示接电，选定"Analysis"菜单中的"Distortion analysis"项。

2）根据如图 4.72 所示的对话框，按要求设置参数。
对话框中参数的含义如下。
Start frequency：起始频率。默认设置：1Hz。
End frequency：终点频率。默认设置：10GHz。
Sweep type：频率扫描形式，有 Decade、Linear、Octave 三种。默认设置：Decade。

Number of points：频率扫描为线性时，从起始频率到终点频率的点数。默认设置：100。

Vertical scales：纵轴显示刻度类型设置，有 Linear、Log、Decibel 三种。默认设置：Log。

F2／F1 ration：选中该项时，若有两个频率的信号源 F_1 与 F_2，则当 F_1 进行扫描时，F_2 将被设置为该比率乘以开始频率，该值必须在 0~1 之间。默认设置：不选用。

Nodes for analysis：分析节点。

3）单击"Simulate"按钮，即可在显示图上获得被分析节点的失真曲线图。按"Esc"键，将停止仿真的运行。

2．应用举例

对如图 4.68 所示的电路进行噪声分析。分析结果如图 4.73 所示。

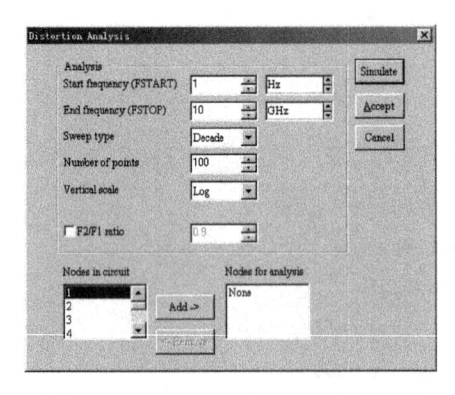

图 4.72 "Distortion analysis"对话框 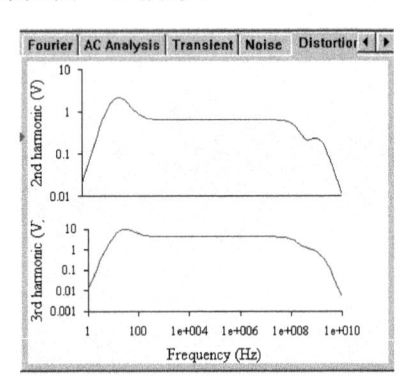　　图 4.73　Distortion analysis 分析结果

4.4.7 参数扫描分析（Parameter Sweep Analysis）

参数扫描分析是将电路参数值设置为一定的变化范围，以分析参数变化对电路性能的影响，相当于对电路进行多次不同参数下的仿真分析，可以快速检验电路性能。通过对如图 4.74 所示的参数扫描对话框，可以选择被分析元件参数的起始值、终止值和增量，来控制参数值扫描分析过程。在参数扫描过程中，数字器件被视为高阻接地。

1．参数扫描分析步骤

1）在电子工作台上搭建电路图，设置参数并显示节点。

2）选择"Analysis"菜单中的"Parameter Sweep"项，打开如图 4.74 所示的对话框设置参数。

对话框中参数的含义如下。

Component：选择待扫描分析的元件。

Parameter：选择扫描分析元件的参数。

Start Value：待扫描元件的起始值。它可以大于或小于电路中标注的参数值。默认设置：电路中元件的标注参数值。

End value：待扫描元件的终止值。默认设置：电路中元件的标注参数值。

Sweep type：扫描类型。有 Decade、Linear、Octave 三种。默认设置：Decade。

Increment step size：扫描步长。仅在 Linear 扫描时进行设置。默认设置：1。

Output node：待分析节点。

Sweep for DC Operating Point 　（直流工作点）／Transient Analysis（瞬态）／AC Frequency

Analysis（交流频率）：选择扫描类型。默认设置：Transient Analysis。

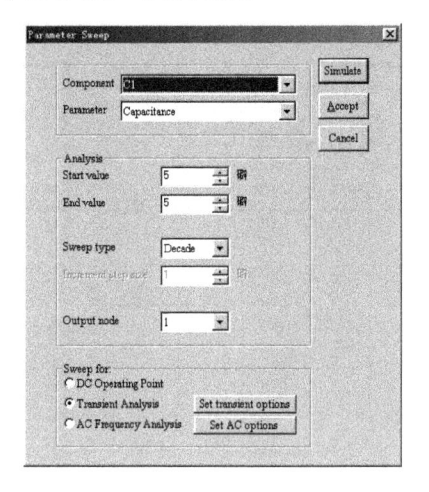

图 4.74 "Parameter Sweep"对话框

当选择了 Transient Analysis 或 AC Frequency Analysis 时，可以单击"Set transient options"或"Set AC options"按钮，打开相应的对话框，如图 4.75、图 4.76 所示，设置参数。

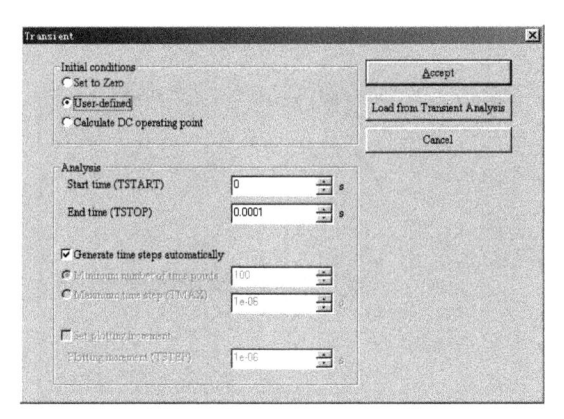

图 4.75 "Transient"对话框

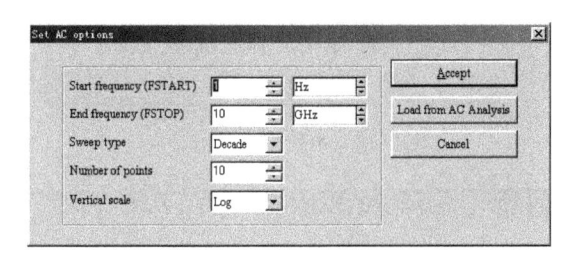

图 4.76 "Set AC options"对话框

上面两个对话框的参数设置与"Transient Analysis"和"AC Frequency Analysis"对话框中参数设置基本相同。

3）单击"Simulate"按钮，开始扫描。按"Esc"键停止分析。

2．应用举例

对如图 4.77 所示电路进行扫描分析，即当信号源内阻 R_1 发生变化时对输出节点 9 的影响。扫描结果如图 4.78 所示。

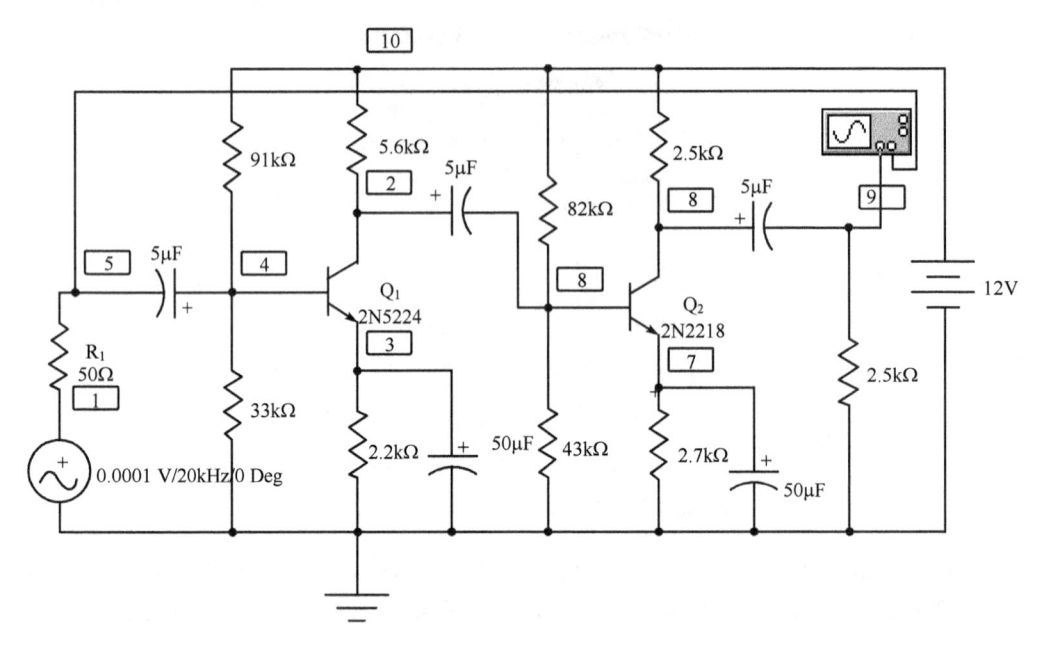

图 4.77 两级放大电路

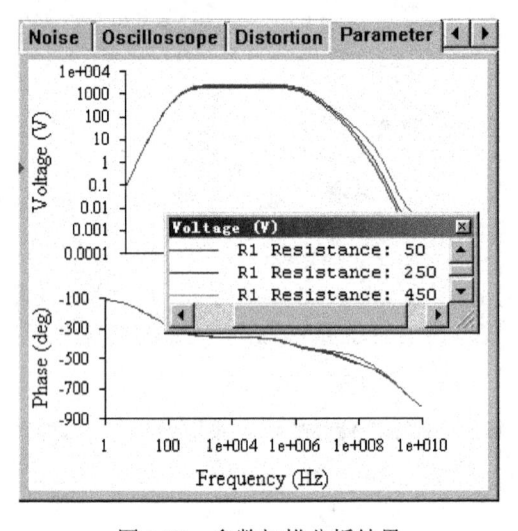

图 4.78 参数扫描分析结果

4.4.8 温度扫描分析（Temperature Sweep Analysis）

温度扫描分析是研究电路在不同的工作温度下对电路性能的影响，相当于对电路进行多次不同温度下的仿真分析，可以快速检验电路性能。通过对如图 4.79 所示的温度扫描对话框进行设置，可以选择温度的起始值、终止值和增量，来控制温度扫描分析过程。

1. 温度扫描分析步骤

1）在电子工作台上搭建电路图，设置参数并显示节点。

2）选择"Analysis"菜单中的"Temperature Sweep"项，打开如图 4.79 所示的对话框设置参数。

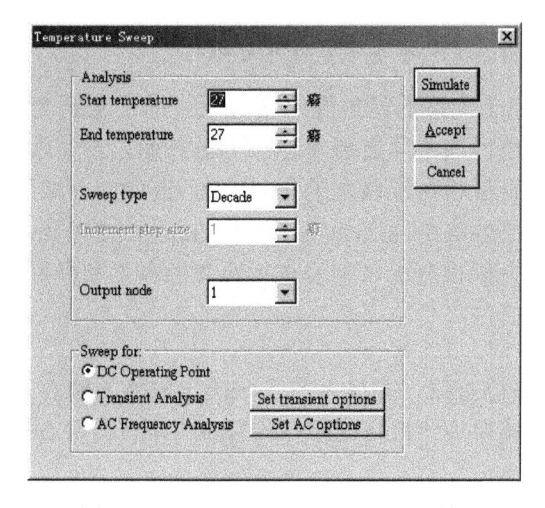

图 4.79 "Temperature Sweep"对话框

对话框中参数的含义如下。

Start temperature：起始分析温度。默认设置：27℃。
End temperature：终止分析温度。默认设置：27℃。
Sweep type：温度扫描类型，有 Decade、Linear、Octave 三种。默认设置：Decade 。
Increment step size：在温度扫描步长。仅在 Linear 扫描时进行设置。默认设置：1。
Output node：待分析节点。
Sweep for DC Operating Point / Transient Analysis / AC Frequency Analysis：选择扫描分析类型。有直流工作点、瞬态分析、交流频率分析三种。

3）单击"Simulate"按钮，开始扫描。按"Esc"键停止分析。

2．应用举例

对如图 4.77 所示电路进行扫描分析，即当环境温度发生变化时对输出节点 9 的影响。扫描分析结果如图 4.80 所示。

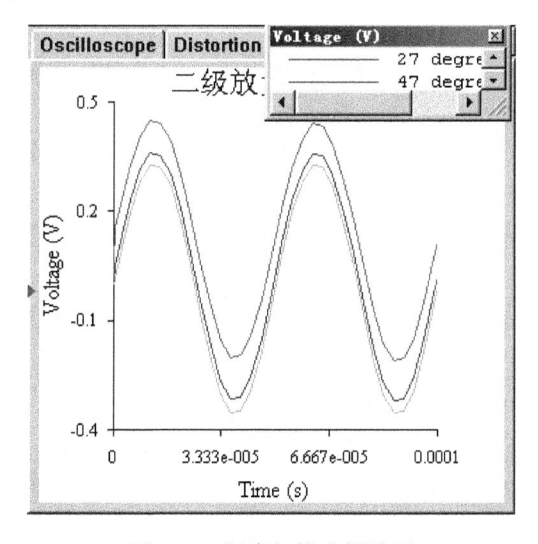

图 4.80 温度扫描分析结果

4.4.9 极-零点分析（Pole-Zero Analysis）

极-零点分析对检测电子电路的稳定性非常有用。用于求解交流小信号电路传输函数中极点与零点的个数及其数值。通常从直流工作点分析开始，对非线性器件求得线性化的小信号模型，在此基础上再进行分析传输函数的零-极点。该分析方法采用 SPICE 算法，在运行时如果出现"Pole-Zero iteration linear reached giving up after 200 iterations"（达到零极点分析迭代极限 200 点后将放弃）则该分析可能没有把所有的零点和极点找出。

1. 极-零点分析步骤

1）在电子工作台上搭建电路，并显示节点，确定电路的输入、输出节点。

2）选择"Analysis"菜单中"Pole-Zero Analysis"项，打开如图 4.81 所示的对话框，设置参数。

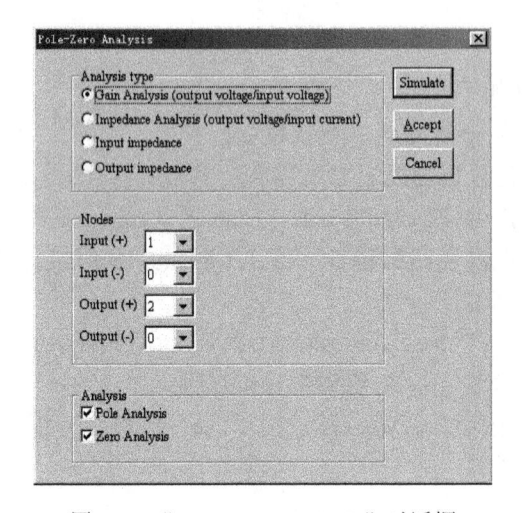

图 4.81 "Pole-Zero Analysis"对话框

对话框中参数的含义如下。

Analysis type：分析类型。有如下四种。

- Gain Analysis（output voltage / input voltage）：增益分析（输出电压/输入电压），求解电压增益表达式中的极、零点。默认设置：选用。
- Impedance Analysis（output voltage / input current）：互阻抗分析（输出电压/输入电流），求解互阻表达式中的极、零点。默认设置：不选用。
- Input impedance：输入阻抗分析。求解输入阻抗表达式中的极、零点。默认设置：不选用。
- Output impedance：输出阻抗分析。求解输出阻抗表达式中的极、零点。默认设置：不选用。

Input（+）、Input（-）：分别表示输入节点的正端、负端。

Output（+）、Output（-）：分别表示输出节点的正端、负端。

Analysis：包含 Pole-Analysis 与 Zero Analysis 两项。默认设置：选用。

3）单击"Simulate"按钮开始分析，按"Esc"键停止分析。

2. 应用举例

对如图 4.82 所示电路进行极-零点分析。极-零点分析结果如图 4.83、图 4.84、图 4.85、图 4.86 所示。

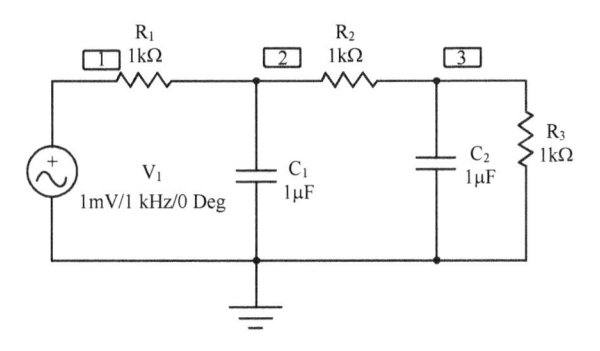

图 4.82　极点-零点分析电路

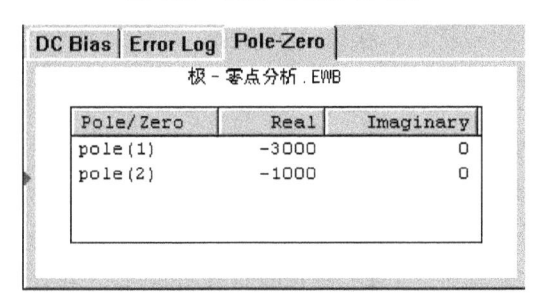

图 4.83　增益分析结果

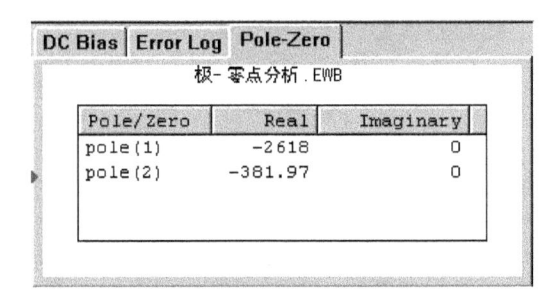

图 4.84　互阻分析结果

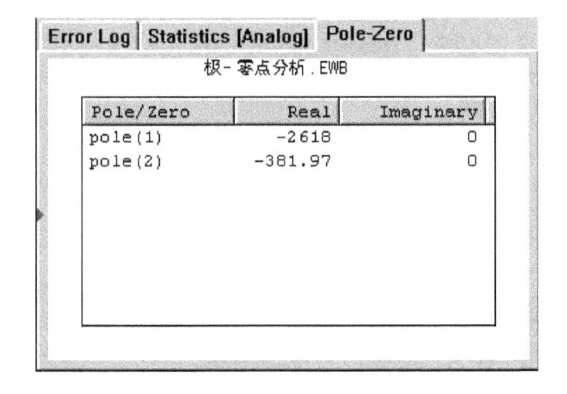

图 4.85　输入阻抗分析结果

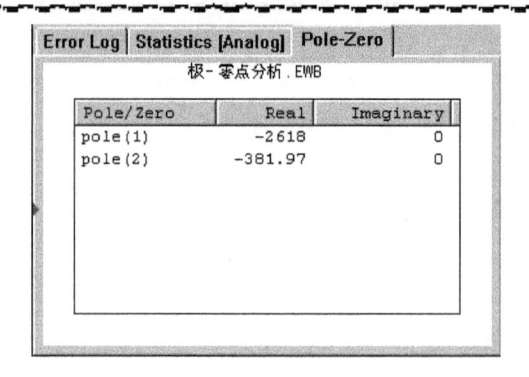

图 4.86 输出阻抗分析结果

4.4.10 传输函数分析（Transfer Function Analysis）

传输函数分析是在交流小信号条件下，计算电路中由用户指定的作为输出变量的两节点之间的电压或一个输入源和一个输出电流变量之间的传递函数。传递函数分析也将计算出相应电路的输入阻抗值和输出阻抗值。在进行分析前，应计算直流工作点，然后进行分析。注意：输入源必须是独立源。

1. 传输函数分析步骤

1）在电子工作台上搭建电路，并显示节点，确定电路的输入源和输出电压变量对应的输出节点。

2）选择"Analysis"菜单中"Transfer Function Analysis"项，打开如图 4.87 所示的对话框，设置参数。

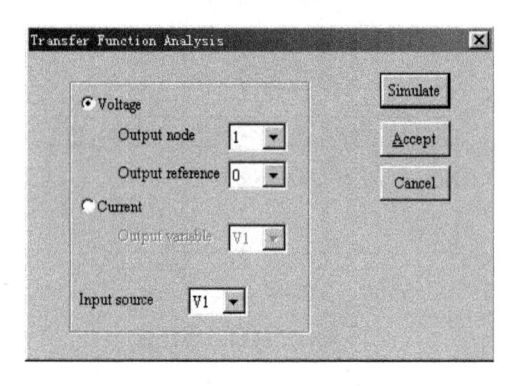

图 4.87 "Transfer Function Analysis"对话框

对话框中参数的含义如下。

Voltage：选择电压。默认设置：选用。

Output node：待分析电压变量对应的节点。默认设置：1。

Output reference：参考电压点。默认设置：0。

Current：选择电流。默认设置：不选用。

Output variable：输出变量。

Input source：输入源。必须是独立源。默认设置：V1。

3）单击"Simulate"按钮开始分析，按"Esc"键停止分析。

2. 应用举例

对如图 4.82 所示电路进行传输函数分析。分析结果如图 4.88 所示。

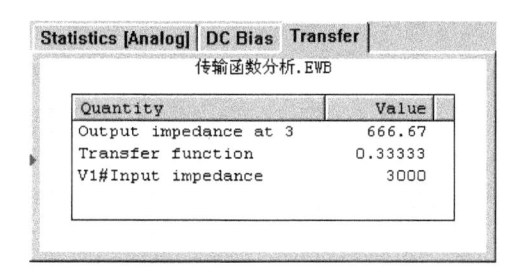

图 4.88 传输函数分析结果

4.4.11 直流和交流灵敏度分析（DC And AC Sensitivity Analysis）

灵敏度分析计算输出节点电压或电流对所有元件（直流灵敏度）或一个元件（交流灵敏度）的灵敏度。它可以帮助用户找出电路中对直流工作点影响最大的元件。目的是尽量减小电路对元件参数变化或温度漂移的敏感程度。EWB 提供了直流灵敏度与交流灵敏度的分析功能。直流灵敏度的仿真结果以数值的形式显示，交流灵敏度仿真的结果是绘出相应的曲线。

直流灵敏度分析时，一次可以得到某个节点电压或支路电流对电路中所有元件参数变化的灵敏度，交流灵敏度分析时，一次仅能分析一个元件参数变化的影响程度。

进行灵敏度分析时，先进行电路直流工作点分析，再做灵敏度分析。交流分析是在交流小信号情况下进行的。

1. 直流、交流灵敏度分析的步骤

1）在电子工作台上搭建电路，并显示节点，确定需分析电路的源电流或节点电压。对输出电压可以选择电路输出的任一节点。对输出电流，必须选择源电流。

2）选择"Analysis"菜单中"Sensitivity"项，打开如图 4.89 所示的对话框，设置参数。

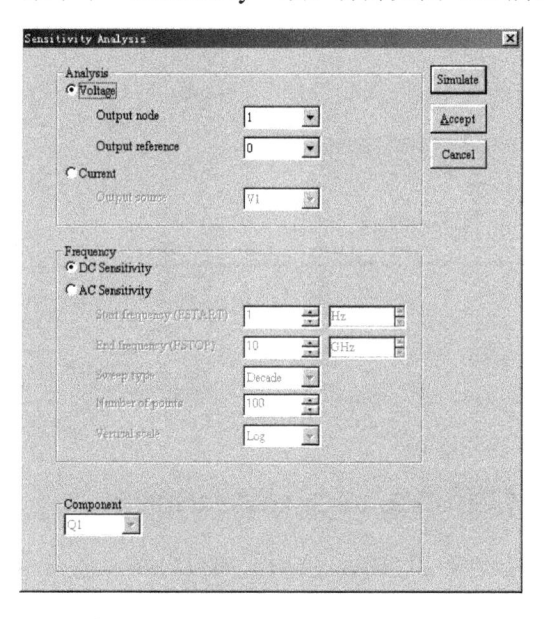

图 4.89 "Sensitivity Analysis"对话框

对话框中参数的含义如下。

Analysis：分析变量。有 Voltage、Current 两种。默认设置：Voltage。
Output node：待分析电压变量对应的节点。默认设置：1。
Output reference：参考电压点。默认设置：0。
Current：选择电流。
Output source：输出源。必须是独立源。
DC Sensitivity / AC Sensitivity：选择直流灵敏度或交流灵敏度分析。默认设置：DC Sensitivity。选择交流灵敏度分析时可以设置扫描频率的起始值、终值、扫描步长等参数。
Component：元件。在选择"AC Sensitivity"时的被测量元件的电压或电流的相对参数灵敏度。

3）单击"Simulate"按钮开始分析，按"Esc"键停止分析。

2. 应用举例

对如图 4.90 所示电路进行传输函数分析。直流灵敏度对节点 3 的分析结果如图 4.91 所示，图 4.92 所示为电容器 C_2 对节点 3 电压的交流灵敏度分析。

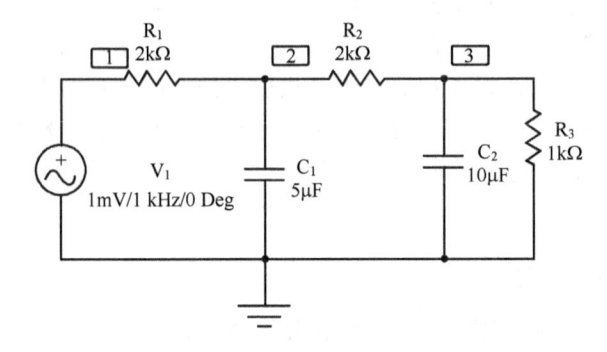

图 4.90 直流、交流灵敏度分析电路

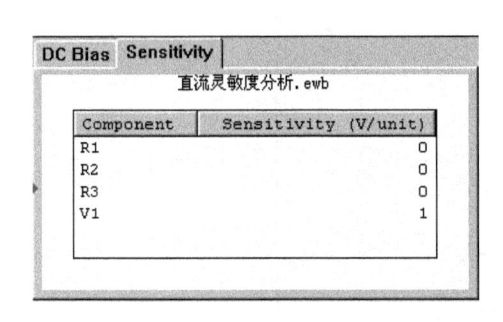

图 4.91 直流灵敏度分析结果

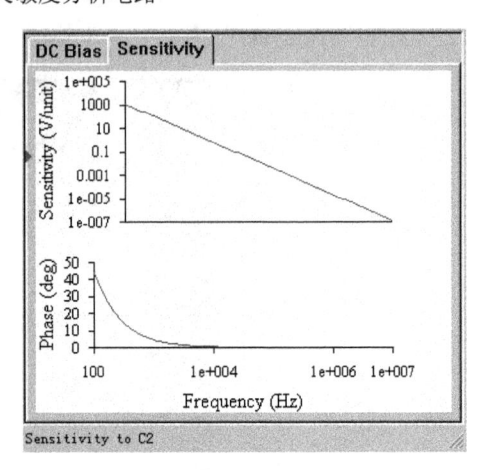

图 4.92 交流灵敏度分析结果

4.4.12 最坏情况分析（Worst Case Analysis）

最坏情况分析是一种统计分析方法，适用于模拟电路、直流和小信号电路的分析。它有助于电路设计者研究元件参数变化对电路性能的最坏影响。最坏情况分析相当于在容差范围内多次进行指定的分析，它可以用于电路的直流工作点、频率响应和瞬态分析。在 EWB 进行分析时，第一次允许采用元件的标称值，然后进行灵敏度分析，这样，可以计算出输出变量（电压或电流）相对于每个元件参数的灵敏度。只要获得所有的灵敏度参数，则可以进行最坏情况分析。

1. 最坏情况分析步骤

1）在电子工作台上搭建电路，并显示节点，确定需分析的节点。

2）选择"Analysis"菜单中"Worst Case"项，打开如图 4.93 所示的对话框，设置参数。

图 4.93 "Worst Case Analysis"对话框

对话框中参数的含义如下。

Tolerance：容差（被分析元件的变化值）。默认设置：5%。

Collating function：比较函数。在选择直流工作点，只能选择"Max voltage"或"Min voltage"。只有选择"AC Frequency Analysis"时，还可以选择"Frequency at max"、"Frequency at min"、"Rise edge frequency"、"Fall edge frequency"。默认设置：Max voltage。

Output node：需分析的节点。

Sweep for：扫描类型。有 DC Operating Point 和 AC Frequency Analysis 两种。进行交流频率分析时，单击"Set AC operations"按钮，打开对话框进行参数设置。

3）单击"Simulate"按钮开始分析，按"Esc"键停止分析。

2. 应用举例

对如图 4.90 所示电路进行最坏情况分析。容差为 5%条件下，分析节点 3。直流工作点分析结果如图 4.94 所示，图 4.95 所示为交流频率分析。

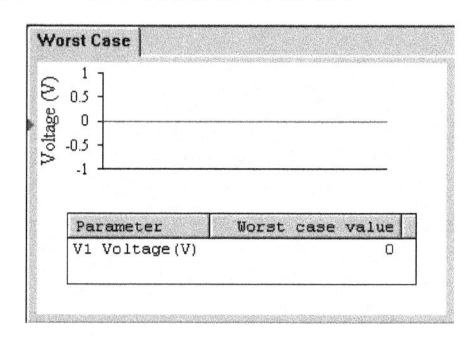

图 4.94 直流工作点分析结果

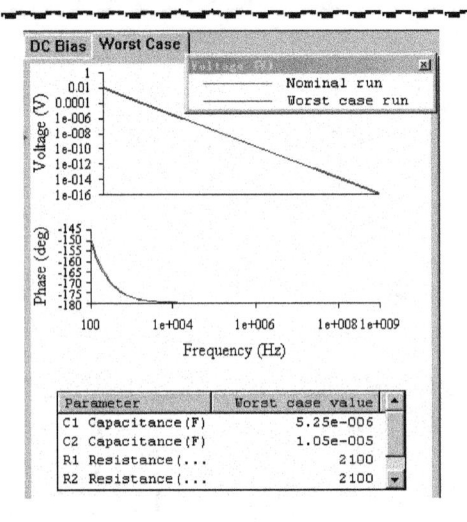

图 4.95 交流频率分析结果

4.4.13 蒙特卡罗分析（Monte Carlo Analysis）

蒙特卡罗分析方法是观察电路中的元件参数，按照给定的误差分布类型，在一定的数值范围内变化时对电路特性的影响。它可以预测电路在批量生产时的合格率和生产成本。

蒙特卡罗分析是一种统计分析方法，在做该分析时，要进行多次仿真分析，每一次元件参数都在指定的容差范围内，按照指定容差分布随机取值。第一次运行仿真软件是按元件的标称值进行的，其余各次运行则将设置标准偏差 σ 值随机地加到标称值中或从标称值中减掉，该 σ 值可以是标准容差内的任意数值。

蒙特卡罗分析有两种容差分布函数即均匀分布和高斯分布。均匀分布是元件参数值在其误差范围内以相等的概率出现，所以又称线性分布。高斯分布较为复杂这里不做介绍。

1. 蒙特卡罗分析步骤

1) 在电子工作台上搭建电路，并显示节点，确定需分析的节点。
2) 选择"Analysis"菜单中"Monte Carlo"项，打开如图 4.96 所示的对话框，设置参数。

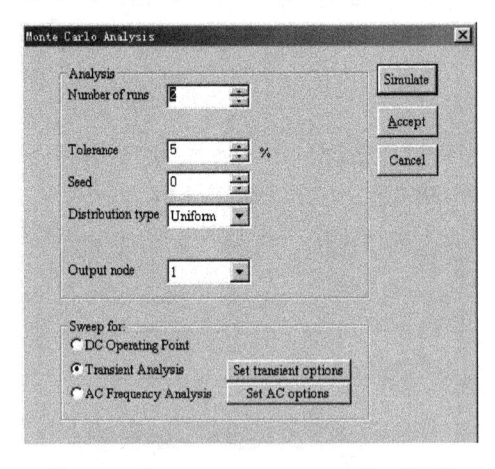

图 4.96 "Monte Carlo Analysis" 对话框

对话框中参数的含义如下。

Number of runs：分析次数，必须大于等于 2。

Tolerance：容差。默认设置：5%。

Distribution type：分布类型。有均匀分布和高斯分布两种类型。默认设置：Uniform（均匀分布）。

Output node：需分析节点。

Sweep for：其有 DC Operation Point / Transient Analysis / AC Frequency Analysis 三种形式供用户选择，选择瞬态分析和交流频率分析时，单击右侧响应的按钮进行必要的参数设置，设置方法与前面介绍的相同。

3）单击"Simulate"按钮开始分析，按"Esc"键停止分析。

2．应用举例

对如图 4.90 所示电路进行最坏情况分析。容差为 5%条件下，对节点 3 进行分析。直流工作点分析结果如图 4.97 所示，图 4.98 所示为瞬态分析，图 4.99 为交流频率分析。

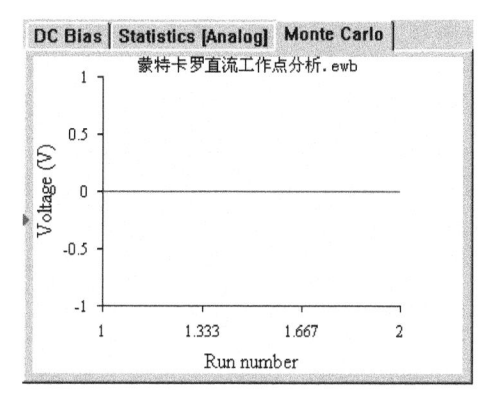

图 4.97　Monte Carlo 直流工作点分析结果

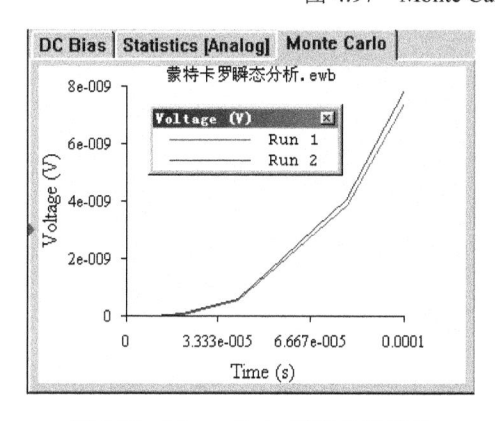

图 4.98　Monte Carlo 瞬态分析结果

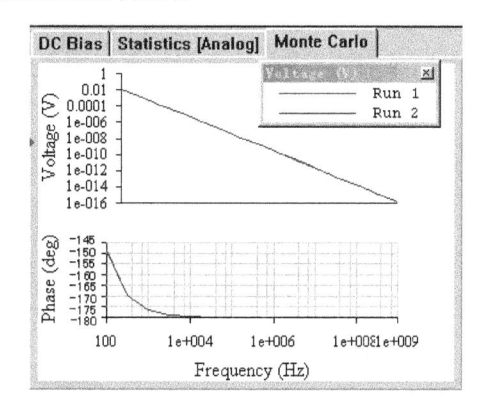

图 4.99　Monte Carlo 交流频率分析结果

4.5　基本电路的分析与设计

本节通过一些实际模拟电路与数字电路的分析与设计运用，使读者掌握 EWB 软件的使用方法，介绍了单级放大电路、两级放大电路、负反馈放大电路、译码器电路和触发器电路的分析与设计技术。

4.5.1 单级共发射极放大电路的设计与分析

1. 单级共发射极放大电路工作原理

（1）静态工作点的设置对放大电路性能的影响

放大电路的主要任务是不失真地放大信号，而完成这一任务的首要条件就是合理地选择晶体管的静态工作点。为了保证输出最大动态范围而又不失真，往往把静态工作点设置在交流负载线的中点，静态工作点设置得偏高或偏低，在输入信号较大时会造成输出信号的饱和失真或截止失真。对于小的输入信号，因为输出信号的动态范围较小，所以失真不是主要问题，而要重点考虑降低噪声和减小直流损耗，因此静态工作点要设置在靠近截止区。总之，静态工作点要根据电路的实际需要来设置。

（2）常用的偏置电路和静态工作点的估算方法

静态工作点的设置是由偏置电路来完成的。常见的有两种，一种是固定基极电流电路，另一种是固定发射极电流电路。在固定基极电流电路中，当电源电压和电阻值一旦确定，电路的电压放大倍数与三极管的电流放大倍数 β 成正比。也就是说不同 β 值的晶体管在同一电路里电压放大倍数不一样。该类型的电路虽简单，但热稳定性差，一致性不好。

在固定发射极电流电路中，克服了上述的不足，在此以图 4.100 所示的分压式偏置放大电路为例。

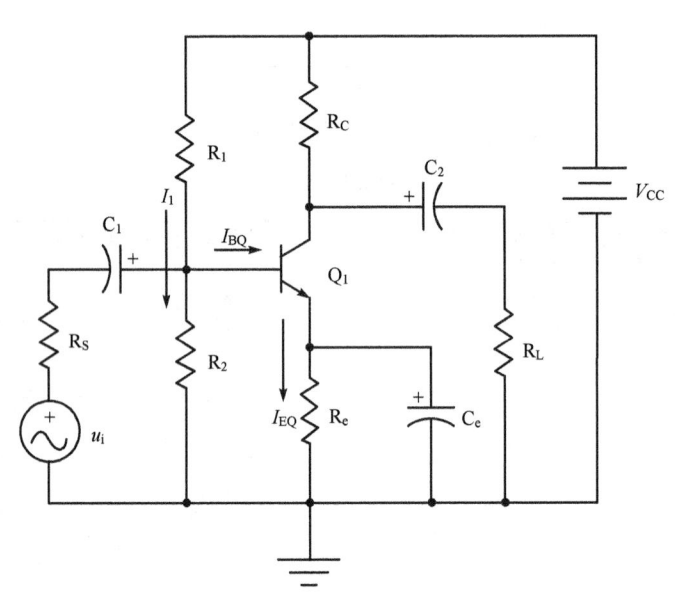

图 4.100 分压式偏置放大电路

选择 R_1 和 R_2 为合适值，静态时流过 R_1、R_2 的电流 $I_1 \gg I_{BQ}$ 一般选

$$I_1 = (10\sim20)I_{BQ}$$

就可以近似地认为基极电位由下式决定

$$V_B \approx \frac{R_2}{R_1+R_2}V_{CC}$$

在此条件下，当温度上升，I_C（I_E）将增加，由于 I_E 的增加，在 R_e 上产生的压降 $I_E R_e$ 也

要增加，$I_E R_e$ 的增加部分回送到基极—发射极去控制 V_{BE}，使外加于管子的 V_{BE} 减小（因为 $V_{BE}=V_B-I_E R_e$，而 V_B 又被 R_1 和 R_2 所固定），由于 V_{BE} 的减小使 I_B 自动减小，结果牵制了 I_C 的增加，从而使 I_C 基本恒定。

$$I_{EQ} = \frac{V_B - V_{BE}}{R_e} \qquad (V_{BE}=0.7\text{V})$$

$$V_{CEQ}=V_{CC}-I_{EQ}(R_C + R_e)$$

只要 R_1、R_2、R_e、V_{CC} 固定不变，则 I_{EQ} 是一个常数，与温度和晶体管的 β 值无关。
电压放大倍数

$$A_u = -\frac{\beta R_L'}{r_{be}} \quad (R_L' = R_C // R_L)$$

$$r_{be} = 300 + (\beta+1)\frac{26}{I_{EQ}}$$

电路容易满足 $(\beta+1)\dfrac{26}{I_{EQ}} \gg 300$，可得

$$r_{be} = (\beta+1)\frac{26}{I_{EQ}}$$

将上式代入 A_u 的公式，得到

$$A_u \approx -\frac{R_L' I_{EQ}}{26}$$

由此可知，固定射极电流偏置电路的电压放大倍数与晶体管的 β 值无关，却与静态电流 I_{EQ} 成正比。该电路的一致性和温度稳定性都很好，所以它是一种最常用的偏置电路。

输入电阻：$r_i = R_1 // R_2 // r_{be}$。

输出电阻：$r_o = R_c$。

2．单级共发射极放大电路设计

已知条件：$V_{CC}=+12\text{V}$，$R_L=2\text{k}\Omega$，$V_i=5\text{mV}$，频率 $f=1\text{kHz}$，信号源内阻 $R_s=50\Omega$，要求电路稳定性好，电压放大倍数 $A_u>30$，输入电阻 $R_i>2\text{k}\Omega$，输出电阻 $R_o<3\text{k}\Omega$，$f_L<30\text{Hz}$，$f_H>500\text{kHz}$。

（1）选择电路形式

因为要求电路的稳定性好，所以选择分压式偏置放大电路，如图 4.100 所示。

（2）选择晶体管

选用双极型晶体管 2N5769，$\beta=80$。

（3）设置静态工作点并计算元件参数

由于是小信号放大器，所以采用公式法设置静态工作点 Q，计算如下：

要求 R_i（$R_i \approx r_{be}$）$>2\text{k}\Omega$，根据公式 $r_{be}=300+(\beta+1)\times 26/I_{EQ}$，$I_{EQ} \approx I_{CQ}$

$$I_{EQ} < \frac{26\beta}{2000-300}\text{mA} = 1.2\text{mA}$$

如果取 $I_{CQ}=1\text{mA}$，$V_B=1/4 V_{CC}=3\text{V}$

$$R_E \approx \frac{V_B - V_{BE}}{I_{CQ}} = \frac{3 - 0.7}{1 \times 10^{-3}} = 2.3\text{k}\Omega$$

$$R_2 = \frac{V_{BQ}}{(5 \sim 10)I_{CQ}}\beta = \frac{3 \times 80}{10 \times 10^{-3}} = 24\text{k}\Omega$$

$$R_1 = \frac{V_{CC} - V_{BQ}}{V_{BQ}}R_2 = \frac{12 - 3}{3} \times 24 = 72\text{k}\Omega$$

为了静态工作点调试方便，R_1 由 30kΩ的电阻与 100kΩ可变电阻器串联使用。取用上述参数后，r_{be}=2.38kΩ。

由于电路电压放大倍数 $A_u = -\dfrac{\beta R_L^{'}}{r_{be}}$

$$R_L^{'} = \frac{A_u r_{be}}{\beta} = \frac{30 \times 2.38}{80} = 0.9\text{k}\Omega$$

$$R_c = \frac{R_L^{'} R_L}{R_L - R_L^{'}} = \frac{0.9 \times 2}{2 - 0.9} = 1.6\text{k}\Omega$$

取 R_c=2kΩ。

根据经验，一般隔直电容值几到几十微法即可，旁路电容取值在几十到几百微法。因此，取 C_1=C_2=10μF，C_e=100μF。电路如图 4.101 所示。

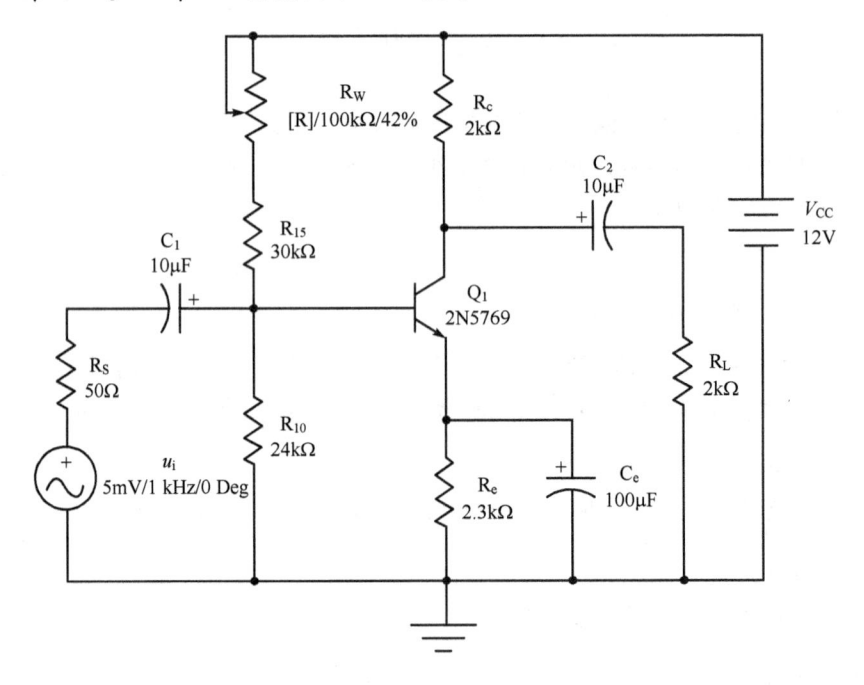

图 4.101 分压式共射放大电路

3. 单级共发射极放大电路分析

（1）静态工作点的调试与分析

测试电路如图 4.102 所示。

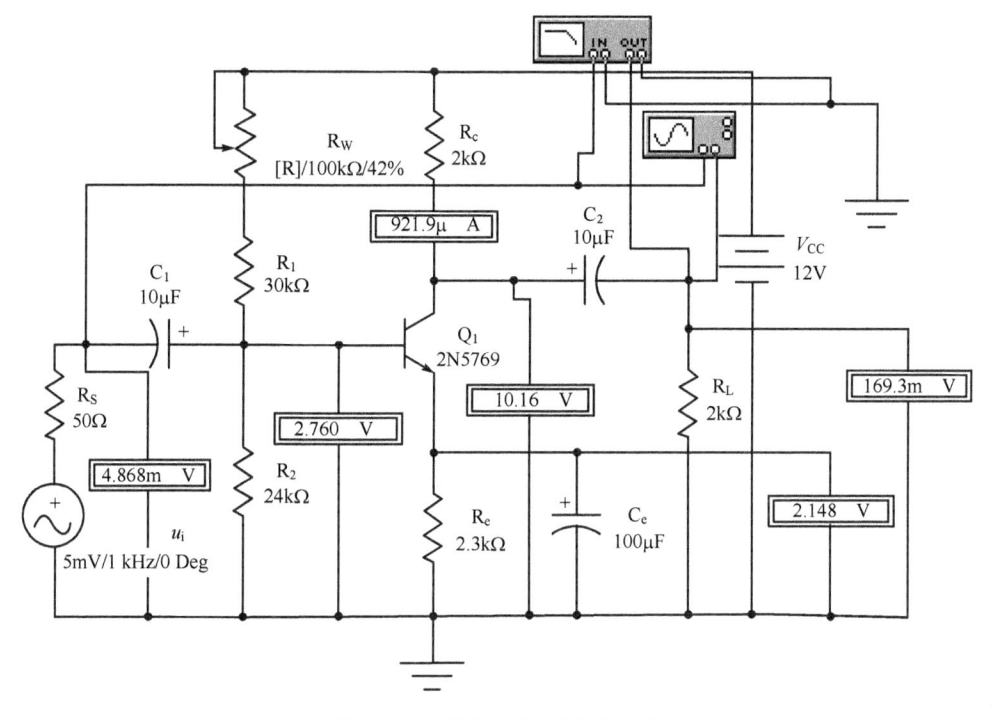

图 4.102 静态工作点测试电路

直流工作点：V_C=10.16V，V_B=2.76V，V_{CEQ}=8V，I_{CQ}=0.92mA。

电压放大倍数 A_u=34，f_H 满足要求，f_L=68Hz，从如图 4.103 所示的波形图上可以看出有失真，需调整工作点。在图 4.104 中可以得知下限截止频率不满足要求。

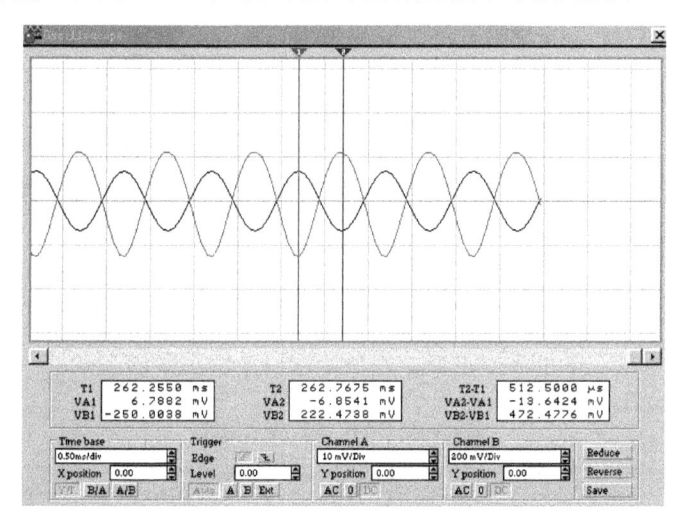

图 4.103 输入、输出波形

（2）解决方法

适当增加 I_{CQ} 值，输出波形失真有所改善，但不彻底。因此，在发射极串接电阻 R_f，如图 4.105 所示，展宽了通频带同时放大倍数降低，f_L 还不满足要求。利用 EWB 的参数扫描功能对电容器进行扫描后发现 C_1、C_2 在 10~50μF 范围内，f_L 变化不大，增大电容 C_e 到 200μF，通频带如图 4.106、4.107 所示，下限截止频率 f_L 得到了满足。

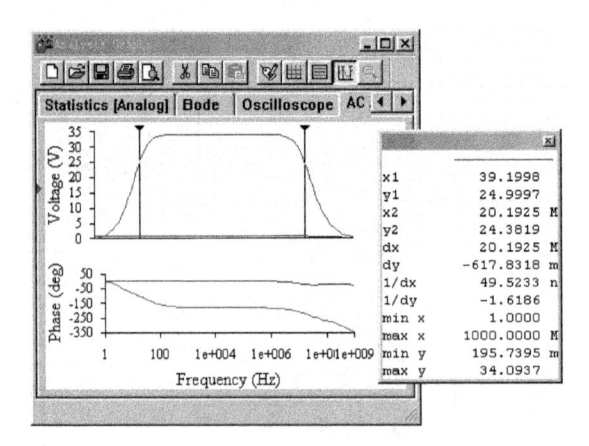

图 4.104 AC 分析结果

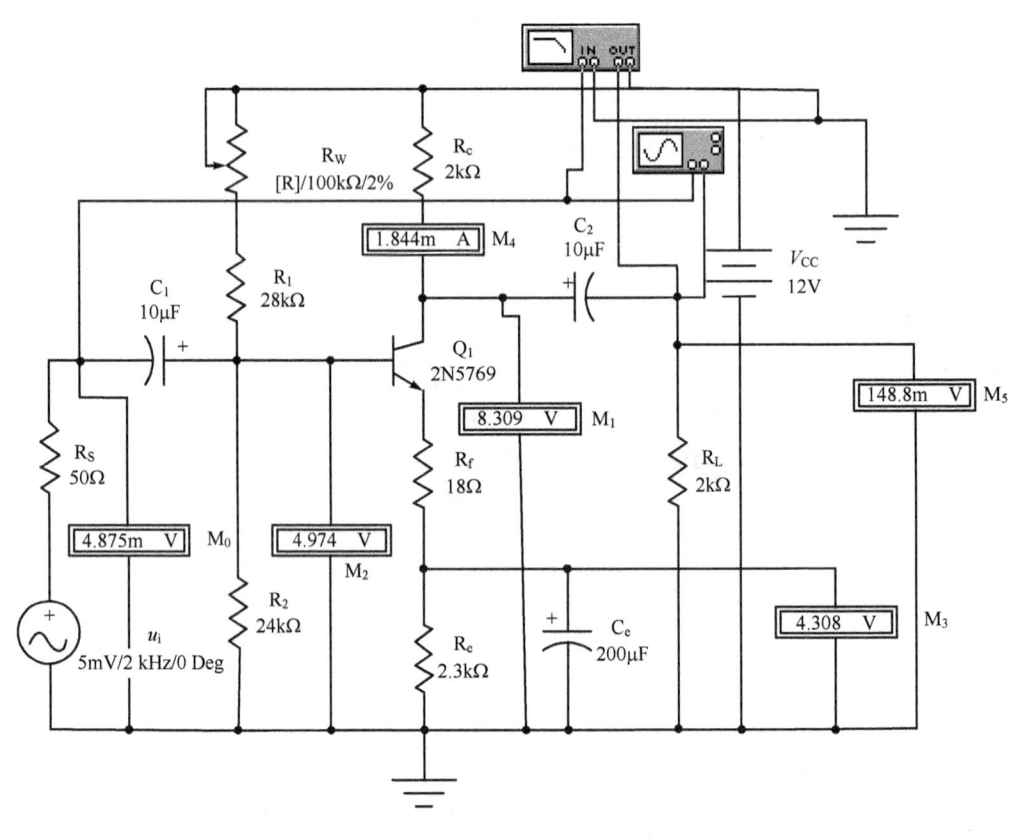

图 4.105 带反馈的放大电路

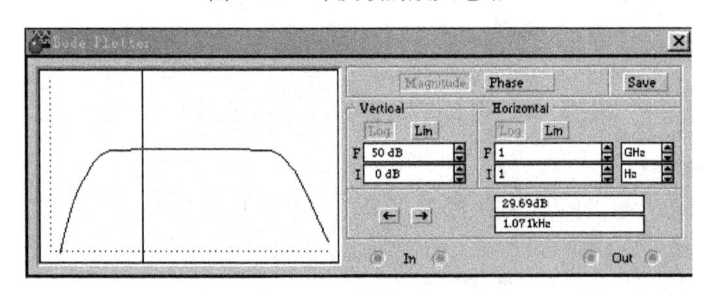

图 4.106 增加反馈后幅频特性 1

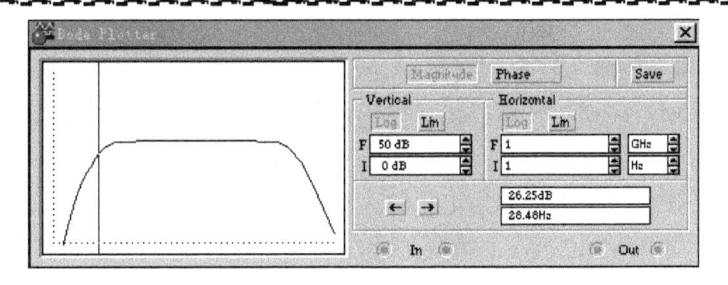

图 4.107 增加反馈后幅频特性 2

输出电阻的测量如图 4.108 所示。

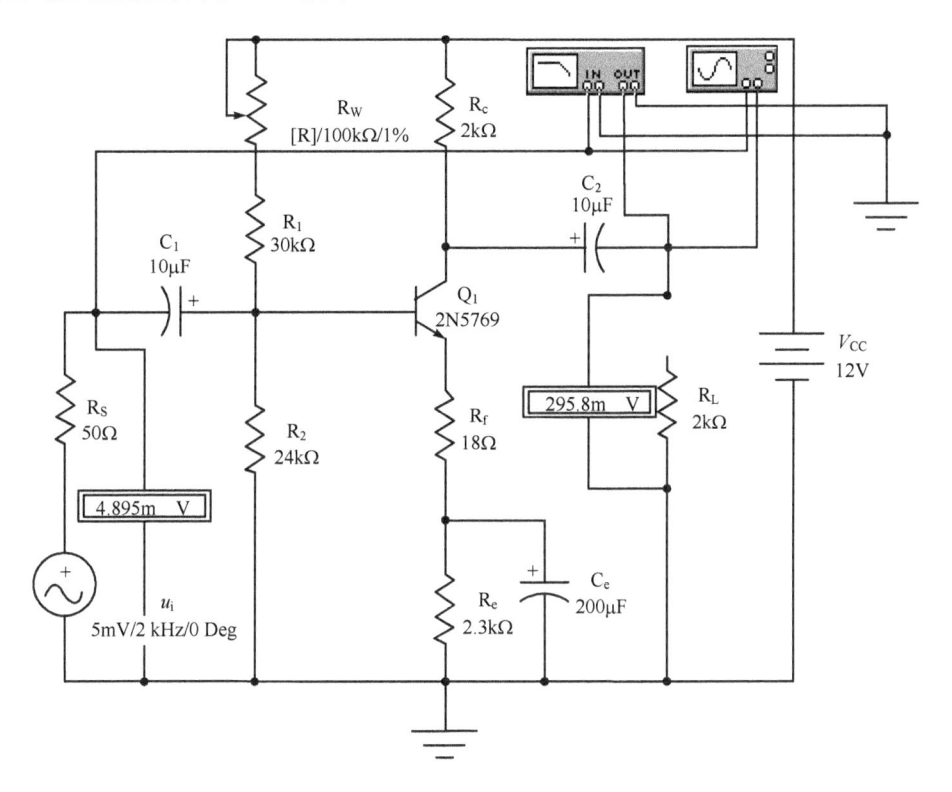

图 4.108 输出电阻的测量

输出电阻 $R_o=(295.8-148.8)/148.8\times 2=1.97\text{k}\Omega$。

电压放大倍数为 30.5。

4.5.2 两级放大电路

几乎在所有情况下,放大器的输入信号都很微弱,一般为毫伏或微伏级,输入功率常在 1mW 以下,为推动负载工作,必须由多级放大电路对微弱信号进行连续放大,在输出端才能获得必要的电压幅度或足够的功率。在多级放大电路中,每两个单级放大电路之间的连接方式称为耦合。常用的级间耦合有阻容耦合、直接耦合和变压器耦合三种方式。直接耦合方式的优点是低频特性好,易于集成化,但存在着各级间静态工作点相互影响,零点漂移现象。变压器耦合在放大电路中的应用目前逐渐减少,所以下面以阻容耦合放大器为例进行讨论。

1. 两级放大电路静态工作点的设置

为了提高电压增益或输出功率，需要两级放大电路。第一级称为前置级，它的任务主要是接收信号，并与信号源进行阻抗匹配。因为整机的噪声主要来源于第一级，所以第一级的静态工作点选择得较低。第二级称为电压放大级，主要是提高输出电压，因此要求动态范围大，静态工作点应选择得高一点，一般在交流负载线的中点。

2. 两级放大电路的仿真分析与计算

1）建立如图 4.109 所示的电路图。

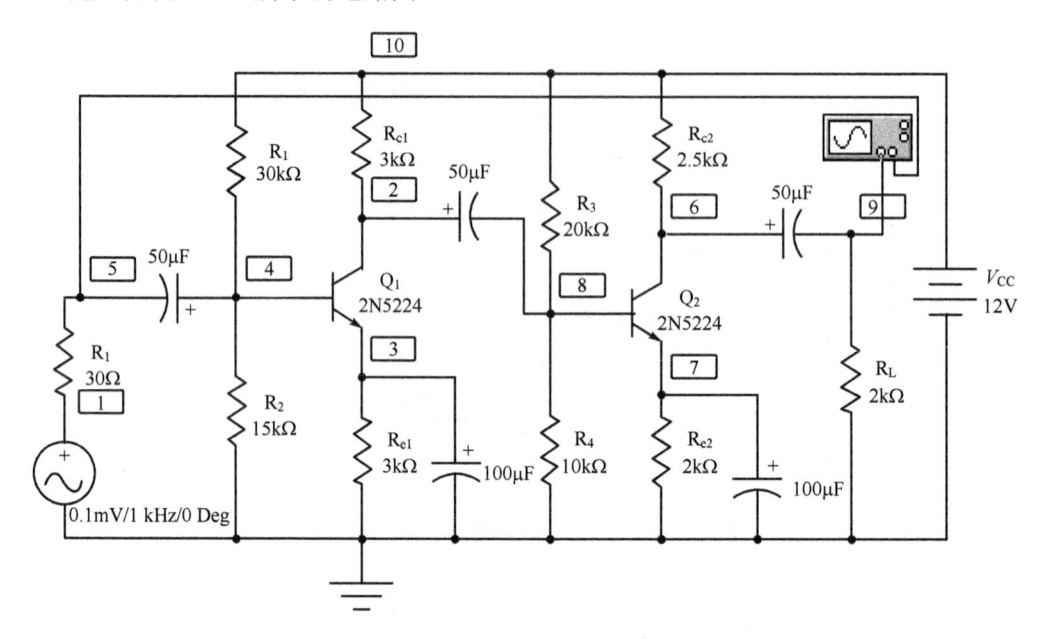

图 4.109　两级放大电路

2）根据图示参数计算各级静态工作点。

第一级：

$$V_{B1} = \frac{V_{CC} R_2}{R_1 + R_2} = \frac{12}{30+15} \times 15 = 4\text{V}$$

$$I_{EQ1} = \frac{V_{B1} - V_{BE1}}{R_{e1}} = \frac{4 - 0.7}{3} \approx 1.1\text{mA}$$

$$V_{CE1} = V_{CC} - I_{E1}(R_{c1} + R_{e1}) = 12 - 1.1(3+3) = 5.4\text{V}$$

第二级：

$$V_{B2} = \frac{V_{CC} R_4}{R_3 + R_4} = \frac{12}{20+10} \times 10 = 4\text{V}$$

$$I_{EQ2} = \frac{V_{B2} - V_{BE2}}{R_{e2}} = \frac{4 - 0.7}{2} \approx 1.65\text{mA}$$

$$V_{CE2} = V_{CC} - I_{E2}(R_{C2} + R_{e2}) = 12 - 1.65(2.5+2) = 4.575\text{V}$$

仿真测试如图 4.110 所示，分析结果如图 4.111 所示。

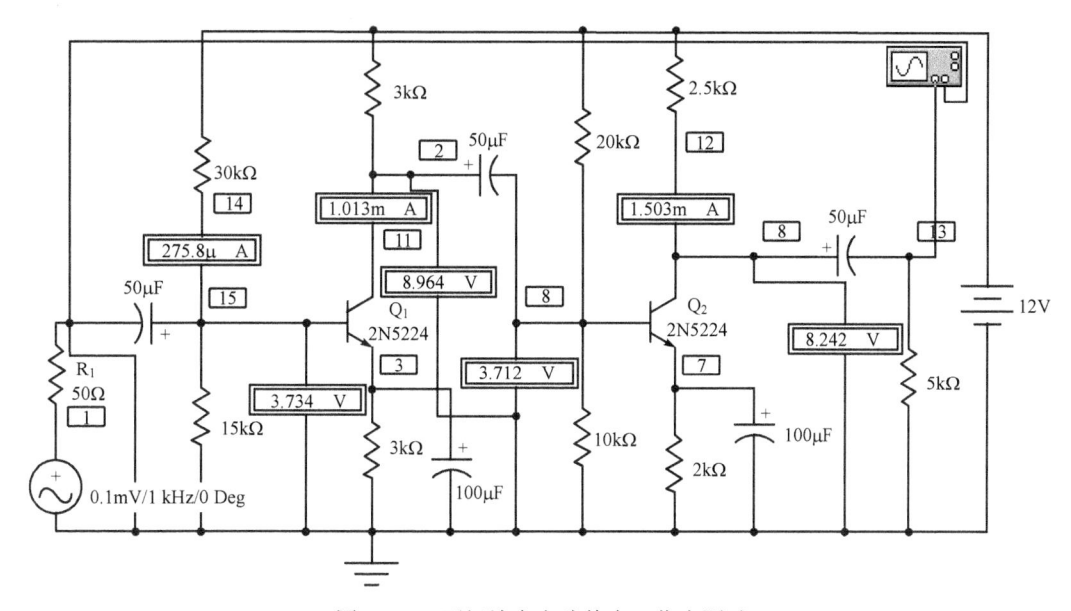

图 4.110 两级放大电路静态工作点测试

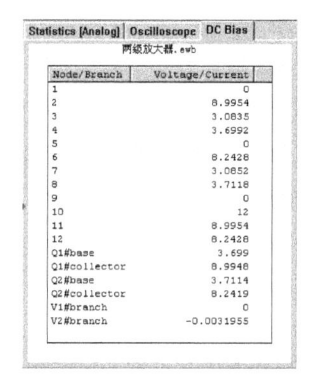

图 4.111 图 4.109 电路的 DC 分析结果

3）电压放大倍数测试如图 4.112 所示。

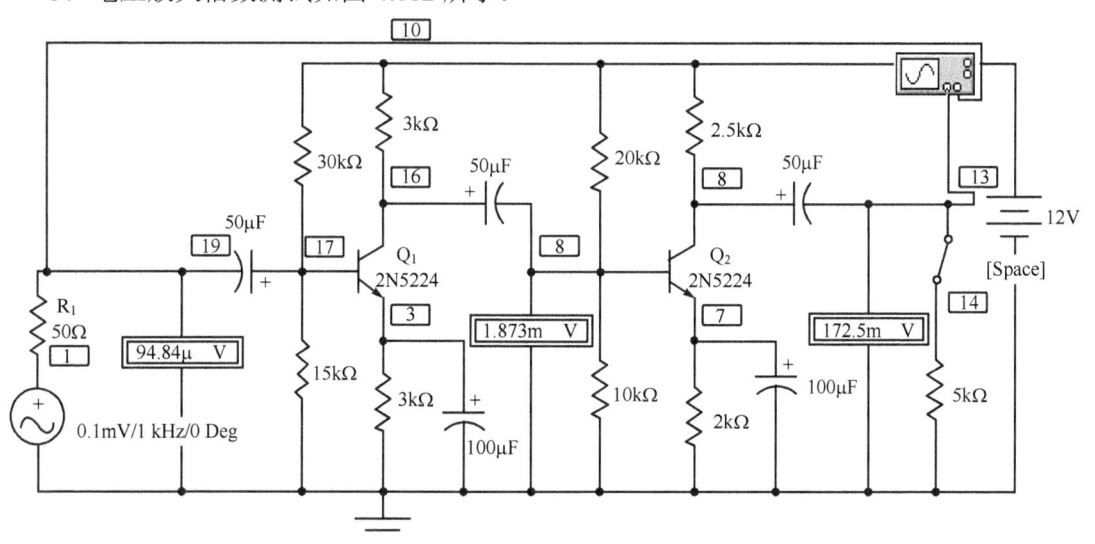

图 4.112 电压放大倍数测试电路

由电压表读数知电压放大倍数近似为 1810。

4) 两级放大电路的输入、输出波形如图 4.113 所示。

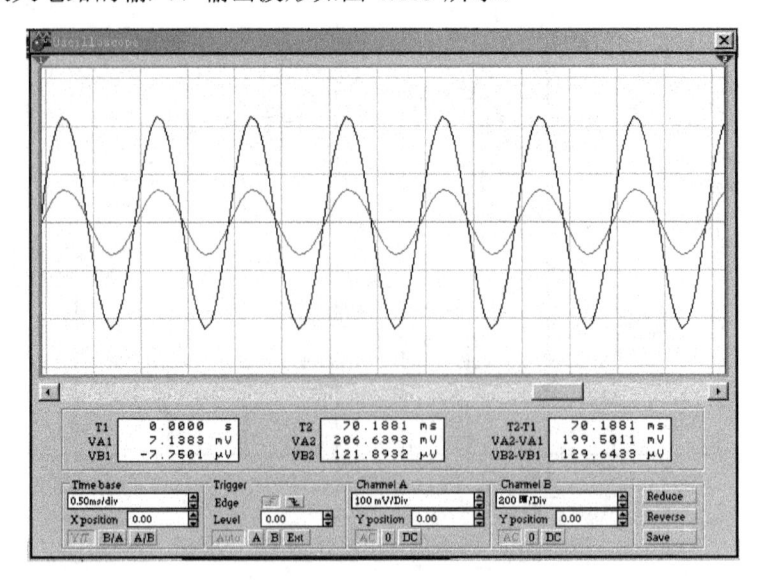

图 4.113 输入、输出电压波形

5) 输入阻抗测试如图 4.114 所示。

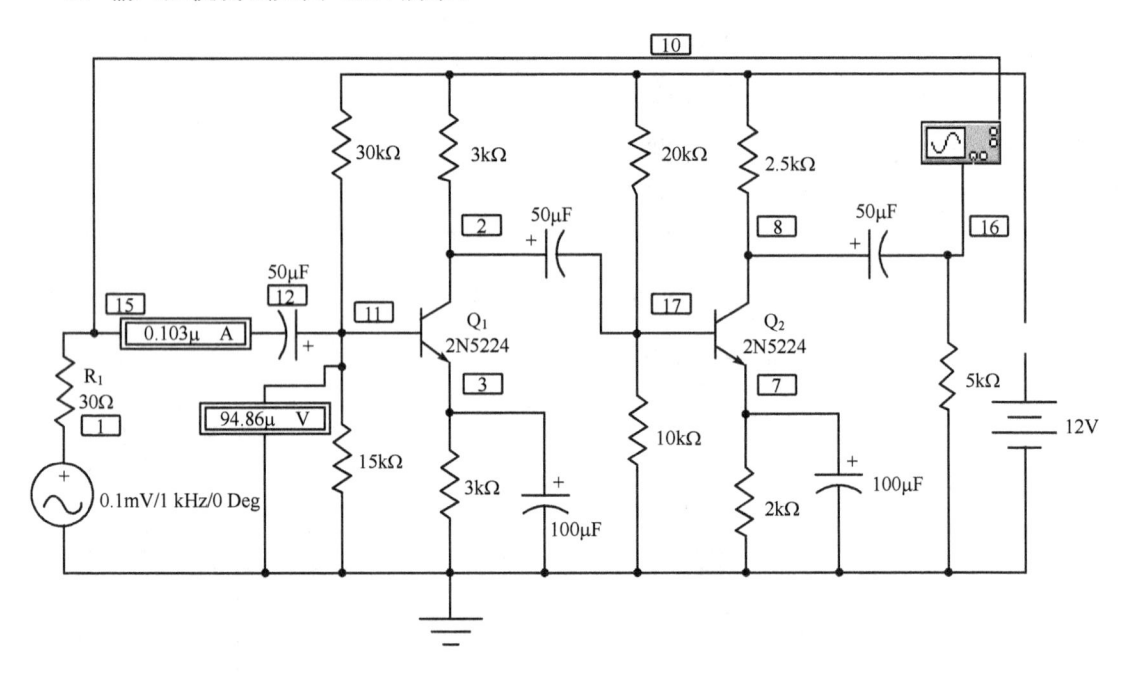

图 4.114 输入阻抗测试电路

输入阻抗 $R_i = 94.86 \times 10^{-6} / (0.103 \times 10^{-6}) = 920\Omega$。

6) 输出阻抗测试如图 4.115 所示。

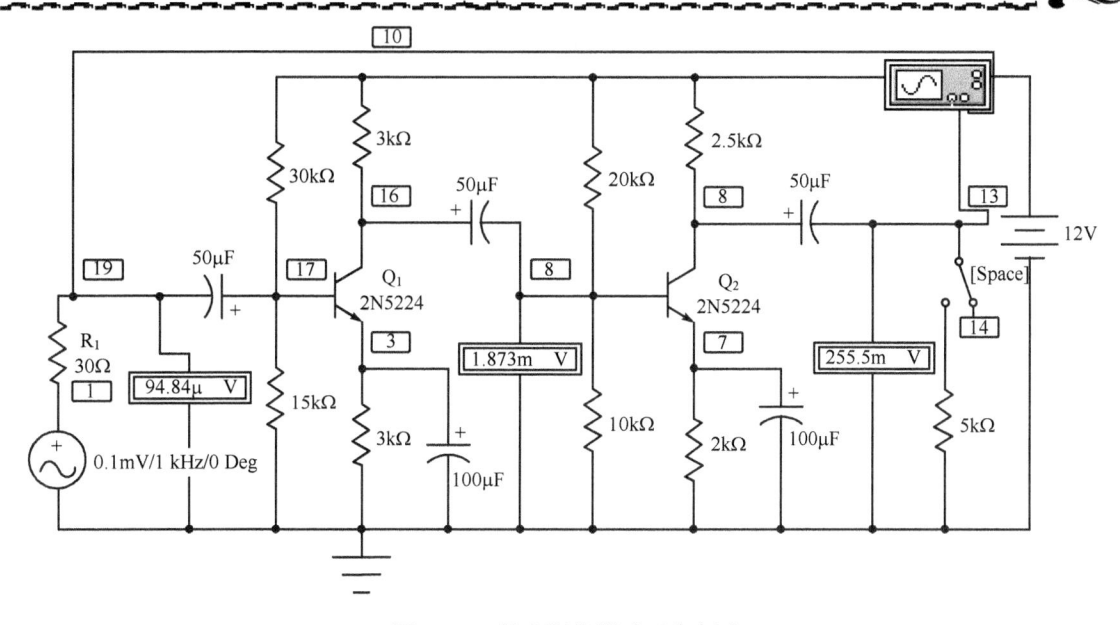

图 4.115 输出阻抗测试开路电压

输出电阻 $R_o = (V_o'/V_o - 1) R_L = (255/172.5 - 1) \times 5 = 2.39\text{k}\Omega$。

7) 交流频率分析如图 4.116 所示。

8) 瞬态分析如图 4.117 所示。

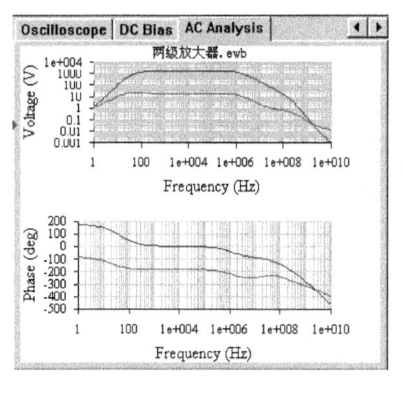

图 4.116 交流频率分析　　　图 4.117 瞬态分析

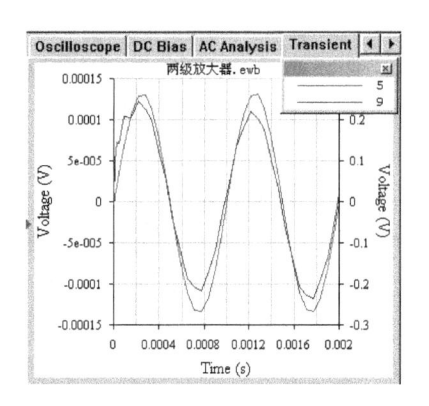

9) 傅里叶分析如图 4.118 所示。

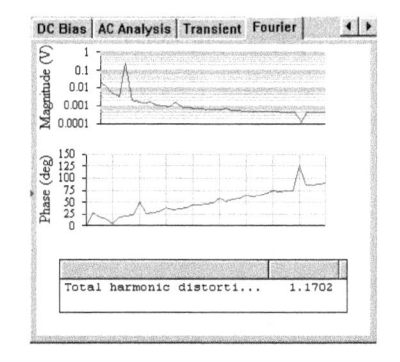

图 4.118 傅里叶分析

10）噪声分析如图 4.119 所示。

11）参数扫描分析如图 4.120 所示。

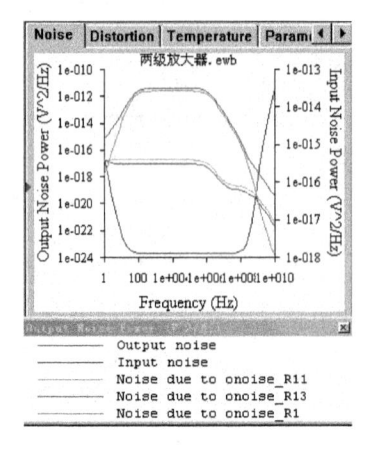

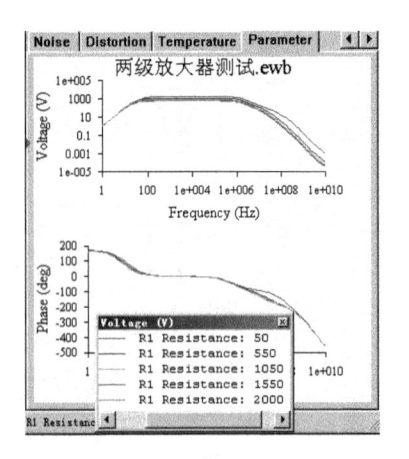

图 4.119　噪声分析　　　　　图 4.120　参数扫描分析

12）两级电压放大电路的通频带测试如图 4.121 所示。

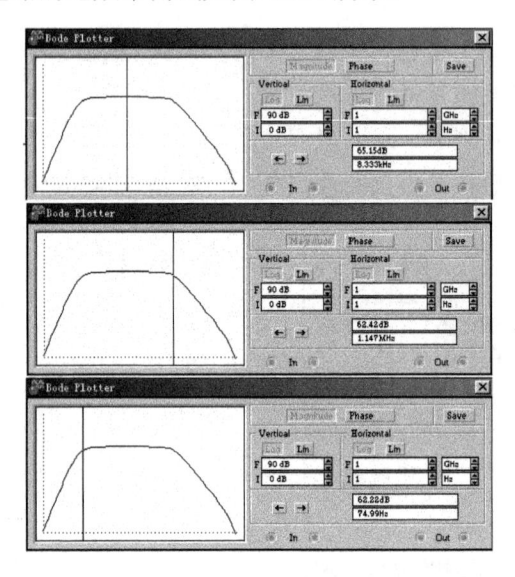

图 4.121　两级电压放大电路的通频带测试结果

将波特图仪接入电路中，选择终值 F 为 90dB，初值 I 为 0dB，水平轴的终值 F 为 1GHz，初值 I 为 1Hz，并且垂直轴与水平轴的坐标都设为对数方式（Log），观察测量结果如图 4.121 所示。电压放大倍数为 65.15dB。用右移箭头移动游标找出电压放大倍数下降 3dB 处所对应的两处频率：下限频率 f_L 和上限频率 f_H，这二者之差为电路的通频带。该电路的通频带约为 1.147MHz。

4.5.3　负反馈放大电路

反馈在科学技术领域中的应用很多，在电子线路中的负反馈应用也极为广泛，采用负反馈的目的是为了改善放大电路的工作性能，负反馈对放大电路的影响有：放大倍数稳定（同时放大倍数降低），增大或减小输入、输出电阻，展宽频带，降低噪声，减小非线性失真等，影响程度都与反馈深度有关。

负反馈放大电路的分析举例。建立如图 4.122 所示的负反馈放大电路。

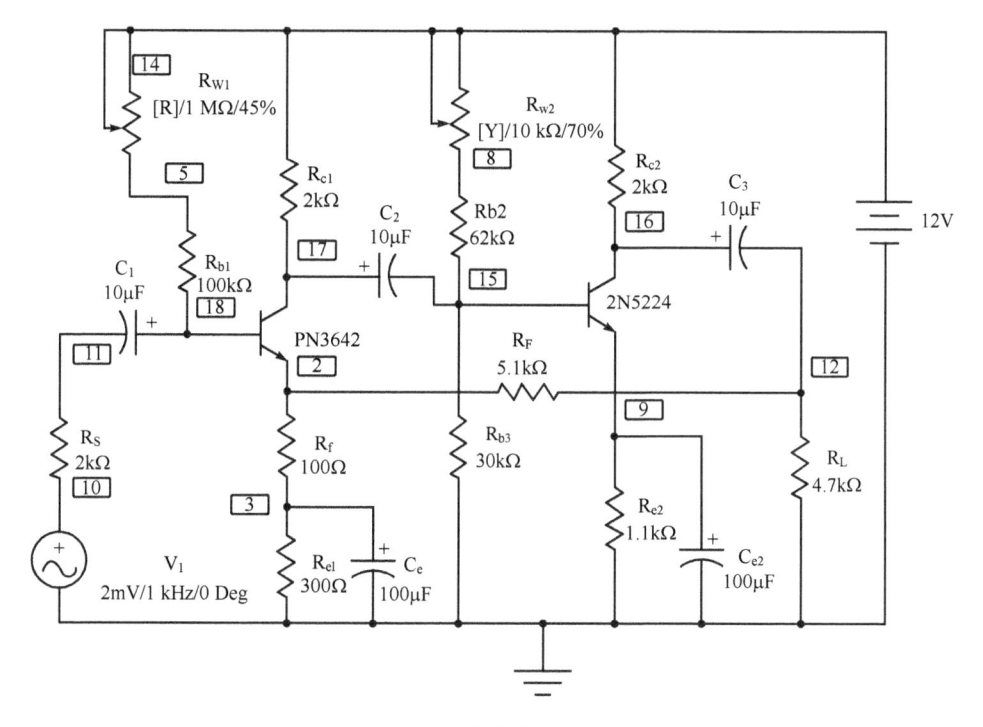

图 4.122　负反馈放大电路

1）调整和测试负反馈放大电路静态工作点电路如图 4.123 所示。

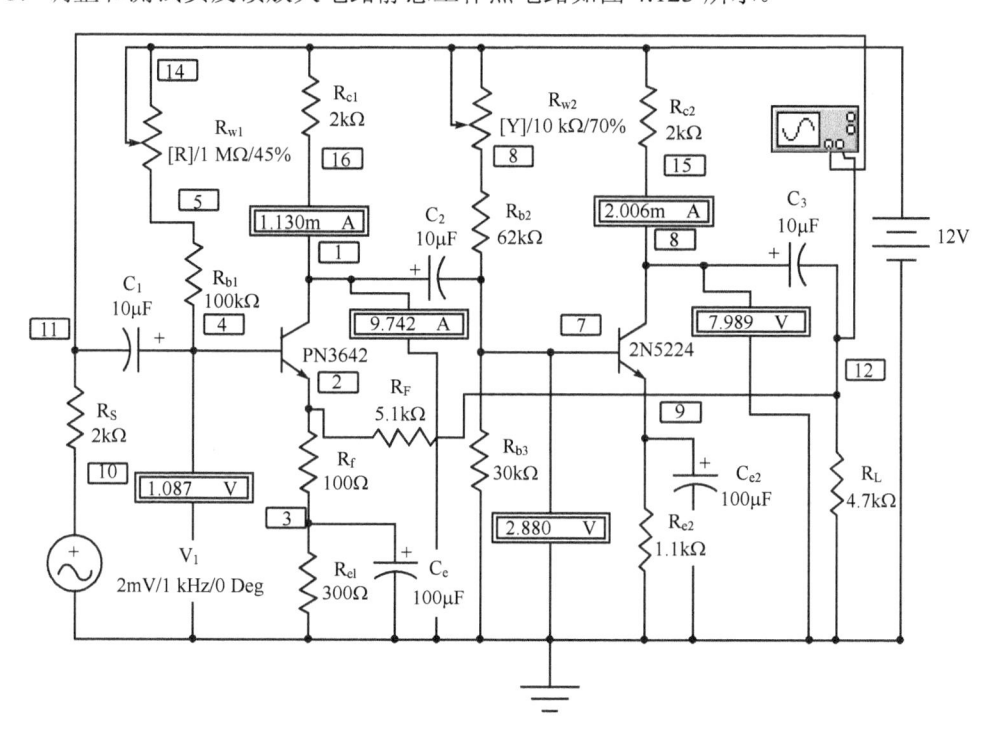

图 4.123　负反馈放大电路的静态工作点测试

2）用 EWB 分析对电路进行 DC 分析，结果如图 4.124 所示。

图 4.124　负反馈放大器的 DC 分析结果

3）研究负反馈放大器的电压放大倍数。测试电路如图 4.125、图 4.126 所示。

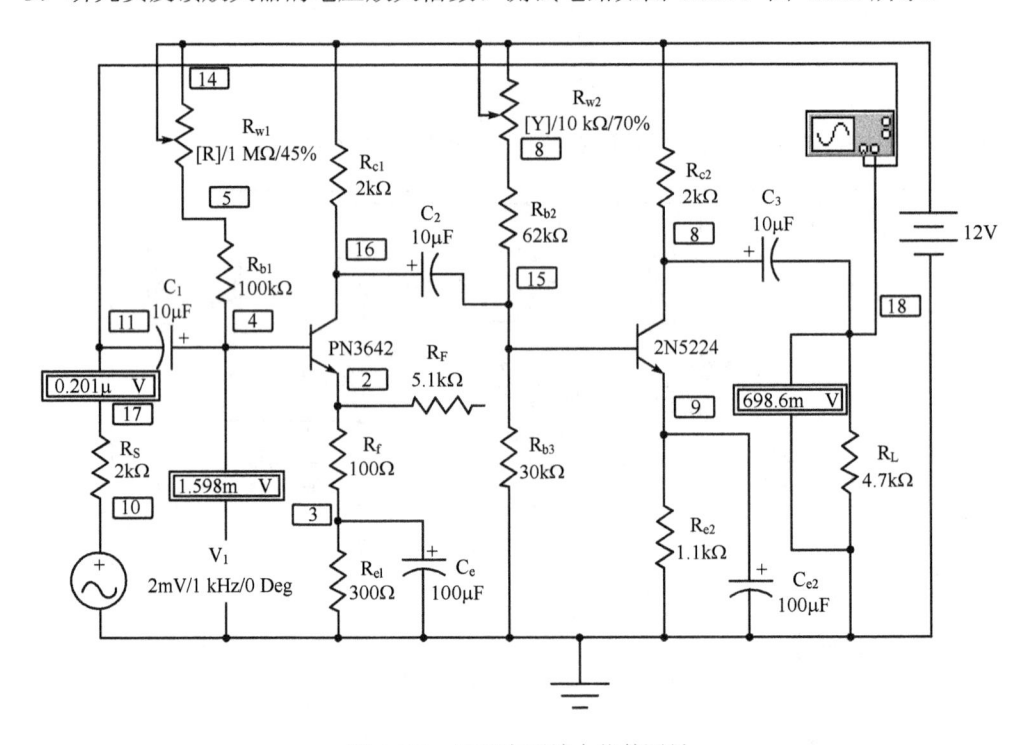

图 4.125　开环电压放大倍数测量

由图 4.125 和图 4.126 可知，开环电压放大倍数为 698.6/1.598＝437；闭环电压放大倍数为 87.37/1.927＝45，负反馈使电路的电压放大倍数降低了。

4）负反馈放大器的输入电阻、输出电阻所需测量电路如图 4.127、图 4.128、图 4.129 所示。

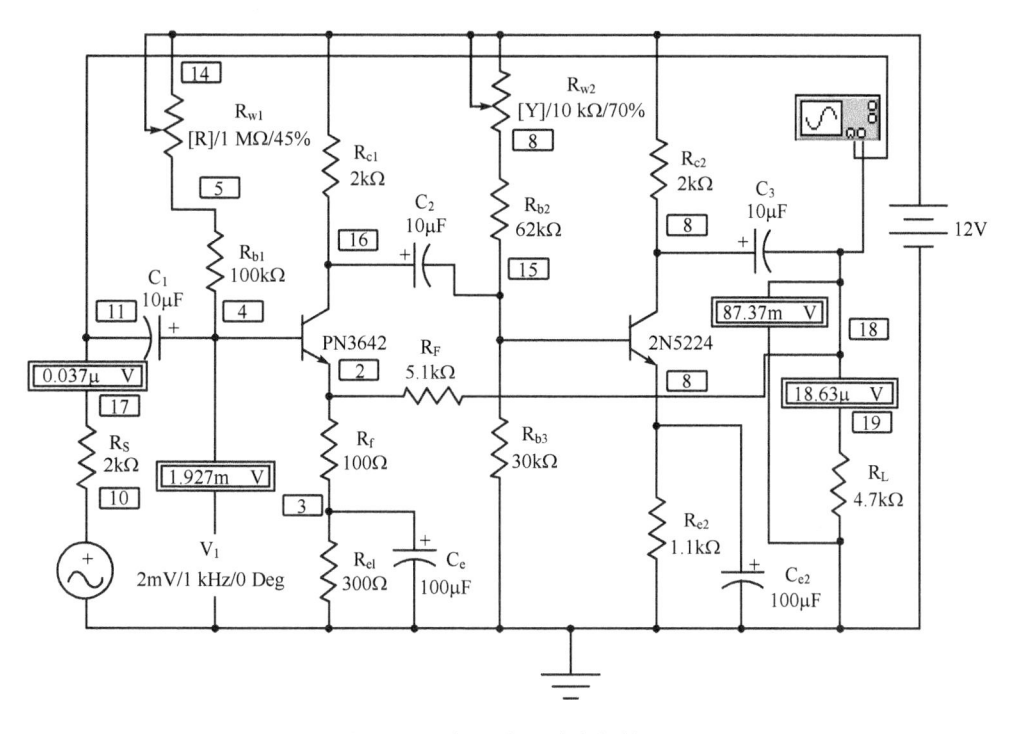

图 4.126　闭环电压放大倍数测量

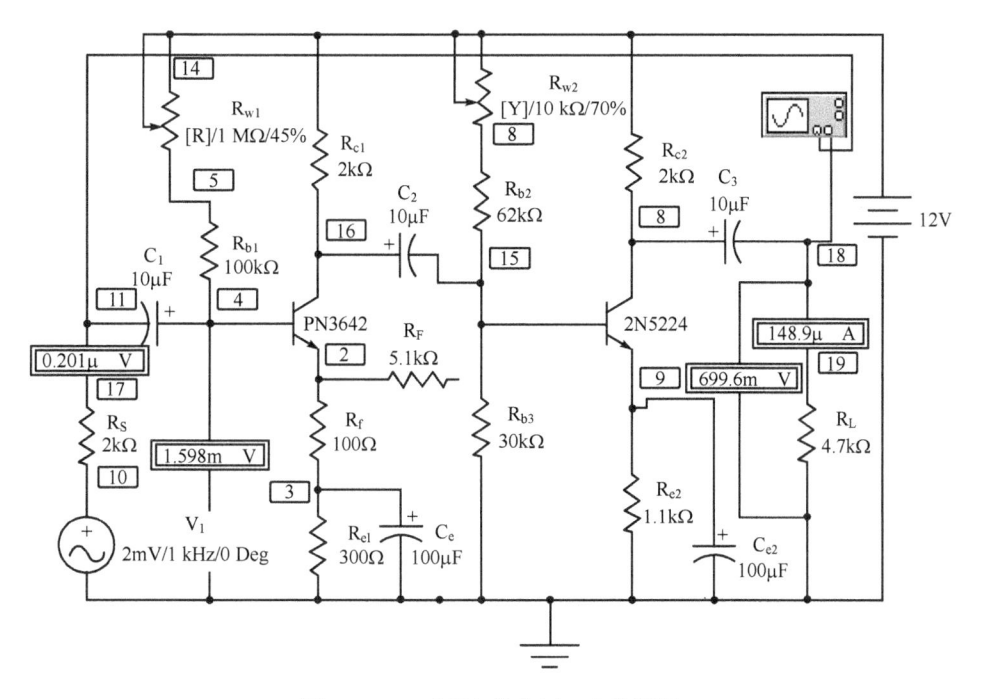

图 4.127　开环负载电压、电流测量

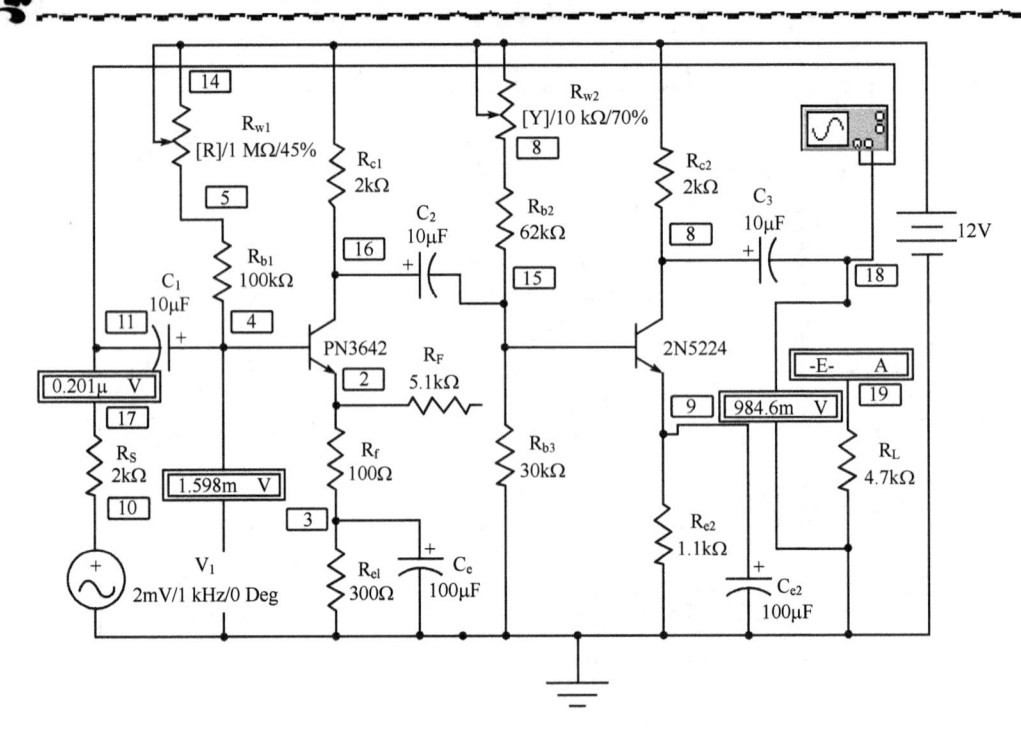

图 4.128　开环空载电压测量

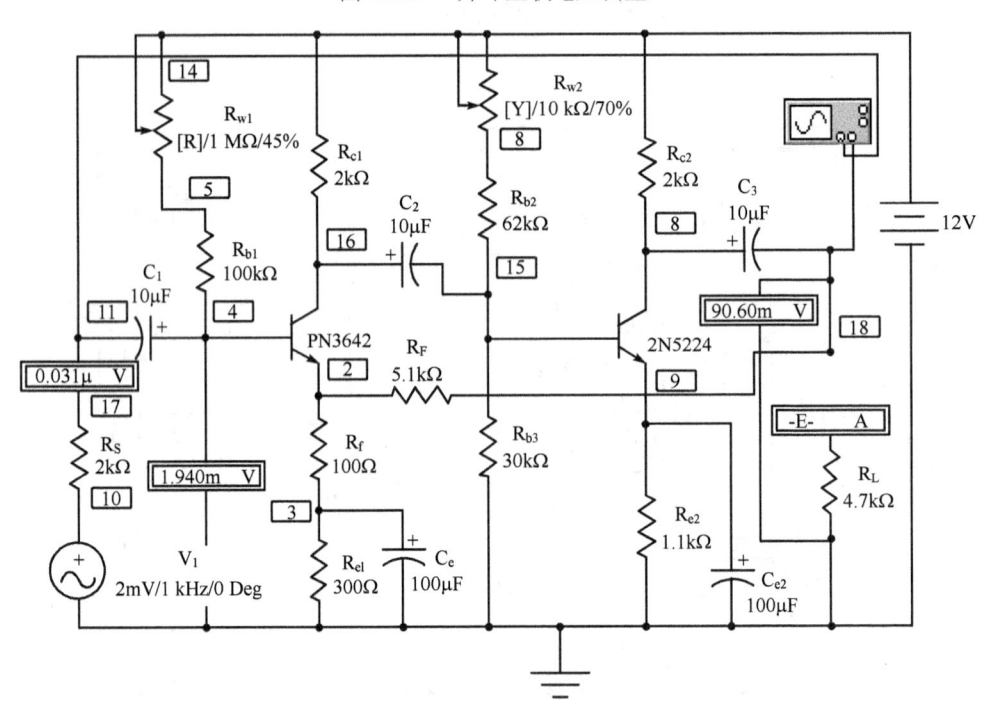

图 4.129　闭环空载电压测量

开环输入电阻为 1.598/0.201=7.95kΩ。

闭环输入电阻为 1.927/0.037=52kΩ。

开环输出电阻为 （984.6−699.6）×10^{-3}/（699.6×10^{-3}）×4.7×10^3=1.9kΩ。

闭环输出电阻为 （90.6−87.37）/87.37×4.7×10^3=0.17kΩ。

电压串联负反馈使放大电路的输入电阻增大,输出电阻减小,增强了带负载能力。

5)测试负反馈对放大电路幅频特性和通频带的影响。

将波特图仪接入电路中,测量开环和闭环时电路的通频带,测试电路如图 4.130、图 4.131、图 4.132、图 4.133、图 4.134 所示。

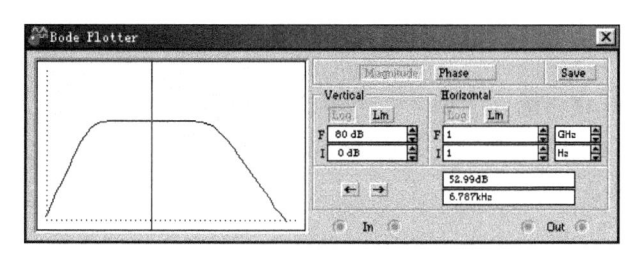

图 4.130　开环时的幅频特性

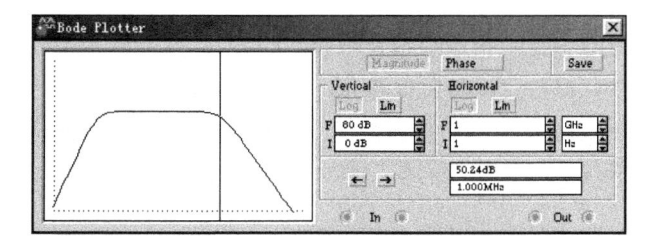

图 4.131　开环时上限截止频率的测量

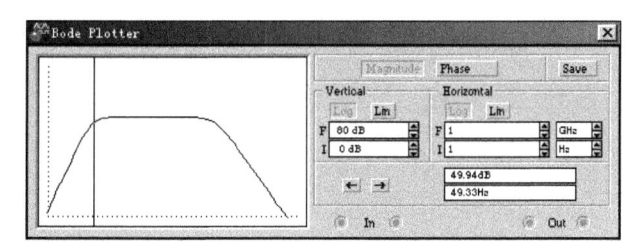

图 4.132　开环时下限截止频率的测量

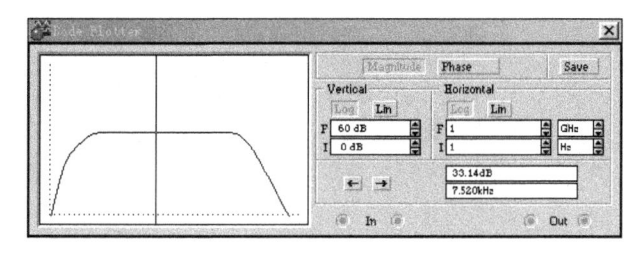

图 4.133　闭环时幅频特性的测量

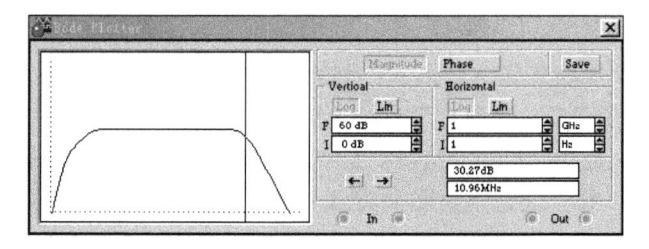

图 4.134　闭环时上限截止频率的测量

开环时电路的增益为 52.99dB，闭环时的增益为 33.14dB。

开环时的通频带为 $f_{BW}=1\times 10^6 - 49.33 \approx 1MHz$。

闭环时的通频带为 $f_{BW} \approx 10MHz$。

由此可见，引入负反馈确实将通频带展宽了。

4.5.4 译码器

译码器的逻辑功能是将输入的每个二进制代码译成对应的输出高、低电平信号。常用的译码器电路有二进制译码器、二—十进制译码器和显示译码器三类。本书以常用的 74138 集成电路为例来介绍 EWB 的仿真过程。

1. 74138 译码器的工作原理

在 EWB 5.0c 的电路工作区建立一个电路图。单击数字部件库，选择 741×× 系列，在表中找到 74138 即可。指向 74138 单击右键，选择 "Help"，可出现 74138 的英文使用说明及功能表，如图 1.135 所示。G1、$\overline{G2A}$ 和 $\overline{G2B}$ 是三个附加的控制端，当 G1=1，$\overline{G2A}=\overline{G2B}=0$ 时，译码器处于工作状态。否则，译码器被禁止，即所有输出端被封锁在高电平。这 3 个输入端也叫做 "片选" 输入端，利用 "片选" 信号的作用可将多片连接起来扩展译码器的功能。

74138（3-to-8 Dec）

3-to-8 decoder/demultiplexer truth table:

$\overline{G2A}$	G1	$\overline{G2B}$	C	B	A	Y0	Y1	Y2	Y3	Y4	Y5	Y6	Y7
X	X	1	X	X	X	1	1	1	1	1	1	1	1
X	0	X	X	X	X	1	1	1	1	1	1	1	1
0	1	0	0	0	0	0	1	1	1	1	1	1	1
0	1	0	0	0	1	1	0	1	1	1	1	1	1
0	1	0	0	1	0	1	1	0	1	1	1	1	1
0	1	0	0	1	1	1	1	1	0	1	1	1	1
0	1	0	1	0	0	1	1	1	1	0	1	1	1
0	1	0	1	0	1	1	1	1	1	1	0	1	1
0	1	0	1	1	0	1	1	1	1	1	1	0	1
0	1	0	1	1	1	1	1	1	1	1	1	1	0
1	1	0	X	X	X	Output corresponding to stored address o;all others 1							

图 4.135 74138 的英文使用说明及功能表

用如图 4.136 所示电路来仿真译码器控制端的功能。当 $\overline{G2B}$=1 时，电路不工作，所有输出端均为高电平，小探灯亮。同理，当 $\overline{G2A}$=1 或 G1=0 时，结果相同。

当 G1=1，$\overline{G2A}=\overline{G2B}=0$ 时，74138 工作，各输出端的探灯依据输入代码 C、B、A 的取值组合按功能表来工作。验证电路图如图 4.137 所示，由字信号发生器产生三位二进制代码作为 C、B、A 的输入信号，则在 74138 的输出端指示灯循环轮流熄灭。

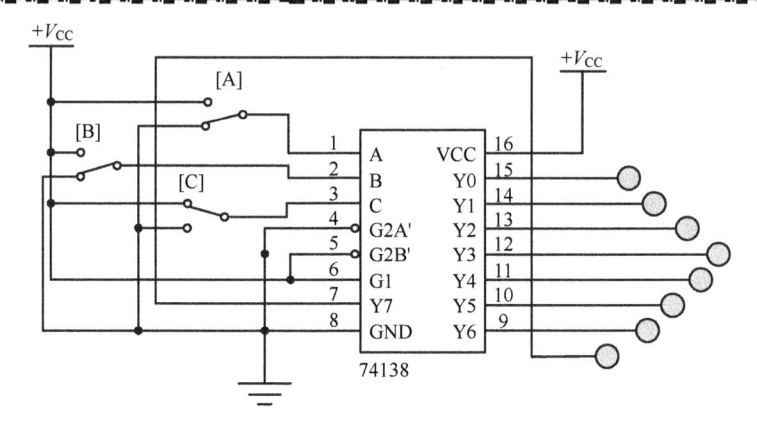

图 4.136　74138 控制端功能的验证

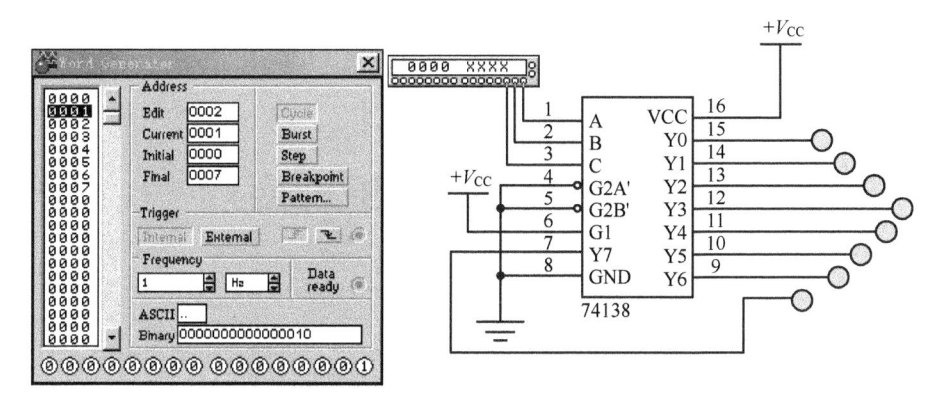

图 4.137　74138 功能的验证

2．由 74138 和门电路构成一位全减器

设计过程如下：

设 A_i 为被减数，B_i 为减数，C_{i-1} 为来自低位的借位，S_i 为差数，C_i 为向高位的借位，则可以列出一位全减器的真值表，如表 4.1 所示。由真值表得到 S_i 和 C_i 的逻辑表达式为

$$S_i = \overline{A_i}\,\overline{B_i}\,C_{i-1} + \overline{A_i}\,B_i\,\overline{C_{i-1}} + A_i\,\overline{B_i}\,\overline{C_{i-1}} + A_i B_i C_{i-1} = \overline{\overline{Y_1}\,\overline{Y_2}\,\overline{Y_4}\,\overline{Y_7}}$$

$$C_i = \overline{A_i}\,\overline{B_i}\,C_{i-1} + \overline{A_i}\,B_i\,\overline{C_{i-1}} + \overline{A_i}\,B_i\,C_{i-1} + A_i B_i C_{i-1} = \overline{\overline{Y_1}\,\overline{Y_2}\,\overline{Y_3}\,\overline{Y_7}}$$

表 4.1　一位全减器的真值表

输　入			输　出	
A_i	B_i	C_{i-1}	S_i	C_i
0	0	0	0	0
0	0	1	1	1
0	1	0	1	1
0	1	1	0	1
1	0	0	1	0
1	0	1	0	0
1	1	0	0	0
1	1	1	1	1

按输出逻辑表达式可连接逻辑图，如图 4.138 所示。如果将逻辑分析仪接在全减器 S_i 和 C_{i-1} 的输出端可以观察到全减器的时序图如图 4.139 所示。

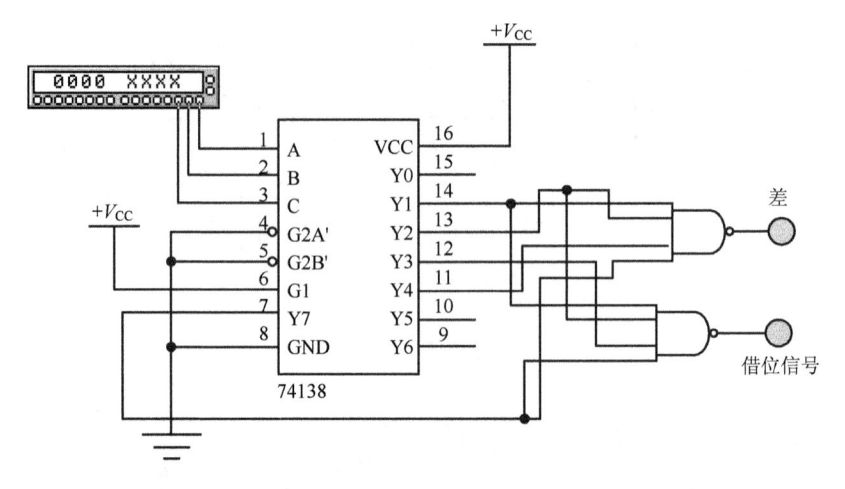

图 4.138　一位全减器电路

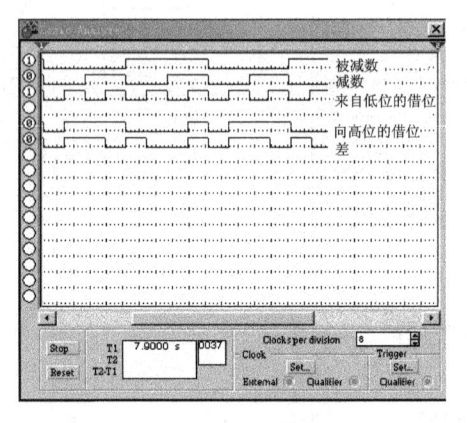

图 4.139　一位全减器电路时序图

3．由 74138、字信号发生器构成的 8 路节拍脉冲发生器

逻辑图如图 4.140 所示。节拍脉冲如图 4.141 所示。

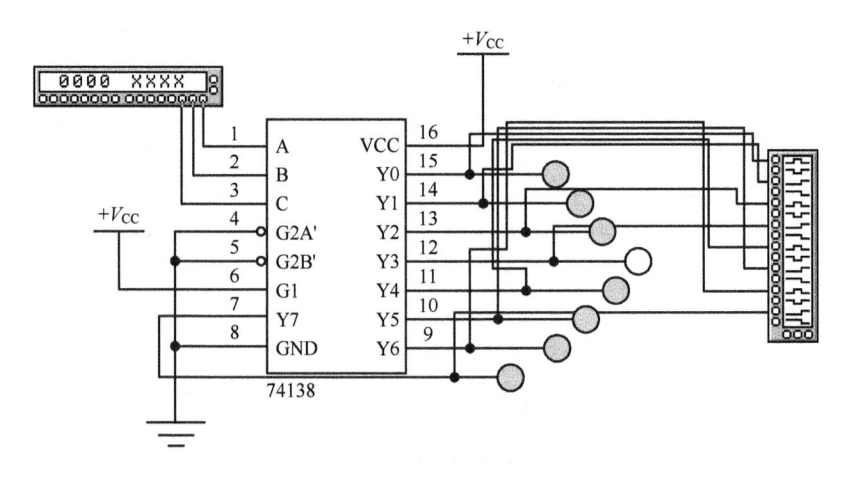

图 4.140　8 路节拍脉冲发生器

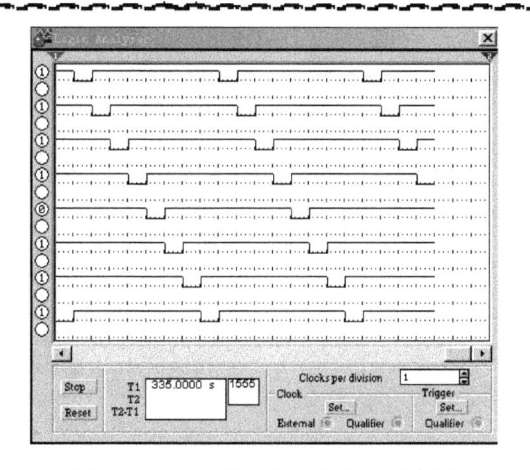

图 4.141 8 路节拍脉冲发生器时序图

4. 显示译码器 7447 的应用

建立如图 4.142 所示的电路。7447 的功能表如图 4.143 所示。由此可知，7447 输出信号为高电平有效。7447 的输入信号（四位代码）由字信号发生器产生，输出信号连接到七段数码管的对应输入端，控制输入端接高电平，使 7447 处于译码状态。闭合电子工作台上的电源开关，双击字信号发生器图标，打开如图 4.144 所示的对话框。编辑字信号发生器使其输出代码为 0~F，为了便于观察设置 Frequency 为 1Hz，输出方式可以是单次，也可以循环，只需单击相应的按钮即可。

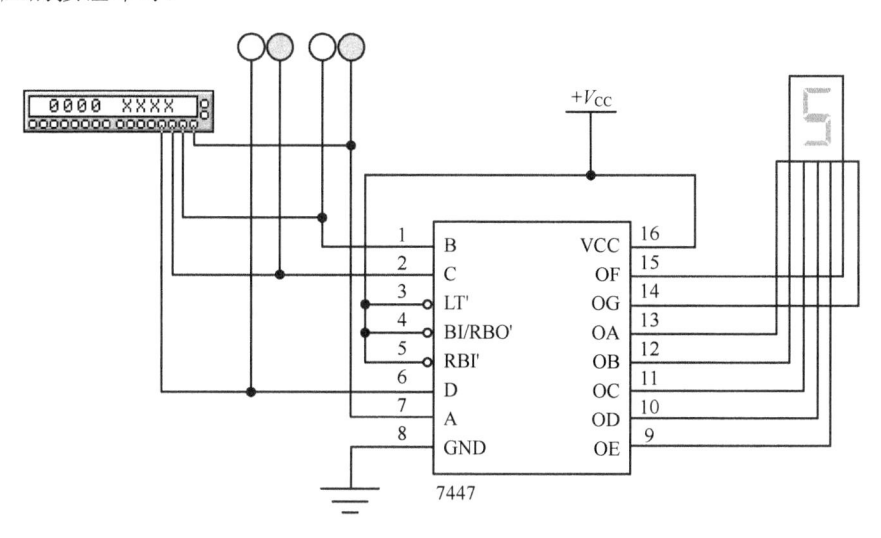

图 4.142 显示译码器 7447 的应用

4.5.5 RS 触发器

在各种复杂的数字电路中，经常需要将二值信号或运算结果保存起来，因此需要使用具有记忆功能的基本逻辑单元，能够存储 1 位二值信号的基本单元电路称为触发器。根据电路结构形式的不同，可分为基本 RS 触发器、同步 RS 触发器、主从 RS 触发器、维持阻塞触发器、CMOS 边沿触发器等。基本 RS 触发器是各种触发器电路结构形式最简单的一种，同时，它又是许多复杂电路结构触发器的一个组成部分。

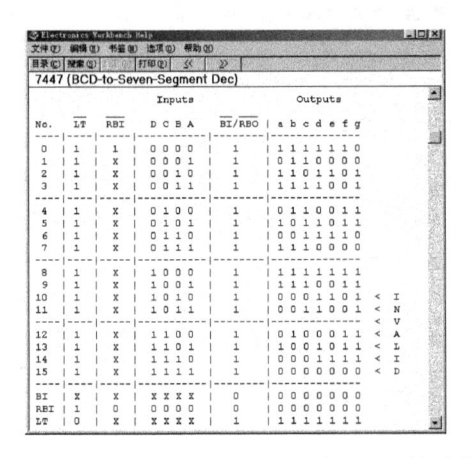

图 4.143　显示译码器 7447 的功能表

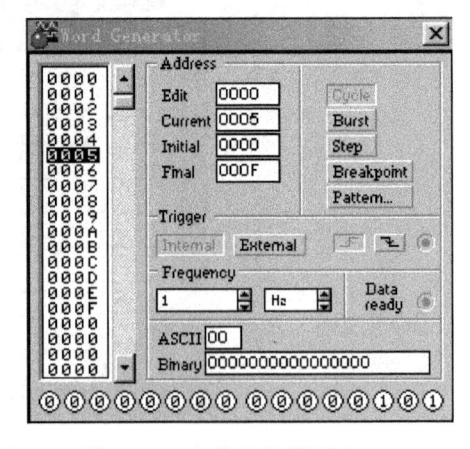

图 4.144　字信号发生器面板

1. 基本 RS 触发器

搭建由与非门和或非门构成的基本 RS 触发器电路，如图 4.145 所示。按 "S"、"R" 键观察输出端的小探灯的发光情况，发光为高电平，熄灭为低电平。还可以将逻辑分析仪按如图 4.146 所示方法接入电路中，观察输入、输出的时序图，如图 4.147 所示。

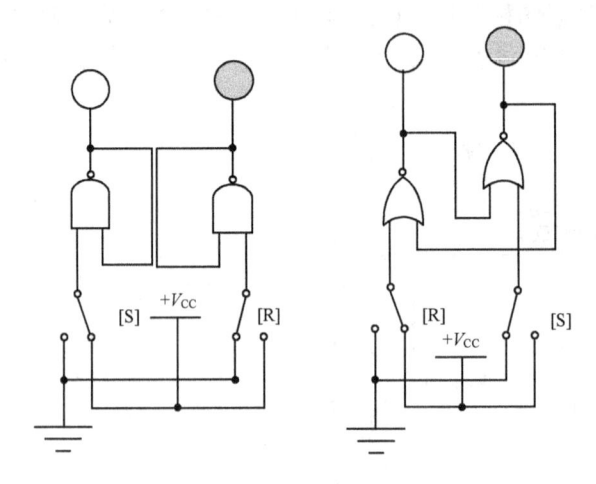

图 4.145　两种基本 RS 触发器

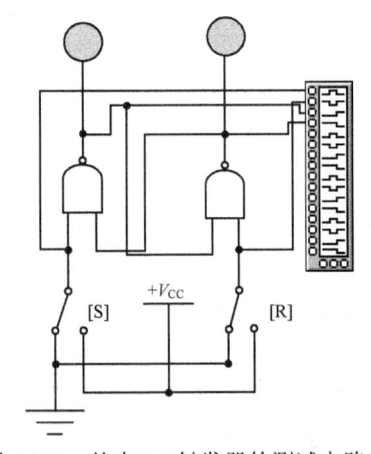

图 4.146　基本 RS 触发器的测试电路

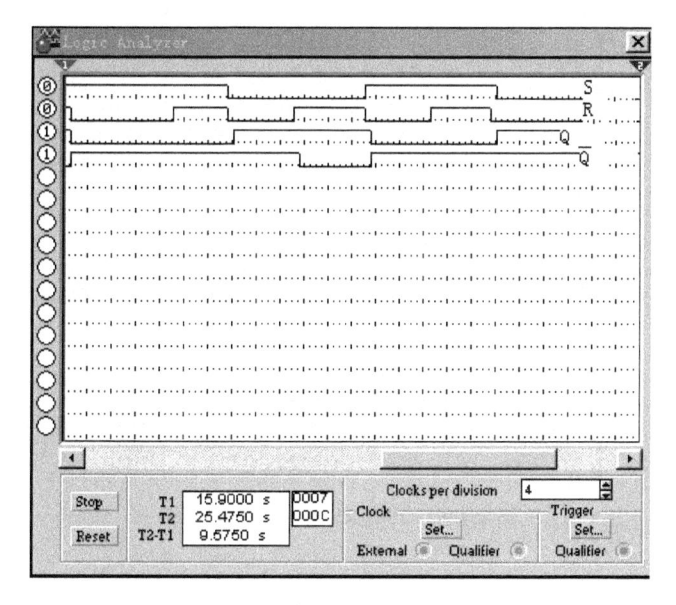

图 4.147　基本 RS 触发器的时序图

2．同步 RS 触发器

在数字系统中，为协调各部分的动作，要求某些触发器在同一时刻动作，因此必须引入同步信号，使这些触发器只有在同步信号到达时才能按输入信号改变状态。这种触发器叫做同步 RS 触发器。

在 EWB 中建立同步 RS 触发器，如图 4.148 所示，得到如图 4.149 所示的时序图。

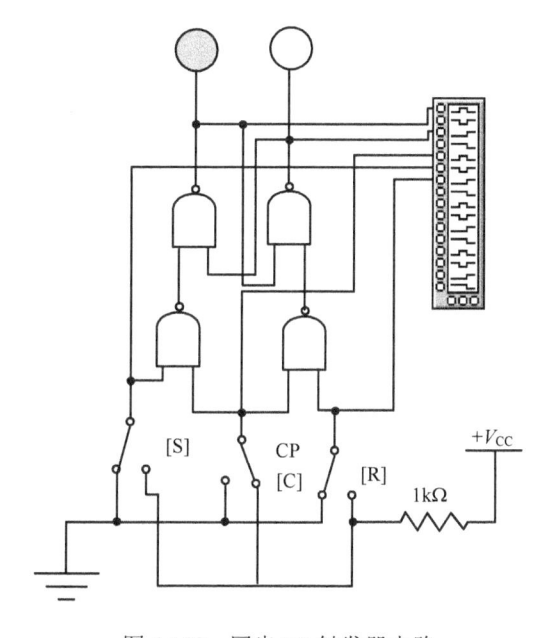

图 4.148　同步 RS 触发器电路

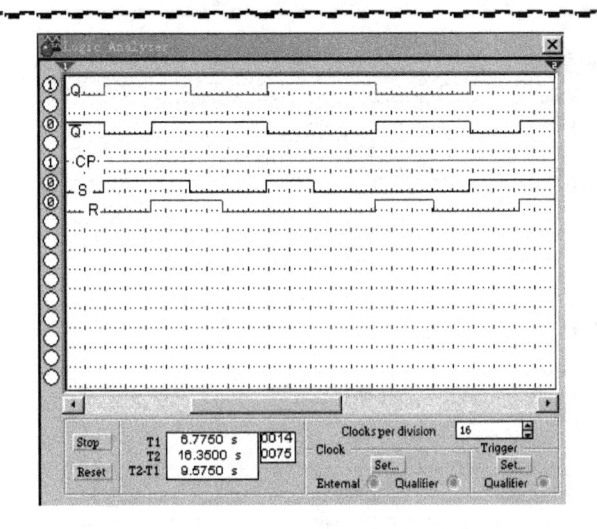

图 4.149 同步 RS 触发器的时序图

练习题：

4.1 用 EWB 软件验证基尔霍夫定律，电路图如图 P4.1 所示。

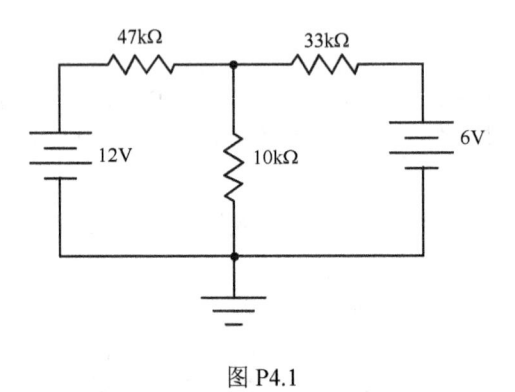

图 P4.1

4.2 电路图如图 P4.2 所示。$t=0$ 时，将开关 S 由节点 3 扳到节点 4 一侧，观察节点 1 的电压波形。

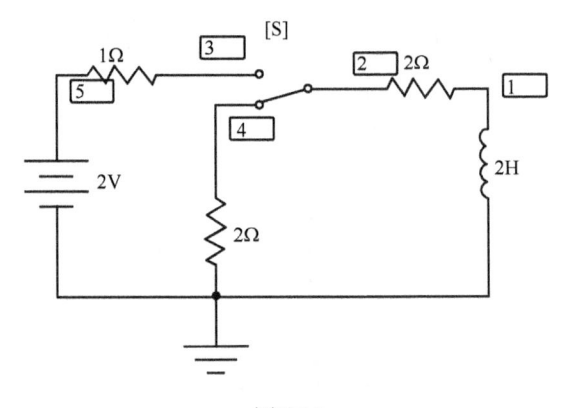

图 P4.2

4.3 图 P4.3 所示电路中，开关在 $t=0$ 时闭合。在闭合前电路处于打开状态很长时间。观察 $t \geqslant 0$ 时 $u(t)$ 的波形图与各个支路电流的变化情况。

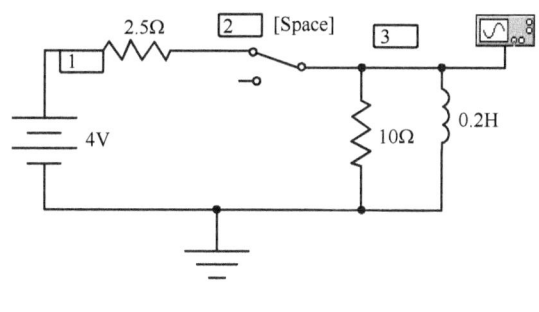

图 P4.3

4.4 在图 P4.4 所示的电路中，画出图 P4.4（a）节点 2 与图 P4.4（b）节点 4 的电压波形图。

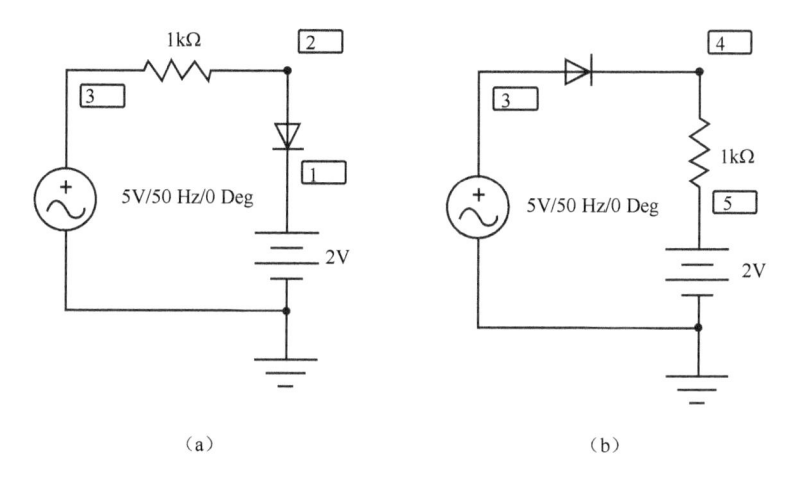

（a） （b）

图 P4.4

4.5 电路图如图 P4.5 所示，在接入滤波电容前、后两种情况下，画出节点 9 的波形图。

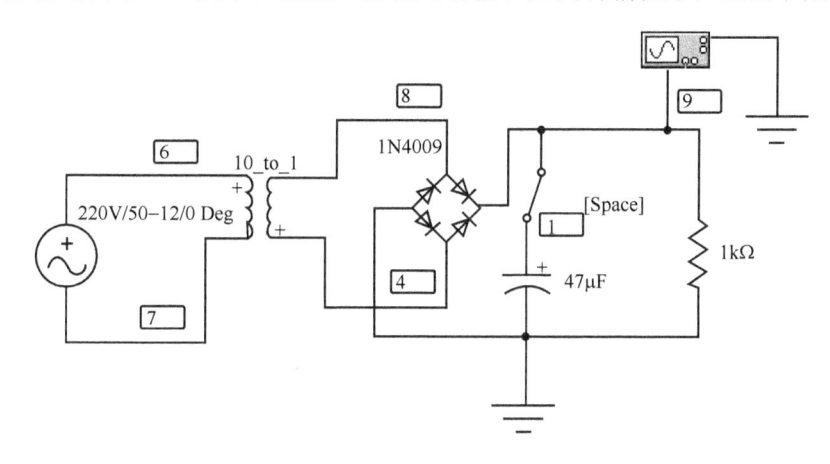

图 P4.5

4.6 电路图如图 P4.6 所示。测量静态工作点和空载时电压放大倍数；测试放大电路的输入电阻和输出电阻；增大输入信号幅度，观察输出波形失真情况；用 EWB 软件进行 DC 和 AC 分析。

图 P4.6

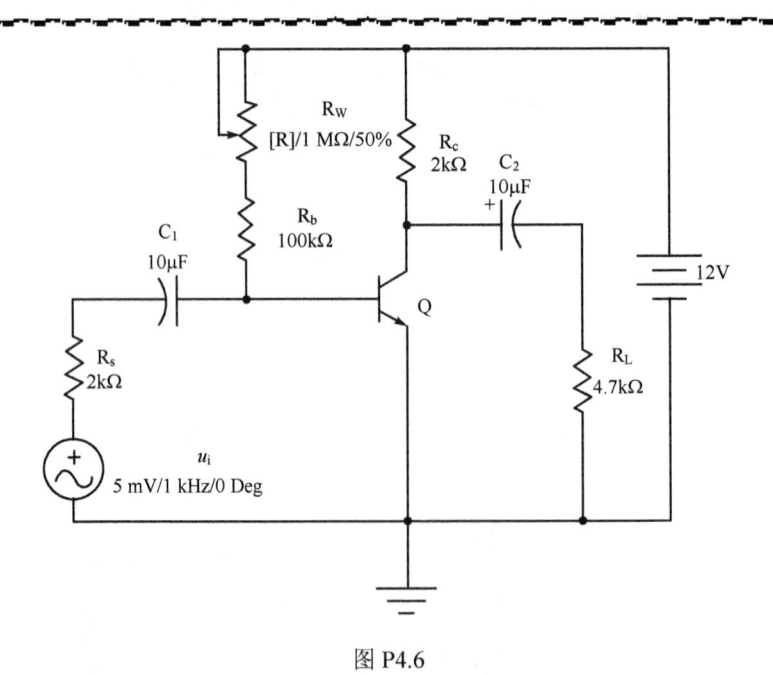

4.7 两级阻容耦合放大电路如图 P4.7 所示。已知 $\beta_1=\beta_2=50$,各个电阻的阻值及电源电压都标在电路图中。

(1) 测试前、后级放大电路的静态值(I_B、I_C、U_{CE}),设 $U_{BE}=0.7V$;

(2) 测试各级电压放大倍数及总电压放大倍数。

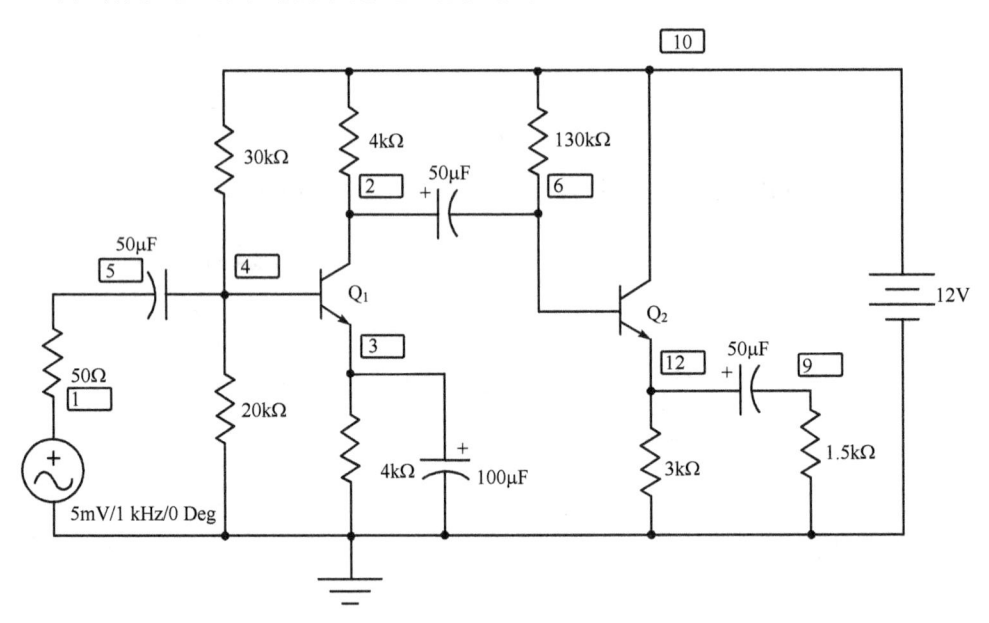

图 P4.7

4.8 用逻辑转换仪化简下列函数为最简与或式,再用与非门搭建电路图。

$$Y_1=ABC+ABD+\overline{C}\overline{D}+A\overline{B}C+\overline{A}C\overline{D}+\overline{A}CD$$

$$Y_2=\overline{AB}+B\overline{C}+AB+ABC$$

4.9 用逻辑转换仪分析如图 P4.8 所示电路，化简为最简与或式。

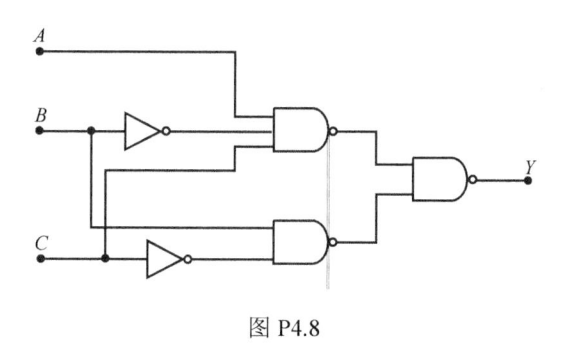

图 P4.8

4.10 用函数发生器产生脉冲信号，用带有译码功能的显示器件显示 74160 输出的结果，验证同步计数器 74160 的逻辑功能。

4.11 用 555 定时器构成施密特触发器，并观察输入、输出波形的变化情况。

4.12 用 555 定时器构成占空比可调的多谐振荡器，并观察电容器 C 上的电压 U_C 与输出 U_O 波形的变化情况。

第 5 章 电子技术实践训练

内容提要：

本章为专业实训部分，提供了 10 大类实用电路的制作调试资料。通过对电子电路的制作与调试，使学生学会阅读电原理图和 PCB 图，熟悉常用电子元器件的选择、测试，掌握焊接和电路组装技能，并能熟练查阅元器件手册。掌握使用电子仪器调试电路的方法并能处理安装调试过程中出现的问题，获得工程实践能力。

5.1 电源电路

在各种电子设备中，电源是必不可少的组成部分，它是电子设备唯一的能量来源。直流稳压电源的主要任务是将交流电网电压转换成稳定的直流电压和电流，以满足负载的需要。直流稳压电源一般由整流滤波电路和稳压电路组成。

5.1.1 整流滤波电路

整流滤波电路的作用是利用具有单向导电性能的电子器件，将交流电压变成单方向脉动的直流电压，而后采用电容、电感等储能器件组成滤波电路，滤除脉动直流电压中的交流成分，保留直流分量，提供给负载平滑的直流电压。

整流滤波电路一般有二极管、电容、电感组成。二极管整流电路又分为半波整流、全波整流、桥式整流三种形式。半波整流电路结构简单，但输出波形脉动系数大，直流成分低，变压器电流含直流成分，易饱和，变压器利用率低；全波整流电路输出电压直流成分提高，脉动系数减小，但变压器每个线圈只有正弦交流电压半个周期有电流，利用率不高。桥式整流是较理想的整流电路。

滤波电路又分为电容滤波、电感滤波、电感电容滤波和π型滤波电路四种形式。在小功率电子设备中，常采用电容滤波电路，其电路结构简单，体积小，成本低。

常用的单相整流滤波电路如图 5.1 所示。电路中电源变压器 T 将交流电网 220V 的电压变为所需要的电压值 U_1，整流滤波电路由二极管 $VD_1 \sim VD_4$ 及电容 C_5 构成典型的单相桥式全波整流滤波电路；并联在整流二极管两端的电容 $C_1 \sim C_4$ 起保护作用，使二极管免受瞬时大电流的冲击；C_5 为滤波电容。

输出直流电压 U_2 与交流电压有效值 U_1 的关系为 $U_2=（1.1 \sim 1.2）U_1$；每只整流二极管承受的最大反向电压为 $U_{RM} \approx 1.414 U_1$；通过每只整流二极管的平均电流为 $I_D=0.45 U_1/R$，R 为整流滤波电路的负载电阻；RC 时间常数应满足 $RC_5 >（3 \sim 5）T/2$，T 为 50Hz 交流电压的周期，即 20ms。

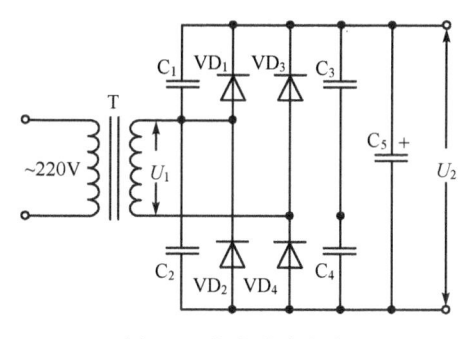

图 5.1 整流滤波电路

5.1.2 稳压电源电路

整流滤波得到的直流电压会随着电网电压波动（一般有±10%左右的波动）或者负载电流和温度的变化而变化。为了输出稳定的电压，所以在整流滤波电路后面加入稳压电路；稳压电路的作用是电网电压波动、负载电流和温度变化时，保证有稳定的直流电压输出。图 5.2 给出一实际串联型稳压电源电路。

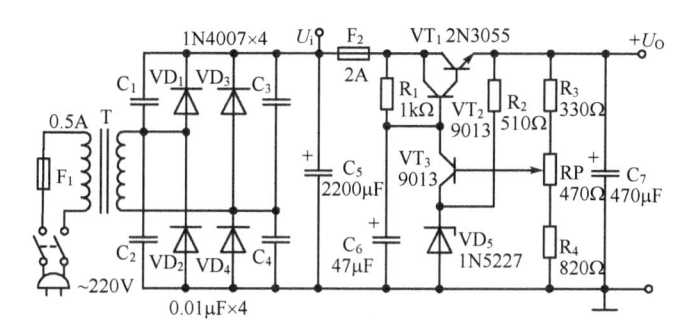

图 5.2 晶体管串联型稳压电路

1. 稳压电源电路组成

在图 5.2 中，采用复合管 VT_1、VT_2 作为调整管，这样很小的基极电流 I_{b2} 就可以控制较大的输出电流；VT_3 为单管直流放大电路，担任比较放大的作用，电阻 R_1 既是 VT_3 的集电极电阻，又是 VT_2 基极偏置电阻；稳压二极管 VD_5 和电阻 R_2 提供基准电压，同时可以利用稳压管的正温度系数补偿三极管 VT_3 的负温度系数，以减小直流放大电路的零点漂移；R_3、RP、R_4 组成分压取样电路，用来提取输出电压的变化；C_6 为滤波电容，以滤除 VT_2 基极的电压纹波；C_7 为输出滤波电容，用来进一步改善稳压性能，减小输出电压的纹波。

2. 稳压电路原理

稳压电路的主回路是由复合调整管 VT_1、VT_2 与电源负载 R_L 相串联而构成的，因此称其为晶体管串联型稳压电路。

电路的稳压过程是：当电源输出电压 U_o 因电网电压波动或负载电流的变化而升高时，由分压取样电路取出误差电压加到 VT_3 的基极，而 VT_3 发射极电压，因稳压管 VD_5 的作用而保持恒定，所以 VT_3 的基射电压 U_{be3} 将增大，VT_3 的集电极电流 I_{C3} 随之增大，则 I_{C3} 在负载电阻 R_1 的压降也增大，结果使复合调整管 VT_1、VT_2 的基极电位下降，管子内阻增大，VT_1 的 U_{ce1} 增大。由于 $U_o=U_i-U_{ce1}$，故使 U_o 下降，因而保持了 U_o 的稳定。同理，当电源输出电压 U_o 因电网电压波动或负载电流的变化而降低时，则上述过程相反，保持 U_o 基本不变。

综上分析可知，稳压电路是属于电压串联负反馈电路，分压取样电路是负反馈网络。整个稳压过程是动态的调整过程，复合调整管 VT_1、VT_2 起电压调整作用，使输出电压保持基本不变。

3. 安装与调试

电路安装严格按照电子工艺要求及电路原理图进行装配，焊接时要注意的是二极管、电解电容的极性及耐压值，识别三极管的三个极（集电极、基极、发射极），功率三极管 VT_1（2N3055）紧固在散热器上，与散热器之间用云母片良好绝缘。

焊接装配无误后接通电源，用万用表测量 C_5 两端的整流滤波电压应为 18~20V，测量稳压管 VD_5 两端电压应为 3~6V，正常后再测量电源输出端（C_7 两端）电压，调节电位器 R_P 输出端电压应该连续可变。

4. 串联型稳压电路性能指标与测试

（1）稳压系数（电源稳压特性）

稳压系数指在负载电流 I_o、环境温度 T 不变的情况下，输入电压的相对变化引起输出电压的相对变化，即稳压系数 $S_v=(\Delta U_o/U_o)/(\Delta U_i/U_i)$。

测量电源稳压特性的方法：在电网电压 U_i=220V 条件下，电源输出端接 100Ω 滑线变阻器、数字电压表和数字电流表，调节 R_P 使输出电压 U_o=12V，调节滑线变阻器使输出电流 I_o=100mA。保持输出电流 I_o 不变的情况下，电网电压变化±10%（ΔU_i=242V－198V）时，分别测量此时对应输出电压 U_{o1}、U_{o2}，对应 $\Delta U_o= U_{o1}－U_{o2}$，计算出稳压系数 S_v。

（2）纹波电压（电源输出的纹波电压）

纹波电压指叠加在输出电压 U_o 上的交流分量，一般为 mV 级。用示波器观测其峰峰值 U_{op-p}，也可以用交流毫伏表测量，由于纹波电压不是正弦波，所以用交流毫伏表的有效值衡量存在一定误差。

测量电源输出的纹波电压的方法：在额定输出电流条件下，用示波器观测其峰峰值。

（3）电源内阻（电源的输出电阻）

电源内阻指在输入电压 U_i、环境温度 T 不变的情况下，输出电流变化引起输出电压的相对变化，即电源内阻 $R_o=\Delta U_o/\Delta I_o$。

测量稳压电源内阻的方法：在保持电网电压 U_i=220V 不变条件下，电源输出端接 100Ω 滑线变阻器、数字电压表和数字电流表，调节 RP 使输出电压 U_o=12V，调节滑线变阻器使输出电流 I_o 从最小变化到额定输出电流时，引起输出电压的相对变化，计算内阻 R_o。

晶体管串联型稳压电源元器件清单如表 5.1 所示。

表 5.1 晶体管串联型稳压电源元器件清单

符 号	规 格	名 称	符 号	规 格	名 称
VT_1	2N3055	NPN 型功率三极管	RP	470Ω	电位器
VT_2、VT_3	2SC9013	NPN 型三极管	R_1	1kΩ	1/8W 碳膜电阻
VD_1~VD_4	1N4007	二极管	R_2	510Ω	1/8W 碳膜电阻
VD_5	1N5227	3.6V 0.5W 稳压管	R_3	330Ω	1/8W 碳膜电阻
C_1~C_4	0.01μF	瓷介电容	R_4	820Ω	1/8W 碳膜电阻
C_5	2200μF/25V	电解电容	F_1	0.5A，250V	保险管
C_6	47μF/25V	电解电容	F_2	2A	保险管
C_7	470μF/25V	电解电容			

5. 采用集成三端稳压器制作的稳压电源

国产集成三端稳压器按其性能和不同用途可分为三类，一类是输出固定电压（W7800：正电压；W7900：负电压）的三端集成稳压器系列，另一类是输出可调电压（W317：正电压；W337：负电压）的三端集成稳压器系列。输出固定电压（正电压或负电压）的三端集成稳压器产品其输出电压有5V、6V、9V、12V、15V、18V、24V共7种，可根据实际需要选用。为保证稳压器能够正常工作，要求输入电压 U_i 与输出电压 U_o 之间有一定的电压差，此电压差一般为3~7V。

三端集成稳压器的输出电压可以从型号上读出。如7806表示输出正电压6V，7912表示输出负电压12V。按其输出电流的大小可分为三个系列：W7800、W317系列的最大输出电流为1.5A；W78M00、W317M系列的最大输出电流为0.5A；W78L00、W317L系列的最大输出电流为0.1A。

用W7806和W317组成的稳压电源电路如图5.3（a）和（b）所示。

国产集成稳压器的封装形式有F-2型、TO-92型、S-1型、S-7型等多种，图5.3（c）列出几个品种供参考。

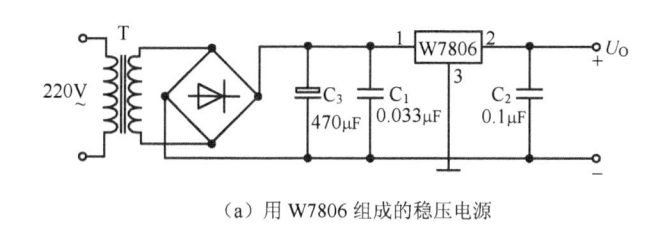

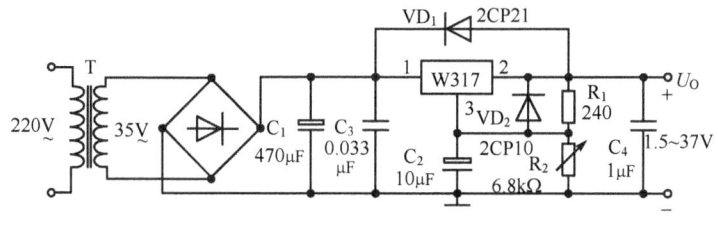

（a）用W7806组成的稳压电源

（b）用W317组成的稳压电源

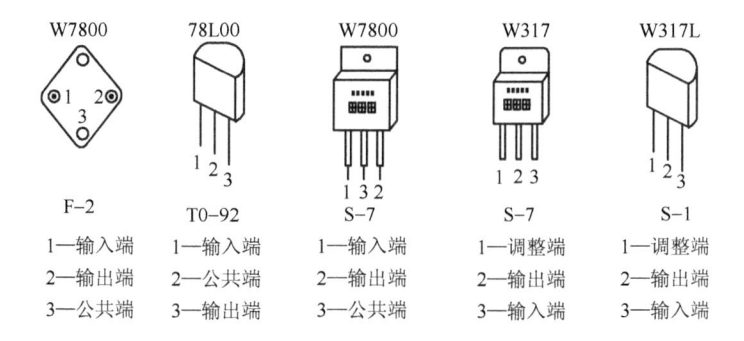

（c）三端集成稳压器的封装形式

图5.3 三端集成稳压电路及稳压器

在图5.3（a）中，三端稳压器的输入端接在整流滤波电路的后面，输出端直接接负载，为了抑制高频干扰和防止自激，在它的输入、输出端分别并联电容 C_1 和 C_2。

在图 5.3（b）中，虚线右边是以 W317 为核心的可调稳压电路，电阻 R_1 和可调电阻 R_2 构成取样电路，C_2 是为了减小取样电阻 R_2 两端的纹波电压而并联的旁路电容，C_3、C_4 的作用与图 5.3（a）中的 C_1、C_2 相同，VD_1 是保护二极管，防止输入端短路时 C_4 放电导致内部调整管损坏，VD_2 则是防止输出短路时 C_2 两端的电压作用在内部放大管而造成击穿。

5.1.3 电池充电电路

镍镉电池是一种可以反复使用、反复充电的直流电源，它的充电次数一般在 500 次左右，性价比高。镍镉电池在电能基本释放之前，要进行充电。如图 5.4 所示为一个恒流恒压脉冲充电电路，具有电路简单、使用可靠等优点。

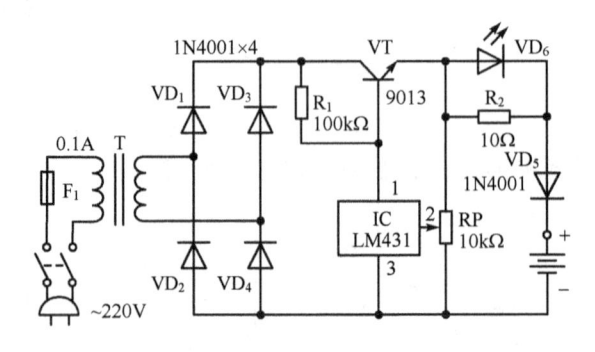

图 5.4 电池充电电路

1. 恒流恒压脉冲充电电路

恒流恒压脉冲充电电路共分三部分：即变压器降压、二极管桥式整流和脉冲充电部分。电网电压 220V 交流电经变压器降压，在次级输出低压交流电，$VD_1 \sim VD_4$ 构成桥式整流电路，输出单向脉动直流电。由镍镉电池性能可知，这种脉动直流电对镍镉电池的充电是非常有利的。三极管 VT 的基极接有三端可调式集成恒流源 IC（LM431），通过调节 IC 的控制极来调节 VT 的基极电位。三极管 VT 为射极输出器，发射极电位随着基极电压而变化，这样通过调节 RP 来调节脉冲电压的高低。发光二级管 VD_6 为充电指示，VD_5 停止充电时防止电池反向放电。该充电电路可根据电池性能，调节 RP 以满足电池的充电电流和电压要求。恒流恒压脉冲充电电路依照电子工艺要求焊接安装后，重点调试充电电流。将充电电池、万用表接入充电电流回路中，接通电源，调节 RP 使充电电流达到电池的要求。对于 5 号镍镉电池（500mAh）充电时，调节充电电流，快速充电需要 7 小时，慢速充电需要 14 小时；对于 7 号镍镉电池（200mAh）充电时，调节充电电流，快速充电需要 2.5 小时，慢速充电需要 7 小时。恒流恒压脉冲充电电路元器件清单如表 5.2 所示。

表 5.2 恒流恒压脉冲充电电路元器件清单

符 号	规 格	名 称	符 号	规 格	名 称
VT	2SC9013	NPN 型三极管	RP	10kΩ	电位器
$VD_1 \sim VD_5$	1N4001	二极管	R_1	100kΩ	1/8W 碳膜电阻
VD_5	φ3.5mm	发光二极管	R_2	10Ω	1/4W 碳膜电阻
IC	LM431	集成恒流源	F_1	0.1A，250V	保险管
T	~220V/~12V	电源变压器			

2. 宽电压恒流定时充电电路

宽电压恒流定时充电电路如图 5.5 所示。电路共分四部分：即变压器降压、桥式整流滤波、稳压恒流充电和定时电路。该电路可对 1.2~12V，100mAh 以上，2000mAh 以下的各种规格的可充电电池进行充电，充电电流可达 200mA，充电时间 0.5~10h 内可调。

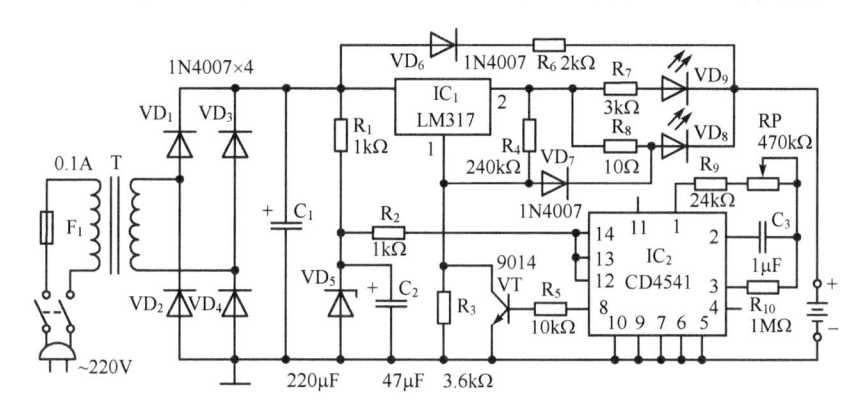

图 5.5 宽电压恒流定时充电电路

在电路中 VD_1~VD_4、C_1 构成桥式整流滤波电路，为整个电路提供电能；R_1、VD_5、C_2 构成限流稳压电路，为 IC_2 集成电路 CD4541BE 提供一个 15V 的直流电源，CD4541BE 是一个可编程振荡延时电路，振荡频率由 R_9、RP、C_3 决定，振荡频率 $f=1/2.3(RP+R_9)C_3$，周期 $T=1/f$。该电路通电后 IC_2 开始计时，集成电路 IC_2 的 8 脚为输出，其起始为低电平，到充电时间 $t=T\times 2^{15}$ 时，跳变为高电平，并一直维持在高电平状态。按电路所给的参数最长延迟时间约为 10 小时。

集成电路 IC_1（LM317）、R_3、R_4、R_8、VD_7 构成稳压恒流电路，IC_1 的 1、2 脚之间恒定为 1.25V，在接入电池后，充电限流电阻 R_8 的端电压恒定在 1.25V，加上 VD_7 的正向压降约为 1.9V，限流电阻 R_8 的阻值为 10Ω，这样流过 R_8 的充电电流恒定在 190mA 左右，加上流过 R_6、VD_7、VD_9 的小电流，使对电池的总充电电流为 200mA 左右。当充电到定时时间 t 时，IC_2 的 8 脚跳变为高电平，使三极管 VT（2SC9014）饱和导通，将 IC_1 的 1 脚电位钳位在零点几伏，使 2 脚电位低于电池正端电位，二极管 VD_8、VD_9 截止，这是只有 R_6、VD_6 给电池提供 10mA 左右的小电流充电。

由于充电时间 t 随电位器 RP 的阻值改变而改变，充电时间 t 和 RP 之间为线性关系，通常电位器的旋转角度或拨动位置与阻值之间的关系也是线性的，这样由 RP 决定的时间刻度盘可以从最小延迟时间到最大延迟时间进行等分划分。

宽电压恒流定时充电电路焊接安装无误，即可使用。对于不同的可充电电池，根据需要可调整充电电压。三端可调集成稳压器 IC_1 的 2 脚输出电压为 $U_{out}\approx 1.25(1+R_3/R_4)$，调整电阻 R_3 的阻值，可改变充电电压；调整限流电阻 R_8 的阻值，可改变充电电流。

宽电压恒流定时充电电路元器件清单如表 5.3 所示。

表 5.3 宽电压恒流定时充电电路元器件清单

符 号	规 格	名 称	符 号	规 格	名 称
IC_1	LM317	三端可调集成稳压器	C_3	1μF/63V	涤纶电容
IC_2	CD4541BE	可编程定时器	RP	470kΩ	小型电位器

续表

符 号	规 格	名 称	符 号	规 格	名 称
VT	2SC9014	NPN 型三极管	R_1、R_2	1kΩ	1/8W 碳膜电阻
$VD_1 \sim VD_4$	1N4007	二极管	R_3	3.6kΩ	1/8W 碳膜电阻
VD_5	1N5245	15V 0.5W 稳压管	R_4	240Ω	1/8W 碳膜电阻
VD_6、VD_7	1N4007	二极管	R_5	10kΩ	1/8W 碳膜电阻
VD_8、VD_9	ϕ3.5mm	发光二极管	R_6	2kΩ	1/8W 碳膜电阻
T	~220V/~21V	电源变压器	R_7	3kΩ	1/8W 碳膜电阻
F	0.1A,250V	保险管	R_8	10Ω	2W 金属膜电阻
C_1	220μF/50V	电解电容	R_9	24kΩ	1/8W 碳膜电阻
C_2	47μF/25V	电解电容	R_{10}	1MΩ	1/8W 碳膜电阻

5.2 音频电路

5.2.1 音频功率放大电路

1. 音频功率放大电路基本组成

音频功率放大电路是将微弱音频电信号放大,使其足以推动扬声器发声的电路。它是一个多级放大电路,一般有前置放大级、推动级、功率放大级组成,如图 5.6 所示。

前置放大级主要完成小信号放大,一般要求输入阻抗高,输出阻抗低,频带宽,噪声小;推动级主要提供功率级足够大的激励信号;功率放大级主要完成音频电信号的功率放大,决定了音频功率放大电路的输出功率、非线性失真系数等指标,一般要求效率高、失真小、输出功率大。

U_{in} → 前置放大级 → 推动级 → 功率放大级 → U_{out}

图 5.6 功率放大电路组成框图

2. 音频功率放大电路原理

音频功率放大电路如图 5.7 所示。它采用集成运放 LM741 作为前置放大级,集成功放 TDA2030A 作为推动和功率放大级,供电电源为±15V。TDA2030A 是美国国家半导体公司 20 世纪 90 年代初推出的一款音频功率放大集成电路,采用 TO-220 封装,外围元件少,但是性能优异,具有频率响应宽和速度快等特点。

前置放大级由集成运放 LM741 及外围电路组成,其中 R_4、R_5、C_1 组成负反馈网络,R_1、R_2、C_2 组成输入电路,C_2、C_3 为信号耦合电容,电路简单实用。

功率放大级由集成功放 TDA2030 组成,其中 R_7、R_8、C_5 组成负反馈网络,C_2 为信号耦合电容,R_6 为输入接地电阻,防止输入开路时引入感应噪声,VD_1、VD_2 为保护二极管,R_9、C_6 组成输出退耦电路,防止功率放大级产生高频自激,R_{10}、C_7 和 R_{11}、C_8 是电源退耦滤波电路,该放大电路是一个典型 OCL 功率放大电路。

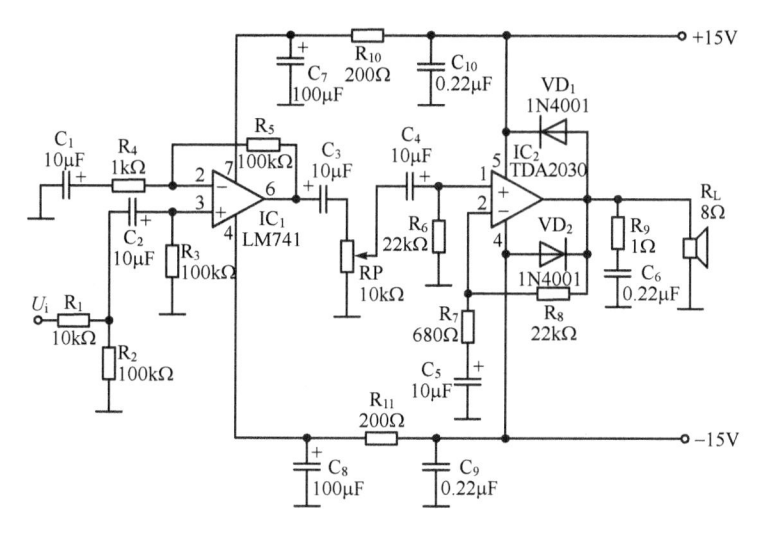

图 5.7　音频功率放大电路原理图

3．电路安装和调试

电路中用得较多的是电阻、电容、集成运放、集成功放，各器件的型号参数已在图 5.7 中注明。选择时，对于电阻应注意其额定功率，对于电容应注意其容量及耐压。焊接时，应注意各器件引脚的功能不要接错，特别是电解电容的极性不能接反。集成功放 TDA2030 紧固在散热器上，与散热器之间用云母片良好绝缘。

电路的调试过程一般先分级调试，最后进行整机调试和性能指标的测试。调测时，为安全起见，可以用同阻值大功率的电阻器代替扬声器。调试又分静态调试和动态调试。

1）静态调试时，将输入端交流对地短路，用万用表测试电路中各点的直流电位，进而判断电路中各元器件是否正常工作。首先将前置放大级集成运放 LM741 的输入 3 脚对地交流短路，电路由直流稳压电源提供±15V 电压，用万用表测量 LM741 的输出 6 脚对地电位，正常时应在 0V 左右。同样，将集成功放 TDA2030 的输入 1 脚对地交流短路，输出不加负载，接通电源，用万用表测量 TDA2030 的输出 4 脚对地电位，正常时应在 0V 左右，而后输出端接上 8Ω/10W 电阻负载，测量输出对地电位应为 0V。上述电位都正常，说明电路静态工作正常，然后进行动态调试。

2）动态调试时，在音频功率放大电路信号输入端输入适当信号，用示波器观测各级电路的输出波形及工作情况。音频功率放大电路由直流稳压电源提供±15V 电压，在输出端接上 8Ω/10W 电阻负载，音量电位器 RP 调最大，用低频信号发生器在音频功率放大电路输入端输入 10mV 的正弦信号，保持幅度值不变，将输入正弦信号频率从 20Hz 调到 20kHz，用示波器分别观察 LM741 的输出 6 脚和 TDA2030 的输出 4 脚的输出波形，是否出现自激振荡和波形畸变，若无说明音频功率放大电路性能良好。

4．电路性能指标测试

对于音频功率放大电路，需测试的主要性能指标有最大不失真输出功率、频率响应和输入灵敏度、噪声功率、非线性失真系数，各参数的测试方法如下。

（1）最大不失真输出功率

由低频信号发生器提供频率为 1kHz 的正弦信号，加到音频功率放大电路的输入端，音量电位器 RP 调最大，8Ω/10W 的负载电阻代替扬声器。输入信号幅度由小逐渐变大，用示波器观测输出端波形，使输出波形最大不失真，此时输出电压为最大不失真输出电压 U_o，用低频毫伏表测量输出电压，此音频功率放大电路最大不失真输出功率为 $P_o=U_o^2/2R_L$。

（2）频率响应

放大器的电压增益相对于中频（1kHz）的电压增益下降 3dB 时所对应的低音频率 f_1 和高音频率 f_2 称为放大器的频率响应。由低频信号发生器提供频率为 10mV、1kHz 的正弦信号，加到音频功率放大电路的输入端，音量电位器 RP 调适中，8Ω/10W 的负载电阻代替扬声器，用低频毫伏表测量电路输出电压值 f_0，而后保持输入信号电压幅值 10mV 不变，改变输入信号的频率，由低逐渐变高，测量输出电压对应 f_0 下降 3dB 的 f_1、f_2 的值。

（3）输入灵敏度

音频功率放大电路输出额定功率时所需输入电压的有效值即为输入灵敏度。由低频信号发生器提供频率为 1kHz 的正弦信号，加到音频功率放大电路的输入端，音量电位器 RP 调最大，8Ω/10W 的负载电阻代替扬声器。输入信号幅度由零逐渐变大，用低频毫伏表测量电路输出电压值达到额定功率所需的电压值，此时对应音频功率放大电路输入端的电压值即为输入灵敏度。

（4）噪声功率

音频功率放大电路输入端交流接地，输出端接 8Ω/10W 的负载电阻代替扬声器，用低频毫伏表测量电路输出噪声电压值达到额定功率所需的电压值 U_N，其噪声功率为 $P_N=U_N^2/R_L$。

（5）非线性失真系数

音频功率放大电路输入端分别接入由低频信号发生器提供频率为 400Hz 和 1kHz 的正弦信号，在额定输出时，用 BS-1 型失真度仪测量输出端非线性失真。

音频功率放大电路元器件清单如表 5.4 所示。

表 5.4 音频功率放大电路元器件清单

符 号	规 格	名 称	符 号	规 格	名 称
IC_1	LM741	集成运放	R_2、R_3、R_5	100kΩ	1/4W 碳膜电阻
IC_2	TDA2030A	集成功放	R_4	1kΩ	1/4W 碳膜电阻
RP	10kΩ	电位器	R_6、R_8	22 kΩ	1/4W 碳膜电阻
VD_1、VD_2	1N4001	二极管	R_7	680Ω	1/4W 碳膜电阻
C_1、C_2、C_3、C_4、C_5	10μF/25V	电解电容	R_9	1Ω	1/4W 碳膜电阻
C_6、C_9、C_{10}	0.22μF	瓷介电容	R_{10}、R_{11}	200Ω	1/4W 碳膜电阻
C_7、C_8	100μF/25V	电解电容	R_L	8Ω	扬声器
R_1	10 kΩ	1/4W 碳膜电阻			

5.2.2 语音录放电路

1. 语音录放电路基本组成

随着大规模集成电路技术的发展，利用单片集成电路实现了固体录音、放音技术。语音录放电路没有磁头和机械传动机构，也不需要磁带，因而具有体积小、重量轻、寿命长、耗电省等特点。

单片语音录放电路一般由话筒放大器、自动增益控制电路（AGC）、模/数（A/D）及数/模（D/A）转换电路、存储器、逻辑控制电路、音频放大电路等组成。话筒放大器将声音信号转换成模拟电信号并放大；自动增益控制电路将音频电信号控制在一定幅度，以便于进行模数转换；模/数转换电路及存储器将音频模拟电信号转换成数字电信号，存储到存储器；逻辑控制电路控制存储器的读/写状态及录放电路工作状态；数/模转换电路将存储器的数字电信号还原成模拟音频电信号；音频放大电路将还原的模拟音频电信号放大输出，通过扬声器发出声音。

2．语音录放电路工作原理

语音录放电路如图 5.8 所示，它是由单片语音录放集成电路 APR9600 及很少的外围元件组成。该集成电路内部含有振荡器、防混叠滤波器、平滑滤波器、逻辑控制电路、音频功率放大器及高密度多电平闪烁存储阵列等，采用多电平直接模拟存储（Chip Corder）专利技术，声音不需要 A/D 转换和压缩，每个采样值直接存储在片内的闪烁存储器中，没有 A/D 转换误差，因此能够真实、自然地再现语音、音乐及效果声。并且发挥闪烁存储器不怕掉电的优点，可在断电情况下长期保存，反复录音 10 万次。集成电路工作电压 4.5~6.5V，工作电流 25mA，维持电流 1μA。单片录放语音时间 32~60s，与采样频率有关，频率越低，录放时间越长，而音质则有所下降。

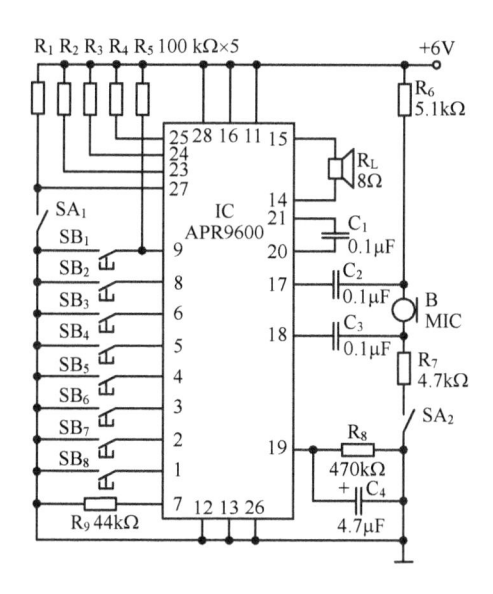

图 5.8 语音录放电路

语音录放电路工作在录音时，话筒的微弱电信号经芯片内部放大器放大后，由防混叠滤波器滤波，采样电路处理后以模拟量的方式存入闪烁存储器中；放音时芯片内部逻辑电路控制从闪烁存储器中读取数字信号，经平滑滤波器滤波，由音频功率放大器放大输出，推动扬声器发声，输出功率约为 125mW。录放时间与外接振荡电阻 R_9 的大小有关，当 R_9 取 44kΩ 时采样频率较低，录放音的频带为 2.4kHz，录音时间最长为 60s；当 R_9 取 24kΩ 时采样频率较高，录放音的频带为 4kHz，此时录音时间仅为 32s。

集成电路 APR9600 最大的优点是容易实现多段并行控制，通过设置 24 脚、25 脚、9 脚的电平可实现并行 2 段、4 段、8 段控制。本电路接成并行 8 段，只要按下 SB_1~SB_8 中的任一键，即将该段已录声音重放一遍，如果在放音期间再按一次则立即停止，如果按住键不放将循环播放该段，在并行控制状态时各段时间均相同。

电路中 SB_1~SB_8 可选用 8 只微动开关，SA_1、SA_2 选用双刀开关，当 SA_1、SA_2 断开时，话筒回路断开不工作，集成电路 APR9600 的 27 脚通过电阻 R_1 接高电平，此时电路工作状态为放音模式；当 SA_1、SA_2 闭合时，话筒回路接通工作，集成电路 APR9600 的 27 脚通过电阻 R_1 接低电平，此时电路工作状态为录音模式。

3. 电路安装和调整

电路中话筒 B 选用高灵敏度小型驻极体话筒，由于其内部包含一个场效应管，必须接上电源才能工作，所以其两个引出端有正负极之分。元器件检测良好，按电路图焊接组装正确，可以通电调整。先将 SA_1、SA_2 闭合进行录音，按 SB_1 键即听到"嘀"的一声表示可以进行第一段的录音，松键时又听到"嘀"的一声表示录音结束，用同样方法可以进行其余 7 段的录音。然后将 SA_1、SA_2 断开，使电路处于放音状态，按 SB_1~SB_8 中的任一键，即播放该段录音。语音录放电路元器件清单如表 5.5 所示。

表 5.5 语音录放电路元器件清单

符 号	规 格	名 称	符 号	规 格	名 称
IC	APR9600	语音录放集成电路	R_1~R_5	100kΩ	1/4W 碳膜电阻器
B	CM-18W	高灵敏度驻极体话筒	R_6	5.1kΩ	1/4W 碳膜电阻器
SA_1、SA_2	1×2 双刀开关	小型拨动开关	R_7	4.7kΩ	1/4W 碳膜电阻器
SB_1~SB_8	6mm×6mm 开关	无锁轻触按键开关	R_8	470 kΩ	1/4W 碳膜电阻器
C_1、C_2、C_3	0.1μF	瓷介电容器	R_9	44kΩ	1/4W 碳膜电阻器
C_4	4.7μF/10V	电解电容	R_L	YD57-2	小型动圈扬声器

5.3 高频电路

5.3.1 无线话筒

1. 高灵敏无线调频话筒

高灵敏无线调频话筒，它可以拾取 5 米范围内的微弱声响，发射距离可达 500 米左右。其工作频率在 88~108MHz 范围内，可以通过调频收音机来接收它的发射信号。本无线话筒的另一特点是工作频率十分稳定，即使手触摸发射天线也不会引起发射频率的变化。

（1）电路原理

高灵敏无线调频话筒电路如图 5.9 所示。电路由声电转换、音频放大电路、调制器和高频功率放大器等部分组成。声电转换器由高灵敏度驻极体话筒 B 担任，它拾取周围环境的声波信号后输出相应的电信号，经过 C_1 耦合到 VT_1 音频放大器，对音频信号进行放大，经过 C_2 送至 VT_2 的基极进行频率调制。VT_2 组成共基极电容三点式超高频振荡器，基极与集电极的电压随基极输入的音频信号变化而变化，从而使基极和集电极的结电容发生变化，高频振荡器的频率也随之变化，从而实现频率调制。L_1、C_4 为振荡调谐回路，改变 L_1 的匝数与间距，可改变振荡频率。VT_3 组成发射极输出丙类高频调谐功率放大器，其作用有两个：一是增大发射功率，扩大发射距离；二是隔离天线与振荡器，减小天线对振荡器振荡频率的影响。L_2、

C_8 为高频功率放大调谐回路，调频信号由 VT_3 的发射极输出，经过 C_9、L_3 送至天线 TX 发射。L_3 为天线加感线圈，用于天线长度小于 1/4 波长时，以提高天线的发射效率。C_7 与 C_9 的容量不可以大于 20pF，否则天线的变动将会引起频率的不稳定。

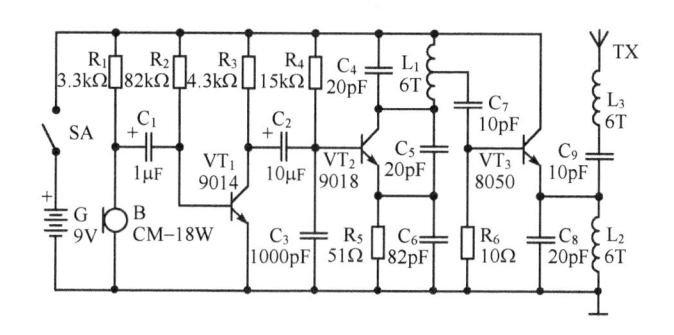

图 5.9 无线调频话筒电路

（2）安装与调试

电路中 VT_1 可用 2SC9014，VT_2 可用 2SC9018，要求放大倍数要大于 80 倍；VT_3 选用 8050C，要求放大倍数要大于 50 倍；B 选用高灵敏度驻极体话筒 CM-18W；电感 $L_1 \sim L_3$ 采用直径为 0.51mm 漆包线在铅笔杆上平绕 6 匝取下而成；L_1 应在 3 匝处抽头，L_2 与 L_3 在印制电路板上应互相呈垂直状态排列；$C_3 \sim C_9$ 采用高频瓷介电容器。电源采用叠层电池 6F22-9V，开关 SA 选用 1×1 微型拨动开关，天线采用多股 400mm 长的塑料软线。

按照电子工艺要求焊接组装，而后整机调试。首先检测各级静态工作电流，调电阻 R_2 使 VT_1 的集电极电流约为 1mA 左右；调整电阻 R_4 使 VT_2 的集电极电流为 4~6mA，此时用镊子短路 C_4，此电流应有明显变化，说明高频振荡器工作正常。VT_3 的工作点不用调试，测量电路总电流约为 10mA 左右。其次调整发射频率，电路中电感 L_1、电容 C_4 决定发射频率，一般改变电感 L_1 的匝间距离，既改变发射频率；用超高频毫伏表测量天线与地之间的高频电压，用数字频率计观测其频率，调整电感 L_1 的匝间距离应能得到 90MHz 的载波频率，调整电感 L_2、L_3 的匝间距离，使高频电压达到最大值即可；适当调整电阻 R_1 阻值的大小，使话筒受话灵敏度最大且声音清晰，调频收音机能稳定清晰地接收到无线话筒的信号。

高灵敏无线调频话筒电路元器件清单如表 5.6 所示。

表 5.6 高灵敏无线调频话筒电路元器件清单

符 号	规 格	名 称	符 号	规 格	名 称
B	CM-18W	驻极体话筒	C_4、C_5、C_8	20pF	高频瓷介电容器
VT_1	2SC9014	NPN 型三极管	C_6	82pF	高频瓷介电容器
VT_2	2SC9018	超高频三极管	C_7、C_9	10pF	高频瓷介电容器
VT_3	8050C	超高频三极管	R_1	3.3kΩ	1/8W 碳膜电阻器
SA	1×1 拨动开关	微型拨动开关	R_2	82 kΩ	1/8W 碳膜电阻器
TX	0.4m 多股软铜线	天线	R_3	4.3kΩ	1/8W 碳膜电阻器
L_1、L_2、L_3	⌀0.51mm 漆包线绕 6T	自制电感	R_4	15kΩ	1/8W 碳膜电阻器
C_1	1μF/10V	电解电容	R_5	51Ω	1/8W 碳膜电阻器
C_2	10μF/10V	电解电容	R_6	10Ω	1/8W 碳膜电阻器
C_3	1000pF	高频瓷介电容器			

2. 采用 μPC1651 的无线话筒

采用 μPC1651 的调频无线话筒电路如图 5.10 所示。采用集成电路 μPC1651 的调频无线话筒，具有工作稳定、性能可靠、装调简单的特点。工作频率可在 88~108MHz 的调频波段内选择，用普通调频收音机即可接收。

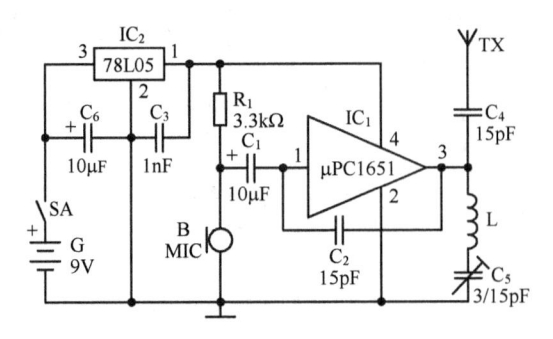

图 5.10 采用 μPC1651 的调频无线话筒电路

（1）电路原理

电路核心是由 μPC1651 集成电路 IC_1 和电感 L、电容 C_2、C_5 构成高频振荡电路，声音信号通过驻极体话筒 B、电容 C_1 对高频振荡电路调频，调频信号通过电容 C_4 耦合至天线向外辐射电磁波。

集成电路 μPC1651 是一种高性能的超高频宽带低噪声放大电路，内含两极放大器，工作可靠、增益高。它仅有 4 个引脚，在 +5V 工作电源下，其静态电流为 20mA 左右。

为了进一步提高电路的频率稳定性，采用三端集成稳压器 78L05，对 9V 电池稳压后对集成电路 μPC1651 供电，并通过电阻 R_1 给驻极体话筒 B 提供偏置。

（2）安装与调试

驻极体话筒 B 选用高灵敏度 CM-18W，以确保性能良好；电感 L 采用直径为 0.51mm 漆包线在铅笔杆上平绕 6 匝取下而成；可调电容 C_5 采用高频瓷介电容器 3/15pF，调整此电容量可使振荡频率保持在 88~108MHz 内，便于调频收音机接收；电源采用叠层电池 6F22-9V，天线采用 400mm 左右的软导线，开关 SA 选用 1×1 微型拨动开关。

按照电子工艺要求焊接组装，而后整机调试。首先检测整机静态工作电流，将万用表串接在集成电路 μPC1651 的 4 脚，测量其电流，应小于 25mA。其次调整发射频率，电路中电感 L、电容 C_5 决定发射频率，改变电容 C_5 或电感 L 的匝间距离，既可改变发射频率；打开调频收音机，在 88~108MHz 范围内搜索本机信号。如两机频率对准，收音机里会产生剧烈的啸叫声，此点应避开当地的调频广播电台所使用的频率，避开方法是改变电容 C_5 或电感 L 的匝间距离，使调频收音机能稳定清晰地接收到无线话筒的信号。

采用集成电路 μPC1651 的调频无线话筒元器件清单如表 5.7。

表 5.7 调频无线话筒元器件清单

符 号	规 格	名 称	符 号	规 格	名 称
IC_1	μPC1651	超高频放大集成电路	C_1、C_6	10μF/10V	电解电容
IC_2	W78L05	三端集成稳压器	C_2、C_4	15pF	高频瓷介电容器
B	CM-18W	高灵敏度驻极体话筒	C_3	1nF	高频瓷介电容器

续表

符 号	规 格	名 称	符 号	规 格	名 称
SA	1×1拨动开关	微型拨动开关	C_5	3/15pF	高频瓷介可调电容
L	⌀0.51mm 漆包线绕6T	自制电感	R_1	3.3kΩ	1/8W 碳膜电阻器
TX	0.4m 多股软铜线	天线			

5.3.2 接收机电路

超再生调频接收电路如图 5.11 所示。该调频接收机电路利用超再生调频接收原理，采用了高增益微型集成电路，因此电路简单新颖。接收效果达到一般调频接收机的水平，同时克服了超再生接收机选择性差、噪声大等缺点，又保持了灵敏度高、耗电少、线路简单和成本低等优点。

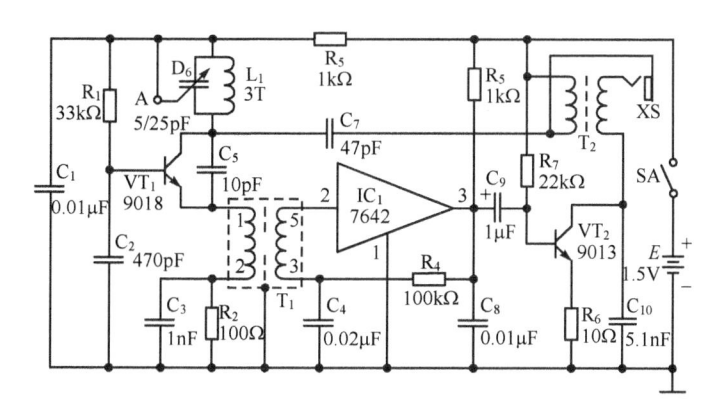

图 5.11 超再生调频接收电路

1. 超再生调频接收机电路原理

超再生调频接收电路由超再生调频接收、FM-AM 变换部分、调幅检波及低放电路组成。调频波的超再生接收，实际上就是将调频波转换成调幅波，同时对调幅波进行包络检波以得到低频信号。图 5.11 中的三极管 VT_1 及外围元件组成典型的超再生调频接收电路，并将调频波信号转换成调幅信号以及进行包络检波输出音频信号。如果直接从 R_3 端取出包络检波后的音频信号进行放大，得到的音频噪声比较大，但使接收机的选择性变差。

因此，这里采用从 VT_1 的发射极通过串联回路中的高频扼流圈上感应到的调幅信号再进行高频放大、检波输出音频信号的方法，以克服上述不足。当 VT_1 工作时，在高频扼流圈上会形成一个被调频节目调制的调幅信号。这个信号通过互感器 T_1 耦合到调幅波接收解调专用集成电路 IC_1（7642）上进行调幅波的解调。

该集成电路包含了一级高阻输入、三级高频放大及检波输出的全过程，而且增益大于 70dB。检波输出的音频信号由电容 C_9 耦合到三极管 VT_2 进行低频放大，通过耳机插座 XS 输出到负载（耳机）收听广播节目。高频扼流圈 T_2 的作用是防止高频信号与电池及其他部分形成回路而被衰减，但对音频信号却无阻碍作用。

2. 安装与调试

集成电路 IC_1 选用 7642 型调幅波接收专用解调集成电路。高频扼流互感器 T_1 选用旧收音机中拆下的 AM—IFT 微型中周绕制，把原来绕制在"工"字形磁芯上的漆包线拆下，再

用 $\phi0.07mm$ 的高强度漆包线重绕，初级高频扼流部分绕约 50 圈，次级感应部分绕约 150 圈后加上调节磁帽及外屏蔽即可。高频扼流圈 T_2 选用双孔磁环，用 $\phi0.31mm$ 的漆包线在各孔中各绕 10 圈制成，为减小线圈漏感与分布电容的影响，匝间距离应尽可能大（绕稀一些，并绕得紧一些）。高频电感 L_1 采用 $\phi1.0mm$ 的漆包线在 $\phi5.0mm$ 的圆棒上绕 3 圈脱胎而成。电容 C_6 为小型瓷介微调电容，焊接时要求把动片接在图中的 A 端，目的是减小调台时人体感应对调谐回路的影响。

元器件焊接装配时引脚应尽量短，以减少分布电容的影响。所有元器件装配完成后，并检查无误就可以进行调试。首先，通过调整 R_1 把 VT_1 的集电极电流调为 0.3~0.5mA，调整电阻 R_7 使 VT_2 的集电极电流约为 2mA 左右。此时用耳机便可收听到"丝丝"流水响声（电噪声），通过调节 C_6 的电容量来收听调频电台的广播节目。

调整线圈 L_1 的匝间疏密程度来调整电路的接收频率范围。如果频率高端的电台收不到，可以把线圈拉开一点；如果频率低端的电台收不到，可以把线圈夹紧一点。可反复细调 L_1 匝距和 T_1 的磁帽，使接收的音质音量达到最好。调整完成后，用高频石蜡将线圈 L_1 及 T_1 的磁帽固定，以提高接收频率的稳定性。但不要采用一般蜡烛油固定，以免加大损耗、降低接收灵敏度。

再生调频接收机电路元器件清单如表 5.8 所示。

表 5.8 再生调频接收机电路元器件清单

符　号	规　格	名　称	符　号	规　格	名　称
IC_1	7642	调幅波解调集成电路	C_9	1μF/10V	电解电容
T_1	$\phi0.07mm$	自制高频扼流互感器	C_{10}	5.1nF	高频瓷介电容
T_2	$\phi0.31mm$	自制高频扼流圈	R_1	33kΩ	1/8W 金属膜电阻
L_1	$\phi1.0mm$	自制电感	R_2	100Ω	1/8W 金属膜电阻
C_1、C_8	0.01μF	高频瓷介电容	R_3、R_5	1kΩ	1/8W 金属膜电阻
C_2	470pF	高频瓷介电容	R_4	100kΩ	1/8W 金属膜电阻
C_3	1nF	高频瓷介电容	R_6	10Ω	1/8W 金属膜电阻
C_4	0.02μF	高频瓷介电容	R_7	22kΩ	1/8W 金属膜电阻
C_5	10pF	高频瓷介电容	VT_1	2SC9018	NPN 型三极管
C_6	5/25pF	高频瓷介微调电容	VT_2	2SC9013	NPN 型三极管
C_7	47pF	高频瓷介电容			

5.3.3 发射机电路

小功率调频发射机电路如图 5.12 所示。该小功率调频发射机采用 MC2833P 单片机集成调频发射电路，具有发射频率稳定、功耗低、电路简单等优点，可广泛用于小范围的语音、数据等无线传输。

1．小功率调频发射机电路原理

MC2833P 是美国 Motorola 公司生产的单片机集成调频发射电路，适用于无绳电话和其他调频通信设备中，该芯片内集成有话筒放大器、射频振荡器、射频缓冲器、可变电抗调制器和两个截止频率达 500MHz 的晶体管。MC2833P 的内部结构和引脚排列如图 5.13 所示。

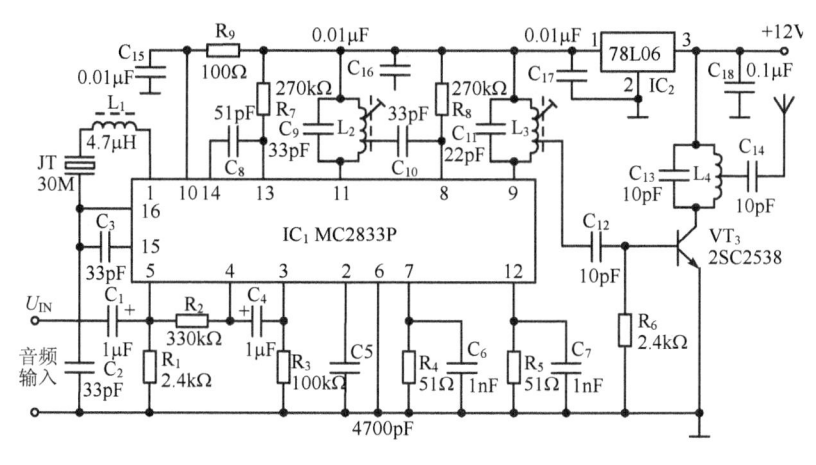

图 5.12 小功率调频发射机电路

引脚符号说明：1 脚是可变电抗输出端，2 脚是去耦端，3 脚是调制器输入端，4 脚是话筒放大器输出端，5 脚是话筒放大器输入端，6 脚是接地端，7 脚是内部晶体管 VT_2 的发射极，8 脚是内部晶体管 VT_2 的基极，9 脚是内部晶体管 VT_2 的集电极，10 脚是电源端，11 脚是内部晶体管 VT_1 的集电极，12 脚是内部晶体管 VT_1 的发射极，13 脚是内部晶体管 VT_1 的基极，14 脚是射频振荡器的缓冲输出端，15 脚是射频振荡器外接元件端，16 脚是射频振荡器外接元件端。

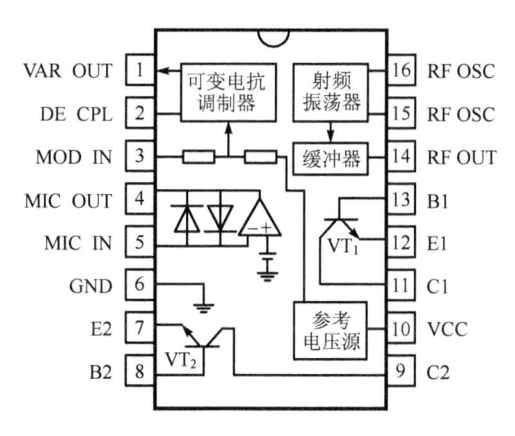

图 5.13 MC2833P 的内部结构和引脚排列

在图 5.12 电路中，音频信号经 C_1 耦合输入 IC_1 的 5 脚，由内部放大器放大后 4 脚输出，R_2 为内部放大器的负反馈电阻，调节 R_2 可改变电压增益。C_4 为耦合电容，将音频信号送入 IC_1 的 3 脚，即可变电抗调制器的输入端；C_5 为可变电抗调制器的去耦电容。IC_1 的 1 脚和 16 脚之间的电感 L_1 和晶体 JT 以及电容 C_2、C_3 构成了克拉泼振荡电路，产生 30MHz 的载波信号，调制后的 30MHz 的载波信号经缓冲放大，由 IC_1 的 14 脚输出。已调载波信号经 C_8 耦合 IC_1 内部 VT_1、VT_2 两个晶体管组成的两级倍频放大器，IC_1 的内部晶体管 VT_1、L_2 和 C_9 组成调谐选频放大器，选出 3 倍于 30MHz 的已调载波信号，即 90MHz 的已调载波信号。IC_1 的内部晶体管 VT_2、L_3 和 C_{11} 组成二次倍频调谐放大器，即输出 90MHz 的已调载波信号。C_{10} 和 C_{12} 为级间耦合电容。晶体管 VT_3、L_4 和 C_{13} 组成高频率调谐丙类窄带功率放大器，对 90MHz 的已调载波信号再进一步射频功率放大，经 C_{14} 耦合到发射天线向周围空间辐射。

为进一步防止射频干扰，稳定输出频率，提高输出功率，末级功率放大采用 12V 供电，三端集成稳压器 IC_2 提供给 IC_1 集成电路 6V 电源。$C_{15} \sim C_{18}$ 为电源退耦滤波电容，C_6、C_7 为 IC_1 的内部晶体管 VT_1、VT_2 的射极旁路电容。

2. 安装与调试

为减小噪声，所有电阻选用金属膜电阻，C_1、C_4 为电解电容，其余均为高频瓷介电容；电感 L_2、L_3 可在 ϕ6.0mm 塑料骨架上用 ϕ0.31mm 的漆包线绕 11 匝，4 匝处抽头，然后放入 MX4 高频磁芯，电感 L_4 用 ϕ0.51mm 的漆包线在 ϕ5.0mm 的圆棒上绕 6 匝中心抽头脱胎而成。天线可采用双层十字形全方向天线，以增加覆盖范围，并用 75-5 优质同轴电缆引至本机的射频输出端。

元器件焊接装配时引脚应尽量短，以减少分布电容的影响。所有元器件装配完成后，并检查无误就可以进行调试。调试电路时，应在射频输出端接入 75Ω 高频假负载电阻，以防空载时损坏射频功率管 VT_3。首先，断开耦合电容 C_8，分别通过调整 R_7 和 R_8 的阻值，使 IC_1 内部两个晶体管 VT_1、VT_2 的集电极静态电流分别为 1mA、2~4mA。接通耦合电容 C_8，用高频毫伏表和数字频率计测试 IC_1 的 14 脚射频输出端，其输出电压约为 100mV，频率为 30MHz；用数字频率计测试 IC_1 的 8 脚 VT_2 基极时，用无感小改锥调整电感 L_2 磁芯使数字频率计显示数值为 "90.00MHz" 即完成了三倍频电路的调试。用数字频率计的测试 VT_3 基极，调整 L_4 的磁芯使数字频率计显示数值为 "90.00MHz" 即完成了倍频电路的调试。去掉 75Ω 高频假负载电阻接入天线，用无感扁平小改锥拨动 L_4 的匝距，使末级功放输出最大，即完成了对电路的调试。

小功率调频发射机电路元器件清单如表 5.9 所示。

表 5.9 小功率调频发射机电路元器件清单

符 号	规 格	名 称	符 号	规 格	名 称
IC_1	MC2833P	调幅波解调集成电路	R_1、R_6	2.4kΩ	1/8W 金属膜电阻
IC_2	LM78L06	三端集成稳压电路	R_2	330kΩ	1/8W 金属膜电阻
C_1、C_4	1μF/16V	电解电容	R_3	100kΩ	1/8W 金属膜电阻
C_2、C_3	33pF	高频瓷介电容	R_4、R_5	51Ω	1/8W 金属膜电阻
C_5	4700F	高频瓷介电容	R_7、R_8	270kΩ	1/8W 金属膜电阻
C_6、C_7	1nF	高频瓷介电容	R_9	100Ω	1/8W 金属膜电阻
C_8	51pF	高频瓷介电容	JT	30MHz	晶体
C_9、C_{10}	33pF	高频瓷介电容	VT_3	2SC2538	NPN 型三极管
C_{11}	22pF	高频瓷介电容	L_1	4.7μH	电感
$C_{12} \sim C_{14}$	10pF	高频瓷介电容	L_2、L_3	ϕ0.31mm×11T	自制高频可调电感
$C_{15} \sim C_{17}$	0.01μF	高频瓷介电容	L_4	ϕ0.51mm×6T	自制高频电感
C_{18}	0.1μF	高频瓷介电容			

5.4 数字万用表

5.4.1 数字万用表电路组成

1. 数字万用表组成框图

数字万用表是由 A/D 转换器、显示电路、LCD 显示器、功能转换器、电源和功能/量程转换开关等构成，其结构如图 5.14 所示。数字万用表的核心部分是直流数字电压表 DVM，由 A/D 转换器、数字电路、LCD 显示器组成；A/D 转换器能将连续变化的模拟量转变为数字量，并由计数器计数，并通过译码器和液晶显示器显示输入电压的数值。由于数字万用表的核心部分是直流数字电压表 DVM，所以测量其他被测量只有通过各种变换器转换成直流电压。因此，数字万用表与模拟万用表有两点不同：数字万用表的基本测量是直流电压，而模拟万用表的基本测量是直流电流；数字万用表中，用直流数字电压表 DVM 代替模拟万用表中简单的磁电系表头。

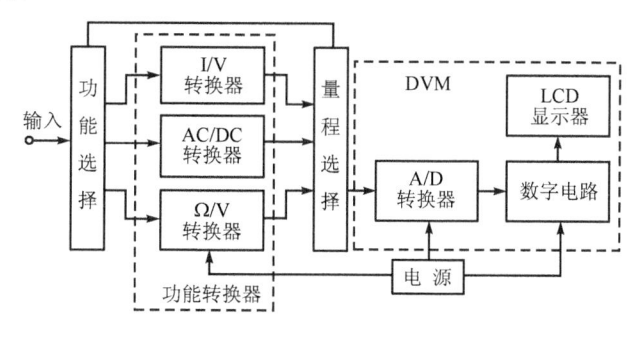

图 5.14 数字万用表组成框图

2. 由 ICL7136 构成的直流数字电压表——DVM

由单片大规模集成电路 ICL7136 构成的 3½ 位直流数字电压表的典型电路如图 5.15 所示。该直流数字电压表的基本量程为 200mV，亦称为基本表或基本挡。

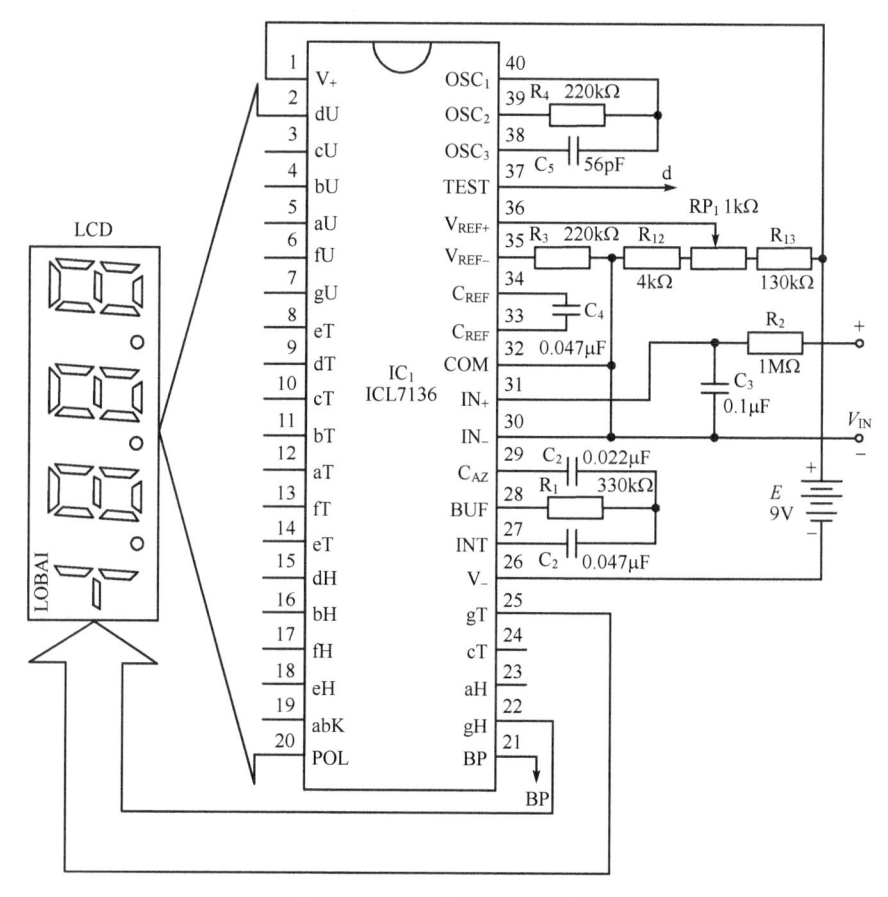

图 5.15 3½ 位数字电压表电路

ICL7136 构成数字电压表的工作原理及外围元件的作用如下。

ICL7136 输入端 R_2、C_3 组成阻容高频滤波器滤波，以提高整个仪表抑制高频干扰的能力和过载能力；基准工作电压由 RP_1、R_{12}、R_{13} 组成的分压器提供，其中 RP_1 是精密多圈电位器，调整 RP_1 可使基准电压 U_{REF}=100.0mV；R_2 兼作 IN_+ 输入端的限流电阻。C_2、C_4 分别是自动调零电容和基准电容；R_1、C_1 依次为积分电阻与积分电容。ICL7136 内部的两个反相器与外部的 R_4、C_5 阻容元件构成时钟振荡器，产生时钟频率为选 40kHz 的脉冲信号，该信号经内部分频器，最后形成 10kHz 的计数脉冲和 50Hz 的方波（驱动显示器）。

液晶显示器 LCD 运用了交流 50Hz 的方波供电方式，即将两个相位相反的方波信号分别加至液晶显示器内笔画的两端，利用二者之间的电位差驱动笔画显示。液晶显示器经过导电橡胶条与集成电路 ICL7136 相连接。

单片大规模集成电路 ICL7136 各引脚功能见表 5.10 所示。

表 5.10 单片大规模集成电路 ICL7136 各引脚功能

引脚序号	引脚符号	功 能
1、26	V_+、V_-	电源输入端（9V 供电），"V_+" 为电源正极，"V_-" 为电源负极
2～8	$aU～gU$	输出个位数的笔画驱动信号，连接 LCD 显示器
9～14、25	$aT～gT$	输出十位数的笔画驱动信号，连接 LCD 显示器
15～18、22～24	$aH～gH$	输出百位数的笔画驱动信号，连接 LCD 显示器
19、20	abK、POL	输出千位数的笔划驱动信号，连接 LCD 显示器，其中 POL 为低电位时，显示器显示出负号
21	BP	公共电极的驱动端，简称"背电极"
27	INT	积分器输出端，接积分电容
28	BUF	输入缓冲放大器输出端，外接积分电阻
29	C_{AZ}	积分器和比较器的反相输入端，外接自动调零电容
30、31	IN_+、IN_-	模拟量输入的正端和负端
32	COM	模拟信号公共端
33、34	C_{REF}	接基准电容
35、36	V_{REF-}、V_{REF+}	基准电压的正端和负端
37	TEST	测试端，接逻辑线路的公共地
38、39、40	$OSC_3～OSC_1$	时钟振荡器输出端

5.4.2 DT—890 型 3½位数字万用表的组成

DT—890 型 3½位数字万用表总电路如图 5.16 所示。

DT—890 型 3½位数字万用表电路部分由十部分组成：小数点及低电压指示符驱动显示电路、A/D 转换电路、直流电压测量电路、交流电压测量电路、直流电流测量电路、交流电流测量电路、电阻测量电路、电容测量电路、晶体管 h_{FE} 测量电路、二极管及蜂鸣器电路。

整机电路共使用五个集成电路：

IC_1——单片微功耗 3½位 A/D 转换器 ICL7136；

IC_2——COMS 双定时器 ICM7556；

IC_3——低功耗双运放 TL062；

IC_4——四异或门 CD4030（或 CD4070）；

IC_5——二输入端四与非门 CD4011。

第5章 电子技术实践训练

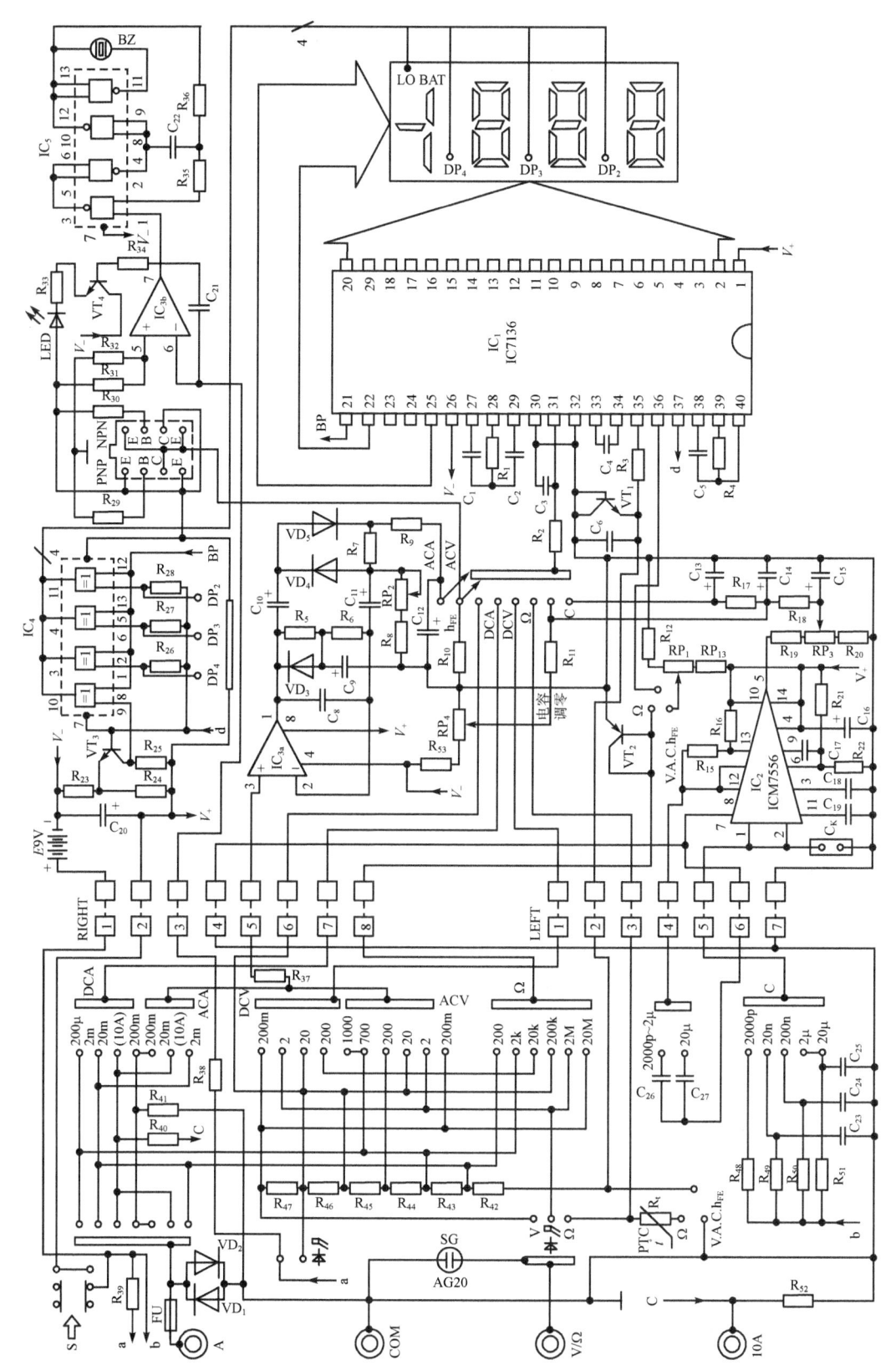

图 5.16 DT890型 3½位数字万用表电路图

DT-890 型 3½ 数字万用表的特点是采用脉宽调制法（PWM）测电容量，电容测量范围是 1pF~20μF；具有自动调零、自动极性显示、超量程指示等功能；各基本量程均设有保护电路，可承受高达 1.5~3kV 的冲击电压，电流挡有过流保护装置；测量速率约为每秒 2.5 次。

5.4.3 DT—890 型 3½ 位数字万用表电路原理

DT-890 型 3½ 位数字万用表的各个功能是通过切换不同的测量电路来实现的。

1. 小数点及低电压指示符驱动显示电路

小数点及低电压指示符驱动显示电路如图 5.17 所示。

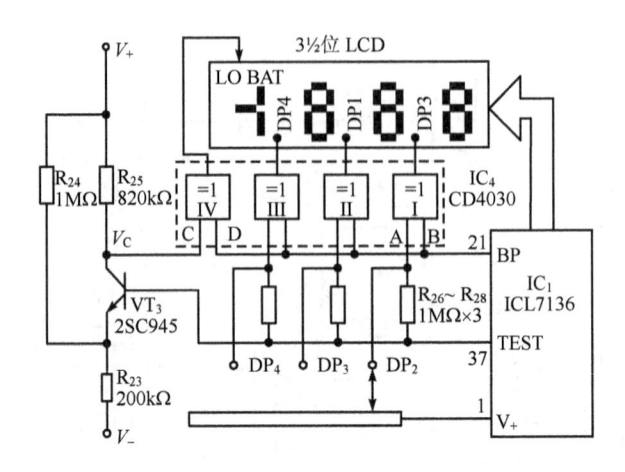

图 5.17 小数点及低电压指示符驱动显示电路

小数点驱动电路主要由 IC_4 四异或门 CD4030 和下拉电阻 R_{26}~R_{28} 组成，当小数点选择开关拨至"十位"时，异或门Ⅰ的 A 端与集成电路 IC_1（ICL7136）的 1 脚 V_+ 接通，即 A 端为高电位，而 IC_4 异或门Ⅰ的 B 端与集成电路 IC_1（ICL7136）的 21 脚 BP 接通，为高电位。因此，异或门Ⅰ的输出为低电位。这样，LCD 显示屏中"十位"小数点的两极间就出现了电位差，小数点也就显示出来。"百位"、"千位"小数点的显示过程亦如此。其中 20 脚为负极性驱动，21 脚为背电极驱动。

低电压指示符驱动显示电路主要由 IC_4 异或门Ⅳ和晶体管 VT_3 组成，当电池电压低时，晶体管 VT_3 截止，集电极 VC 为高电位，即异或门Ⅳ的 C 端为高电位，而异或门Ⅳ的 D 端与集成电路 IC_1（ICL7136）的 21 脚 BP 接通，为高电位。此时，异或门Ⅳ的输出端为低电位，使得"LO BAT"符号的两极间出现电位差，从而显示出"LO BAT"符号。

2. A/D 转换电路

A/D 转换电路如图 5.18 所示。

DT-890 型 3½ 位数字万用表的核心器件是 IC_1（ICL7136）大规模集成电路，它是双积分 A/D 转换器，通过它可以实现模拟量转换成数字量，并可直接驱动液晶显示器。ICL7136 集成电路具有很高的输入阻抗，典型值为 10MΩ，且单电源供电。其内部具有稳定性很高基准电压源，用于积分时的比较电压和测量时的基准电压，并设有时钟振荡及分频电路，用于积分模拟开关和数字电路控制以及液晶显示屏的驱动。

A/D 转换电路是将 200mV 以内的直流电压，通过 IC_1 内部电路和 R_1C_1 构成双积分器，对被测电压定时积分,对基准电压定值反积分,采用双斜式积分 DVM。双斜式积分 DVM 具有抗干扰能力强,测量准确度高的特点。

直流电压的输入端 IC_1 的 30、31 两脚分别为输入的负端和正端,接有 R_2、C_3 高频滤波电路;32 脚为模拟地及 COM 端,38、39、40 脚接振荡电容 C_5、电阻 R_4 构成 40kHz 时基振荡器,35、36 脚为基准电压的负端和正端,接由分压电阻 RP_1、R_{12}、R_{13} 提供的基准电压。

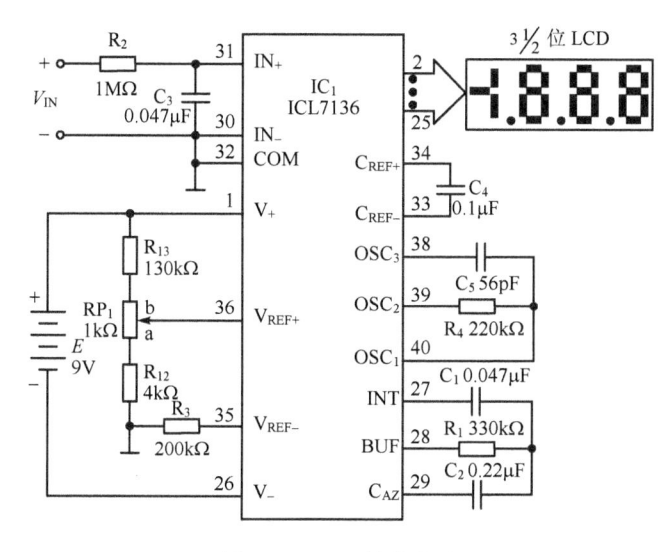

图 5.18 A/D 转换电路

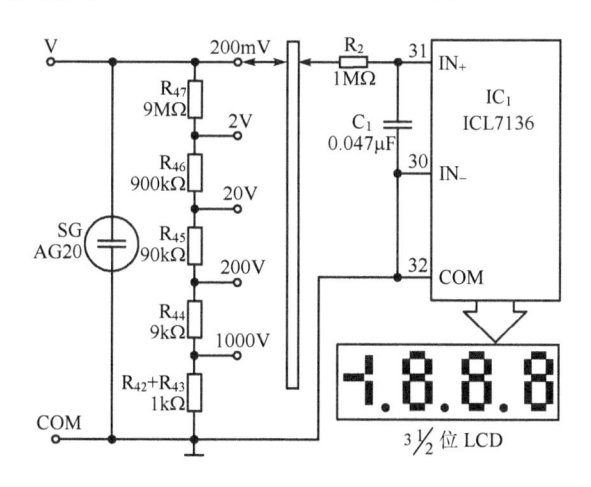

3. 直流电压测量电路

直流电压测量电路如图 5.19 所示。

直流电压测量基本量程设计为 200mV,利用精密电阻分压器将输入电压衰减到 200mV 以内,再送入到 A/D 转换器的输入端 V_{IN},完成模数转换并显示其测量的电压值。分压器由电阻 $R_{42} \sim R_{47}$ 组成,均采用误差 ±0.5%的精密金属膜电阻,总电阻为 10MΩ。图 5.19 中 R_{42}=100Ω、R_{43}=900Ω,其中 R_{42} 兼作 200Ω电阻挡的标准电阻。SG(AG20)为火花放电保护器,可吸收 1.5~3kV 以下的冲击电压。直流电压测量共分五挡:200mV、2V、20V、200V 和 1000V,对应分压系数分别为:1、0.1、0.01、0.001 和 0.0001。

图 5.19 直流电压测量电路

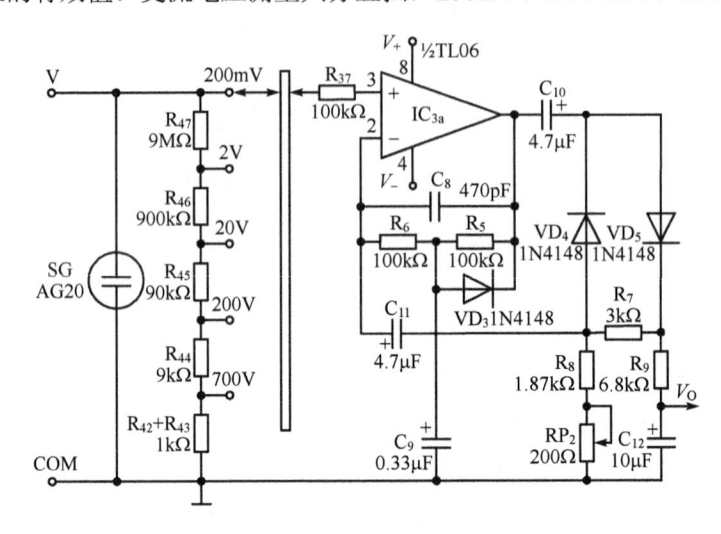

4. 交流电压测量电路

交流电压测量电路如图 5.20 所示。

交流电压测量是与直流电压测量电路共用一套分压器，将被测交流电压通过分压器衰减，再经过整流电路变换为直流电压送入到 A/D 转换器。电路中以 IC_{3a} 和二极管 VD_5 为主构成了 AC/DC 转换器，即采用线性半波整流电路，以消除二极管在小信号状态时的非线性失真。集成电路 IC_{3a} 接成同相放大器，其目的是为了提高输入阻抗。RP_2 是 200mV 交流电压挡的校正电位器，R_9、C_{12} 形成平滑滤波器，R_7、R_8、RP_2 是整流负载，R_5、R_6 为负反馈电阻，C_{10}、C_{11} 是隔直电容，避免直流分量引起测量误差，C_8 是频率补偿电容，VD_3 消除非线性失真，VD_4 是保护二极管，VD_5 是整流二极管。该电路属于平均值响应的线性半波整流电路，脉动直流电压经过平滑滤波器，获得平均值电压 V_O，通过调整 RP_2 校正电位器，可以使仪表显示的值等于被测交流电压的有效值。交流电压测量共分五挡：200mV、2V、20V、200V 和 700V。

图 5.20 交流电压测量电路

5. 直流电流测量电路

直流电流测量电路如图 5.21 所示。

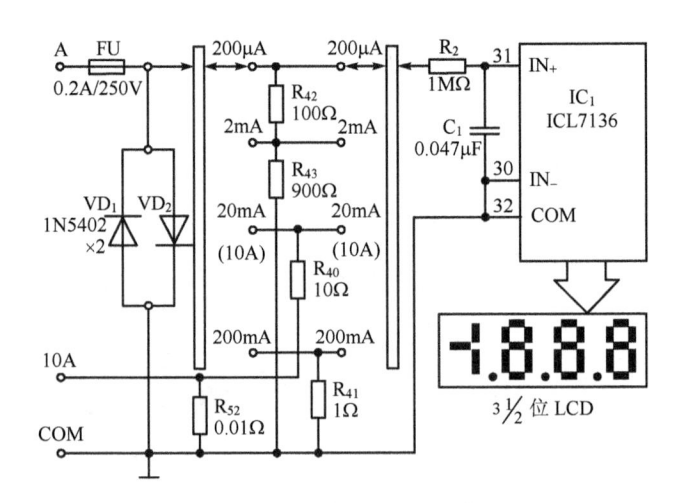

图 5.21 直流电流测量电路

直流电流测量原理是利用分流器将输入电流进行衰减分流，在分流电阻上产生一个 200mV 以内的电压，再送入到 A/D 转换器的输入端。分流器由电阻 $R_{40} \sim R_{43}$、R_{52} 组成 I/V 转换器，各电流挡满度电压均为 200mV（10A 挡除外）。其中，电阻 R_{40}、R_{42}、R_{43} 选用误差± 0.5%精密金属膜电阻，R_{41} 采用精密线绕电阻，R_{52} 用温度系数极小的锰铜丝制成，用于电流测量 10A 挡分流，其冷态电阻为 0.01Ω，其满量程功耗 1W。电路中 FU 是快速熔丝管，作过流保护用，VD_1、VD_2 为双向限幅过压保护二极管，当输入电压低于二极管的正向导通电压时，二极管截止，对测量电压毫无影响；一旦输入电压大于 0.6~0.7V 二极管立刻导通，从而限制了仪表的输入电压。直流电流测量共分五挡：$200\mu A$、2mA、20mA、200mA 和 10A。

6．交流电流测量电路

交流电流测量原理是在分流器上产生的电压经过整流变换，再送入到 A/D 转换器。将图 5.20 交流电压测量电路中的电阻分压器改换成图 5.21 直流电流测量电路中的电流分流器，即可构成交流电流测量电路，如图 5.22 所示。交流电流测量共分五挡：$200\mu A$、2mA、20mA、200mA 和 10A。

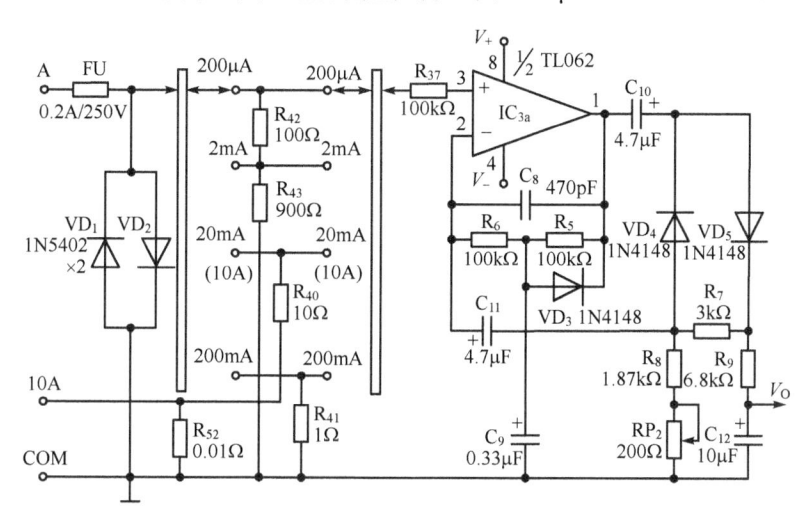

图 5.22　交流电流测量电路

7．电阻测量电路

电阻测量电路如图 5.23 所示。

电阻测量原理采用比例法测量电阻，用直流电压挡的分压电阻 $R_{42} \sim R_{47}$ 作为标准电阻 R_0，由 IC_1（ICL7136）提供基准电压 2.8V（典型值）经过电阻 R_{39} 和晶体管 VT_2 接模拟地，利用 VT_2 正向导通电压 V_F 作为测试电压，R_0 经过正温度系数 PTC 热敏电阻 R_t 与被测电阻 R_X 相串联。采用比例法测电阻时，基准电压则取自 R_0 上的压降，A/D 转换器得输入电压 V_{IN} 取自 R_X 上的压降。电路中 R_2、R_3 分别为 IC_1（ICL7136）的 IN_+ 端和 V_{REF} 端限流保护电阻，R_t（PTC 正温度系数热敏电阻）、VT_1、C_6、R_2、R_3 所组成电阻挡的保护电路，VT_1 的集电极已被短接，现利用其发射极反向击穿电压来代替稳压管作为过压保护。一旦误用电阻挡去测市电时，220V 交流电经过 R_t、VT_1 到 COM 接地，将 VT_1 的发射结反向击穿，电压被钳位于 6V 左右，可保护芯片不受损坏。与此同时，R_t 阻值急剧增大，限制 VT_1 的反向击穿电流不超过允许范围。C_6 为消噪电容，用以消除 VT_1 的发射结反向击穿时产生的噪声电压。电阻测量共分六挡：200Ω、$2k\Omega$、$20k\Omega$、$200k\Omega$、$2M\Omega$ 和 $20M\Omega$。

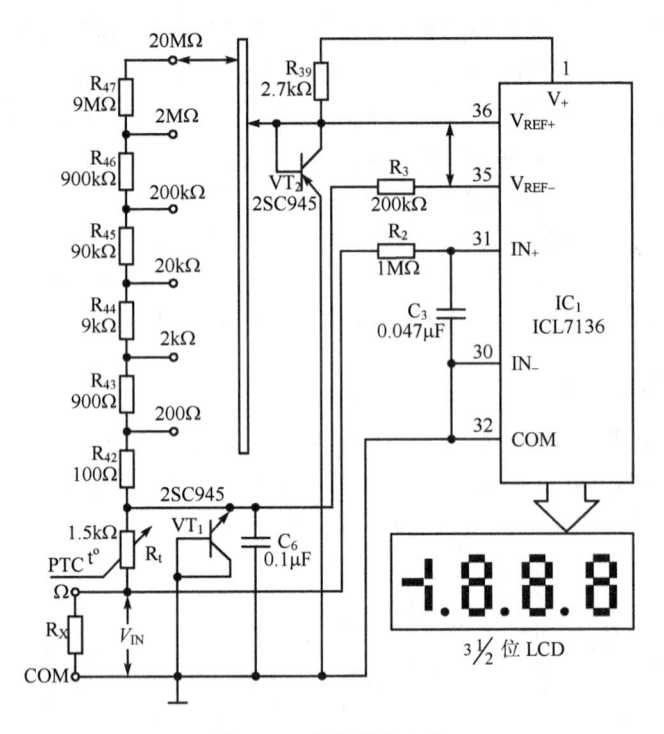

图 5.23 电阻测量电路

8. 电容测量电路

电容测量电路如图 5.24 所示。

数字万用表采用脉宽调制法（PWM）测量电容。其原理是利用被测电容 C_X 的充放电过程去调制一固定频率的脉冲信号，使占空比与 C_X 成正比，然后经过滤波电路取出直流电压 V_O，送至 A/D 转换器中，完成 C/DCV 的转换，即将被测电容量转换成直流电压，最后由电压表显示测量电容量之值。电容测量共分五挡：2000pF、20nF、200nF、2μF 和 20μF。

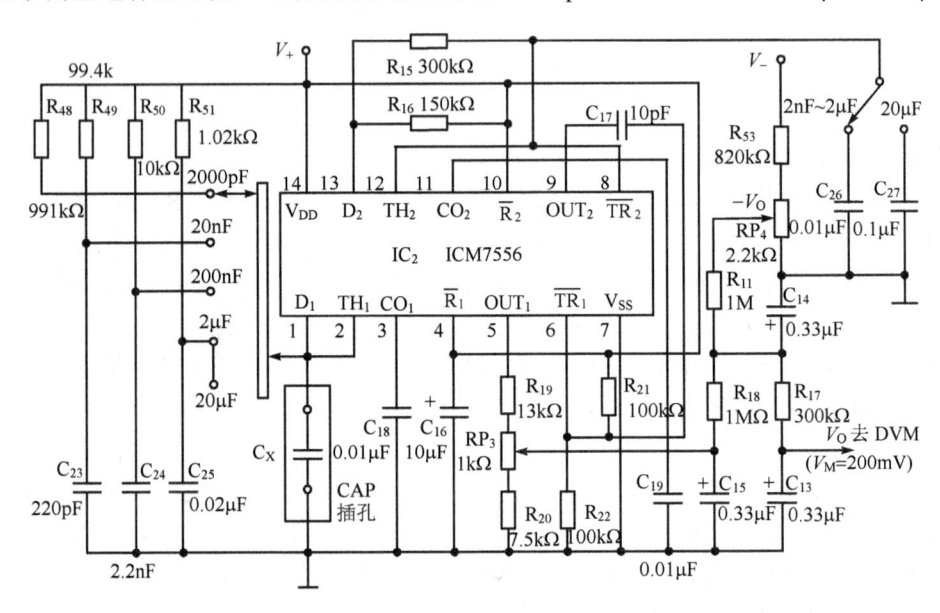

图 5.24 电容测量电路

IC$_2$（ICM7556）为 CMOS 双定时器，其中 IC$_2$ 的 8~13 脚和 R$_{15}$、R$_{16}$、C$_{26}$、C$_{27}$ 构成多谐振荡器，产生脉冲信号，振荡频率由定时电容 C$_{26}$、C$_{27}$ 和充电电阻 R$_{15}$、R$_{16}$ 决定，R$_{15}$ 兼作电容 C$_{26}$、C$_{27}$ 的放电电阻。由于电容测量范围较宽（0~20μF），为了使触发脉冲的周期能够覆盖所有量程，电路中将脉冲发生电路设为两挡定时，用量程转换开关来切换。其中，2000pF~2μF 量程的定时电容 C$_{26}$ 为 0.01μF，20μF 量程的定时电容为 C$_{27}$ 为 0.1μF。对于电容测量挡测量范围为 20nF~20μF 时，被测电容 C$_X$ 还分别与补偿电容 C$_{23}$~C$_{25}$ 相并联；2μF 挡与 20μF 挡公用一只补偿电容 C$_{25}$；2000pF 挡未接补偿电容。

IC$_2$ 的 1~6 脚和 R$_{48}$、R$_{49}$、R$_{50}$、R$_{51}$、C$_X$ 组成单稳态触发器对脉冲宽度进行调制，其暂态时间由充电电阻 R$_{48}$、R$_{49}$、R$_{50}$、R$_{51}$ 和被测电容 C$_X$ 决定。触发翻转频率则由多谐振荡器的振荡频率决定。多谐振荡器的输出经 C$_{17}$ 耦合触发单稳态触发器，单稳态触发器暂稳状态时（即 C$_X$ 充电时），其输出经 R$_{17}$~R$_{21}$ 对 C$_{13}$~C$_{15}$ 积分充电，充电时间与 C$_X$ 的容量成正比，即 C$_X$ 越大，充电时间越长，被充电压越高。当达到暂稳时间后，即 C$_X$ 上的电压充到 2/3V_+ 后，触发器翻转，C$_X$ 放电，同时积分电容 C$_{13}$~C$_{15}$ 经积分电阻放电。由于振荡频率较高，积分时间常数较大，因此在 C$_{13}$ 上形成平滑的直流电压 V_O，输入 A/D 转换器。

电路中，电阻 R$_{21}$、R$_{22}$ 为偏置电阻，其作用是在无触发信号时为 IC$_2$ 的 6 脚提供偏置电位约 1.4V 左右；R$_{19}$、R$_{20}$ 和 RP$_3$ 为 IC$_2$ 的 5 脚（OUT$_1$）的负载电阻兼分压电阻，调节标准电位器 RP$_3$ 可进行电容挡满量程校准。由于 C/DCV 转换电路本身存在失调电压，会导致不测电容时仪表在个位甚至十位上出现非零值，因此增加手动调零电路，调零电位器（ZERO ADJ）RP$_4$ 和 R$_{53}$ 组成手动调零电路。在未接被测电容 C$_X$ 时，适当调节 RP$_4$ 使 V_O 输出为 0V，从而实现电容测量零点补偿，仪表显示值为零。注意，每次测量前均需手动调零，至仪表显示值为零。特别是更换电容挡时，由于各挡的失调电压相差较大，必须重新调零。

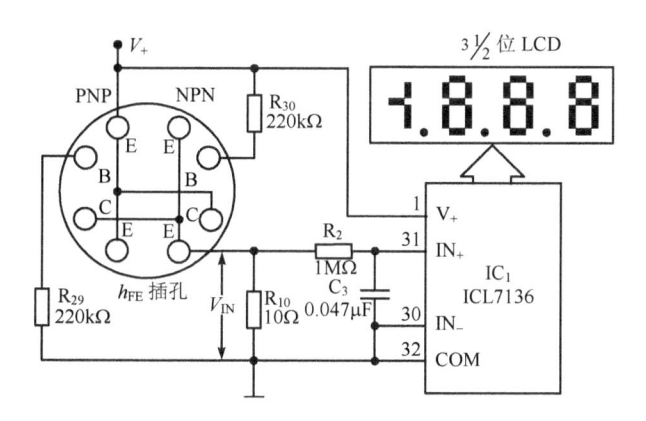

9. 晶体管 h_{FE} 测量电路

晶体管 h_{FE} 测量电路如图 5.25 所示。

图 5.25　晶体管 h_{FE} 测量电路

被测晶体管的工作电压由 IC$_1$ 的 1 脚 V_+ 端 2.8V 内部的基准电压提供，电路中 R$_{29}$、R$_{30}$ 是基极固定偏置电阻，分别为 PNP 和 NPN 两种类型的晶体管提供基极偏压，R$_{10}$ 为取样电阻。

现以 NPN 管测量为例来说明 h_{FE} 测量原理，NPN 管的集电极 C 接 V_+=2.8V，且基极 B 通过 R$_{30}$ 产生基极电流 I_b。而发射极 E 经 R$_{10}$ 接 IC$_1$ 公共端 COM，将 I_e 转换成 V_{IN}；由于

$I_c \approx I_e$，故

$$V_{IN} = I_e R_{10} \approx I_c R_{10}$$

I_c 与 V_{IN} 成正比，则

$$h_{FE} \approx I_c / I_b$$

当晶体管的 h_{FE} 不同时，在 R_{10} 上产生的电流不同，因而产生不同的电压 V_{IN}，经 IC_1 的 A/D 转换器及显示电路，即实现 h_{FE} 的测量。

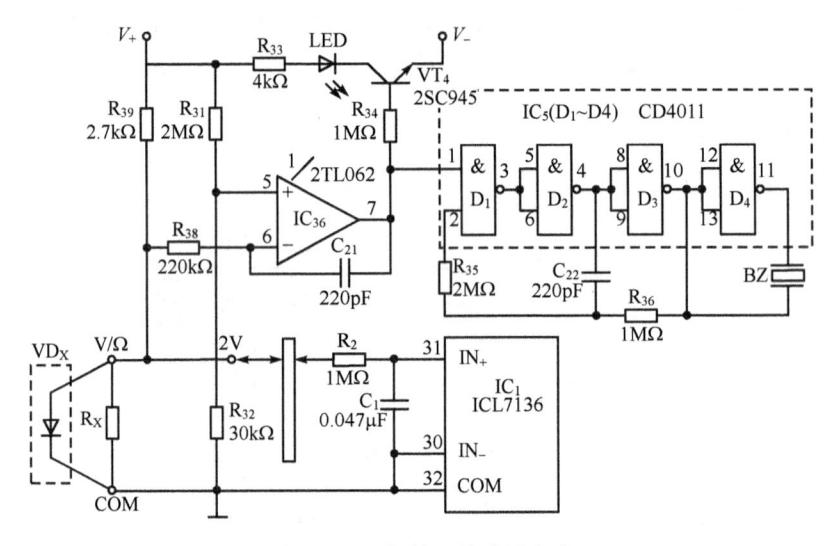

10．二极管及蜂鸣器电路

二极管及蜂鸣器电路如图 5.26 所示。

蜂鸣器电路由 IC_{3b} 和 IC_5 构成，其中 IC_{3b}、R_{31}、R_{32}、R_{38}、R_{39} 构成电压比较放大器，IC_5、R_{36}、C_{22} 组成门控 RC 振荡器和压电陶瓷片的驱动电路，门控 RC 振荡器振荡频率约为 1kHz，LED、R_{33}、R_{34}、VT_4 构成光报警电路。RC 振荡器的工作状态受 IC_{3b} 电压比较放大器的控制；IC_5 的 D_1 门 1 脚为控制端，该端为高电平时，电路起振。当被测电阻 $R_X < 30\Omega$ 时，IC_{3b} 的 6 脚电压 $\approx 0V$，5 脚电压大于 6 脚电压，IC_{3b} 的 7 脚输出高电平，门控振荡器起振，驱动压电蜂鸣片 BZ 发声，同时 VT_4 导通，LED 发出红光。因此，该电路具有声、光同时报警之功能。

二极管测量电路是在直流电压测量电路 2V 挡基础上扩展而成。V_+（2.8V）基准电压经过电阻 R_{39} 向被测二极管 VD_X 提供电压。二极管的正向导通压降 V_F 作为输入电压 V_{IN}，经 A/D 变换器直接显示 V_F 值。

图 5.26 二极管及蜂鸣器电路

5.4.4 DT—890 型 3½位数字万用表的安装与调试

1．元器件测试与安装

（1）预选元件

安装之前首先要对分压电阻 R_{42}（100Ω）、R_{43}（900Ω）、R_{44}（9kΩ）、R_{45}（90kΩ）、R_{46}（900kΩ）、R_{47}（4.5MΩ）进行筛选，要求精度为±0.5%。分流电阻 R_{40}（10Ω）、R_{41}（1Ω）的精度为±0.5%。

（2）印制板的安装

安装元器件时，要求元器件紧贴着印制板安装，元件的型号的标志应沿从左往右，从下向上的方向读出，对集成电路和有极性的元件应正确识别引脚和极性。

焊接要求：除特别说明外，严格按照电子工艺焊接要求进行。

DT—890型 3½位数字万用表所用的元器件如表5.11所示。

表5.11　DT—890型 3½位数字万用表元器件表

符　号	名　称	规　格	符　号	名　称	规　格
IC_1	低功耗3½位A/D转换器	ICL7136	R_{44}	1/4W±0.5%金属膜电阻	9kΩ
IC_2	COMS双定时器	ICM7556	R_{45}	1/4W±0.5%金属膜电阻	90kΩ
IC_3	低功耗双运放	TL062	R_{46}	1/4W±0.5%金属膜电阻	900kΩ
IC_4	四异或门	CD4030	R_{47}	1/4W±0.5%金属膜电阻	9MΩ
IC_5	二输入四与非门	CD4011	R_{48}	1/4W±0.5%金属膜电阻	991kΩ
VT_1~VT_4	三极管（NPN）	2SC945	R_{49}	1/4W±0.5%金属膜电阻	99.4kΩ
VD_1、VD_2	整流二极管	1N5402	R_{50}	1/4W±0.5%金属膜电阻	10kΩ
VD_3~VD_5	开关整流管	1N4148	R_{51}	1/4W±0.5%金属膜电阻	1.02kΩ
LCD	液晶显示器	3½位	R_{52}	锰铜丝电阻	0.01Ω
BZ	压电陶瓷片	φ20mm	R_{53}	1/4W±5%金属膜电阻	820kΩ
FU	保险管	0.2A 250V	C_1	聚碳酸酯电容	0.047μF
SG	火花放电保护器	AG20	C_2	聚碳酸酯电容	0.022μF
RP_1、RP_3	电位器	1kΩ	C_3	涤纶电容	0.1μF
RP_2	电位器	200Ω	C_4	涤纶电容	0.047μF
RP_4	电位器	2.2kΩ	C_5	云母电容	56pF
R_1	金属膜电阻	330kΩ	C_6	涤纶电容	0.1μF
R_2、R_8、R_{11}、R_{18}	1/4W±5%金属膜电阻	1MΩ	C_7	无	
R_3、R_{23}	1/4W±5%金属膜电阻	200kΩ	C_8	瓷片电容	470pF
R_4、R_{29}、R_{30}、R_{38}	1/4W±5%金属膜电阻	220kΩ	C_9	钽电解电容	0.33μF / 50V
R_5、R_6	1/4W±5%金属膜电阻	100kΩ	C_{10}	电解电容	4.7μF /16V
R_7	1/4W±5%金属膜电阻	3kΩ	C_{11}	电解电容	4.7μF /16V
R_9	1/4W±5%金属膜电阻	1.87kΩ	C_{12}	电解电容	10μF /16V
R_{10}	1/4W±0.5%金属膜电阻	10Ω	C_{13}	钽电解电容	0.33μF / 50V
R_{12}、R_{33}	1/4W±0.5%金属膜电阻	4kΩ	C_{14}	钽电解电容	0.33μF / 50V
R_{13}	1/4W±5%金属膜电阻	130kΩ	C_{15}	钽电解电容	0.33μF / 50V
R_{14}	1/4W±5%金属膜电阻	6.8kΩ	C_{16}	电解电容	10μF /16V
R_{15}、R_{17}	1/4W±5%金属膜电阻	300kΩ	C_{17}	瓷片电容	10pF
R_{16}	1/4W±5%金属膜电阻	150kΩ	C_{18}	涤纶电容	0.01μF
R_{19}	1/4W±5%金属膜电阻	13kΩ	C_{19}	涤纶电容	0.01μF
R_{20}	1/4W±5%金属膜电阻	7.5kΩ	C_{20}	电解电容	33μF /16V
R_{21}、R_{22}、R_{37}	1/4W±5%金属膜电阻	100kΩ	C_{21}	瓷片电容	220pF
R_{24}、R_{34}、R_{36}	1/4W±5%金属膜电阻	1MΩ	C_{22}	瓷片电容	220pF
R_{25}	1/4W±5%金属膜电阻	820kΩ	C_{23}	瓷片电容	220pF
R_{26}、R_{27}、R_{28}	1/4W±5%金属膜电阻	1MΩ	C_{24}	涤纶电容	2.2nF
R_{31}、R_{35}	1/4W±5%金属膜电阻	2MΩ	C_{25}	涤纶电容	0.02μF

续表

符　号	名　　称	规　　格	符　号	名　　称	规　格
R_{32}	1/4W±5%金属膜电阻	30 kΩ	C_{26}	聚碳酸酯电容	0.01μF
R_{39}	1/4W±5%金属膜电阻	2.7kΩ	C_{27}	聚碳酸酯电容	0.1μF
R_{40}	1/4W±0.5%金属膜电阻	10Ω			
R_{41}	1/2W±0.5%线绕电阻	1Ω			
R_{42}	1/4W±0.5%金属膜电阻	100Ω			
R_{43}	1/4W±0.5%金属膜电阻	900Ω			

2．基本技术指标

DT-890型3½位数字万用表的主要技术指标见表5.12至表5.14所示。测量交流电压时，200mV~20V挡的频率响应为40~400Hz，200V挡及700V挡则为40~100Hz。

表5.12　基本技术指标

测量项目	量　程	分辨率	准确度（23±5℃）	满度压降或开路电压	输入电阻	过载保护
DCV	200mV	100μV	±（0.5%RDG+1字）		10MΩ	1000V，DC或AC峰值
	2V	1mV				
	20V	10mV				
	200V	100mV				
	1000V	1V				
ACV (RMS)	200mV	100μV	±（1.2%RDG+3字）		10MΩ	700V有效值或1000V峰值
	2V	1mV	±（0.8%RDG+3字）			
	20V	10mV				
	200V	100mV				
	700V	1V	±（1.2%RDG+3字）			
DCA	200μA	0.1μA	±（0.5%RDG+1字）	200mV		0.2A/250V快速熔丝管
	2 mA	1μA				
	20 mA	10μA				
	200 mA	100μA	±（1.2%RDG+1字）			
	10A	10mA	±（2.0%RDG+5字）			未加保护
ACA (RMS)	2 mA	1μA	±（1.0%RDG+3字）	200mV		0.2A/250V快速熔丝管
	20 mA	10μA				
	200 mA	100μA	±（1.8%RDG+3字）			
	10A	10mA	±（3.0%RDG+7字）			未加保护
Ω	200Ω	0.1Ω	±（0.5%RDG+3字）	<700mV		250V，DC或AC有效值
	2kΩ	1Ω	±（0.5%RDG+1字）			
	20kΩ	10Ω				
	200kΩ	100Ω				
	2MΩ	1kΩ	±（0.8%RDG+2字）			
	20MΩ	10kΩ	±（1.0%RDG+2字）			
C	2000 pF	1pF	±（2.5%RDG+3字）	约3V峰值		
	20nF	10pF				
	200 nF	100pF				
	2μF	1nF				
	20μF	10nF				

表 5.13　附加量程技术指标

量　程		说　　明	测 试 条 件
h_{FE}	NPN	显示被测晶体管的 h_{FE} 值（0~1000）	V_{CE}≈2.8V
	PNP		I_B≈10μA
二极管测试		显示被测二极管正向压降 V_F（0~1.5V）	I_F≈1mA
			反向电压约 2.8V
检查线路通断		当线路电阻低于 30Ω 时，蜂鸣器发声，并且发光二极管 LED 发红光	开路电压约 2.8V

表 5.14　各电阻挡测试条件

量　程	开路电压（V）	满量程压降（V）	短路电流（mA）
200Ω	0.65	0.08	0.44
2kΩ	0.65	0.2	0.27
20kΩ	0.65	0.42	0.06
200kΩ	0.65	0.43	0.007
2MΩ	0.65	0.43	0.001
20MΩ	0.65	0.43	0.0001

3．调试

（1）测量电路静态工作电压

焊接元器件完成后，通电测试集成电路引脚对公共接地端 COM 电压，主要测试 IC_1、IC_2、IC_3 几个引脚电压，见表 5.15。

表 5.15　主要集成电路引脚电压

IC 符号	IC 型号	测 量 管 脚	正常电压值
IC_1	ICL7136	第 1 脚（V_+）~第 32 脚（COM）	2.8±0.4V
		第 26 脚（V_-）~第 32 脚（COM）	−6.2±0.4V
		第 36 脚（V_{REF+}）~第 32 脚（COM）	100.0mV
IC_2	ICM7556	第 1 脚（D_1）或第 2 脚（TH_1）~第 32 脚（COM）	1.4mV（不接 C_X）
		第 5 脚（OUT_1）~第 32 脚（COM）	12.9mV（不接 C_X）
			接上 C_X 后电压升高
		第 9 脚（OUT_2）~第 32 脚（COM）	1.57V（不接 C_X）
			接上 C_X 后电压不变
IC_3	TL062	第 7 脚（VO_2）~第 32 脚（COM）	−5V（蜂鸣器不发声）
			约 3V（蜂鸣器发声）

检查 LCD 显示：将 ICL7136 的第 31 脚（IN_+）与第 30 脚（IN_-）短接，使输入电压 V_{IN}=0V，此时仪表应显示"00.0"；将 ICL7136 的第 37 脚（TEST）与第 1 脚（V_+）短接，使内部的数字地变成高电平，全部数字电路停止工作，小数点驱动电路也不工作，此时仪表应显示"1888"；将 ICL7136 的第 31 脚（IN_+）与第 26 脚（V_-）短接，此时仪表千位应显示"−1"，表示负电压溢出，ICL7136 的第 31 脚（IN_+）与第 1 脚（V_+）短接，此时仪表千位应显示"1"，表示正电压溢出。

(2) 直流电压挡的调试

1) 将功能开关置 DVC 200mV 量程挡，当输入端开路时，显示数应在 10 个字以内；输入感应信号（例如用手触摸表笔尖）时仪表应有反应。

2) 将直流电压发生器输出端与被调试表 V·Ω 和 COM 插口接好。调节直流电压发生器使其输出 100.0mV±0.02%。调整被调试表电位器 RP_1 使显示值为 100.0。

3) 依次输入 20.0mV、190.0mV 标准信号，观察被调试表显示值不应超出规定范围。

4) 依次输入 +100.0mV、−100.0mV 的标准信号，两次显示差值不得超出 ±1 个字。此项误差亦称做颠倒误差。

5) 依次将量程开关置于 2V、20V、200V 和 1000V 量程挡，分别输入 1.000V、10.00V、100.0V、1000V 标准信号，显示值应在规定范围内。

(3) 交流电压挡的调试

1) 将被调试表功能开关置于 ACV "200mV" 挡，将其输入端短路时应显示零。

2) 调节交流电压发生器使输出频率为 60Hz、0.1V（RMS）的信号，加至被调试表 V·Ω 与 COM 插口上。调节 AC/DC 转换电路中的电位器 RP_2 使显示值为 100.0。再依次输入 0.200V、0.190V 的交流信号，显示值均应在规定范围之内。

3) 依次将量程开关拨至 2V、20V、200V、700V 挡，分别输入 1.000V、10.00V、100.0V、700V 交流信号，显示值均应在规定范围内。

4) 交流电压发生器的输出信号频率分别选 50Hz、400Hz，重复上述步骤，显示值应在规定范围内。

(4) 直流电流挡（DCA）的调试

1) 将被调试表功能开关置于拨至 DCA 200μA 挡，输入端开路时应显示零。

2) 将直流电流源输出与被调试表 V·Ω 与 COM 插口接好，依次将量程开关置于 200μA、2mA、20mA、200mA 挡，分别输入 100.0μA、1.000mA、10.00mA、100.0mA 的直流电流，显示值均应在规定范围之内。

3) 将量程开关拨于 DCA 10A 挡，将被调试表与直流电流源、监测表接好线，由直流电流源输出 10A（或 5A）的电流。若显示值偏高，则在锰钢丝电阻上加锡，减小分流电阻值，反之则刮锡，增大分流电阻值。

(5) 交流电流挡的调试

1) 将被调试表 V·Ω 与 COM 插口与交流电流源输出端接好。交流电流源的输出信号频率调至 60Hz。

2) 依次将调试表量程开关置于 ACA 200μA 挡、2mA 挡、20mA 挡、200mA 挡，分别输入 100.0μA、1.000mA、10.00mA、100.0mA 的交流电流，显示值应在规定范围之内。

(6) 电阻挡的调试

1) 将被调试表与 ZX54 型标准电阻箱接好。

2) 将被调试表功能开关依次拨至 200Ω、2kΩ、20kΩ、200kΩ、2MΩ、20MΩ 档，分别测量 100.0Ω、1.000kΩ、10.00kΩ、100.0kΩ、1.000MΩ、10.00MΩ 的标准电阻，显示值均应在规定范围之内。

（7）电容挡的调试

1）将功能开关置 CAP "2000pF" 挡。调整电容调零旋钮 "CAP ZERO ADJ"（RP_4）使显示值为零。将 1000pF 标准电容器插入 CAP 插座，调整 RP_3 使显示值为 1000。

2）将功能开关置依次拨至 2000pF、20nF、200nF、2μF、20μF 挡，分别测量 1000pF、10nF、100nF、1μF、10μF 的标准电容，显示值均应在规定范围之内。

5.5 信号产生电路

5.5.1 低频函数信号发生器

科研和教学中，信号发生器是不可缺少的工具。通常把能够产生正弦波、三角波、方波等多种波形，并且频率和占空比连续可调的信号源，称为函数信号发生器。函数信号发生器输出频率低于 1MHz 又称为低频函数信号发生器，采用单片函数发生器 ICL8038 制作的信号发生器，可同时输出方波、三角波和正弦波，频率调节范围大，正弦失真小，制作简单，价格低廉，使用方便。

1. 集成电路 ICL8038 的电路原理

集成电路 ICL8038 是一个性能优良的单片函数发生器专用集成电路，它只需外接少量阻容元件，就可同时产生正弦波、三角波和方波。该集成电路的特点是电源电压范围宽，可单、双电源供电；工作频率在 0.001Hz~300kHz 范围内可调节；输出脉冲（或方波）电平可在 4.2V 到 28V；脉冲波输出占空系数可在 1%~99% 范围内调节；输出正弦波（在 50%占空系数下）失真小于 1%；三角波输出线性度可优于 0.1%；输出各类波形的频率漂移小于 50ppm/℃；可同时输出正弦波、方波和三角波。其内部电路结构如图 5.27 所示，外部引脚排列如图 5.28 所示。

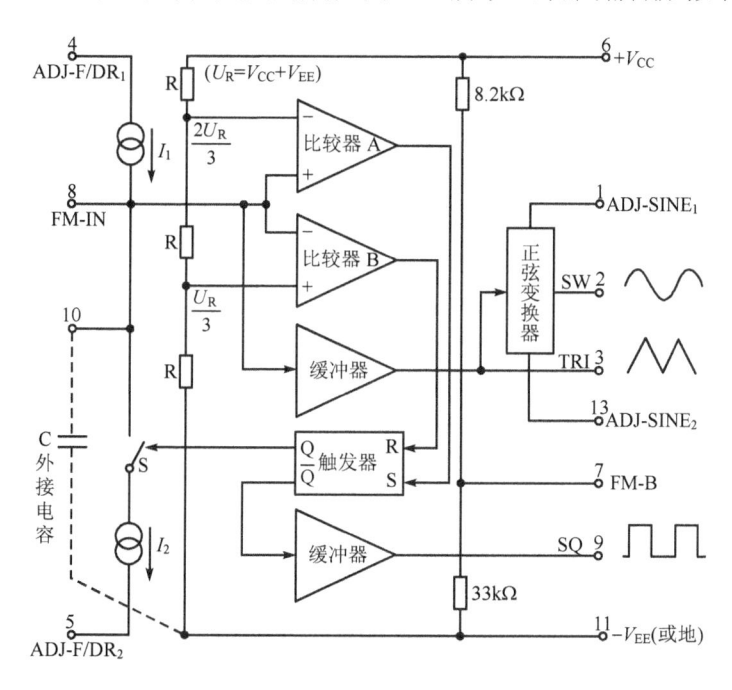

图 5.27 ICL8038 电路原理框图

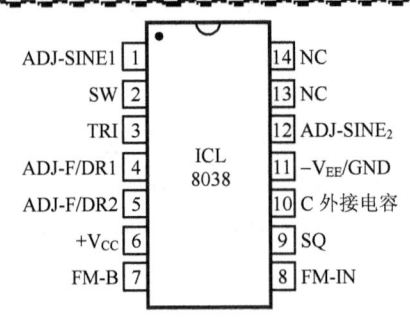

```
ADJ-SINE1  1    14  NC
SW         2    13  NC
TRI        3    12  ADJ-SINE2
ADJ-F/DR1  4 ICL 11  −V_EE/GND
ADJ-F/DR2  5 8038 10  C 外接电容
+V_CC      6     9  SQ
FM-B       7     8  FM-IN
```

1—正弦波线性调节；2—正弦波输出；3—三角波输出；4—恒流源调节；5—恒流源调节；6—正电源；7—调频偏置电压；8—调频控制输入端；9—方波输出（集电极开路输出）；10—外接电容；11—负电源或接地；12—正弦波线性调节；13、14—空脚

图 5.28　ICL8038 引脚功能

集成电路 ICL8038 内部由恒流源 I_1、I_2，电压比较器 A、B，缓冲器、正弦变换器和触发器等组成。在内部原理电路框图中，电压比较器 A、B 的门限电压分别为 $2U_R/3$ 和 $U_R/3$（其中 $U_R=V_{CC}+V_{EE}$），由内部电阻 R 分压网络提供；电流源 I_1 和 I_2 的大小可通过 8 脚外接电阻调节，且 I_2 必须大于 I_1；8 脚电压越高，恒流源 I_1、I_2 越小，输出频率越低，反之亦然。当触发器的 Q 端输出为低电平时，它控制开关 S 使电流源 I_2 断开。而电流源 I_1 则向集成电路 10 脚外接电容 C 充电，使电容两端电压 U_C 随时间线性上升，当 U_C 上升到 $U_C=2U_R/3$ 时，电压比较器 A 输出发生跳变，使触发器输出 Q 端由低电平变为高电平，控制开关 S 使电流源 I_2 接通。由于 $I_2>I_1$，因此电容 C 放电，U_C 随时间线性下降。当 U_C 下降到 $U_C \leq U_R/3$ 时，电压比较器 B 输出发生跳变，使触发器输出端 Q 又由高电平变为低电平，I_2 再次断开，I_1 再次向 C 充电，U_C 又随时间线性上升。如此周而复始，产生振荡。若 $I_2=2I_1$，U_C 上升时间与下降时间相等，就产生三角波输出到集成电路 3 脚。而触发器输出的方波，经缓冲器输出到集成电路 9 脚。三角波经正弦波变换器变成正弦波后由集成电路 2 脚输出。当 $I_1<I_2<2I_1$ 时，U_C 的上升时间与下降时间不相等，集成电路 3 脚输出锯齿波。因此，集成电路 ICL8038 能输出方波、三角波、正弦波和锯齿波 4 种不同的波形。

正弦变换器是一个非线性变换网络，由内部三极管开关电路与分流电阻构成的五段折线近似电路完成；当三角波电位向两端顶点摆动时，随着网络提供的分流通路阻抗会减少，这样就是三角波的两端变成平滑的正弦波；调整三极管的静态工作点，可以改善正弦波的波形失真，在 1 脚与 6 脚间接电位器可以改善正弦波的正向失真，在 12 脚与 11 脚间接电位器可以改善正弦波的负向失真。图 5.27 中的 RS 触发器，当 R 端为高电平、S 端为低电平时，Q 端输出低电平；反之，则 Q 端为高电平。

对于任一给定的输出频率，恒流源 I_1、I_2 最佳充放电电流的要求有一定的限制条件。放电电流太小，电路中的漏电流在高温时将带来显著的误差，因此，充放电电流不能小于 1μA；充放电电流太大，内部晶体管的 β 值和饱和电压将随着电流的增加而增加其带来的误差，因此充放电电流不能大于 5mA，最佳工作状态的充放电电流范围为 10μA~1mA。确定恒流源 I_1、I_2 最佳值，相应的外接电容 C 就可以取大一些。从三角波的线性方面考虑，外接电容 C 的值越大越好，因此外接电容 C 应该取允许值的上限。

由于该芯片是通过恒流源对外接 C 充放电来产生振荡的，故振荡频率的稳定性就受到外接电容及恒流源电流的影响，若要使输出频率稳定，必须采用以下措施：外接电阻 R、电容 C 的温度特性要好；应选用高精度电阻，电容应选用漏电小、质量好的非极化电容器；外部电源应稳定。

2．函数信号发生器的电路

采用 ICL8038 组成的函数信号发生器，如图 5.29 所示。

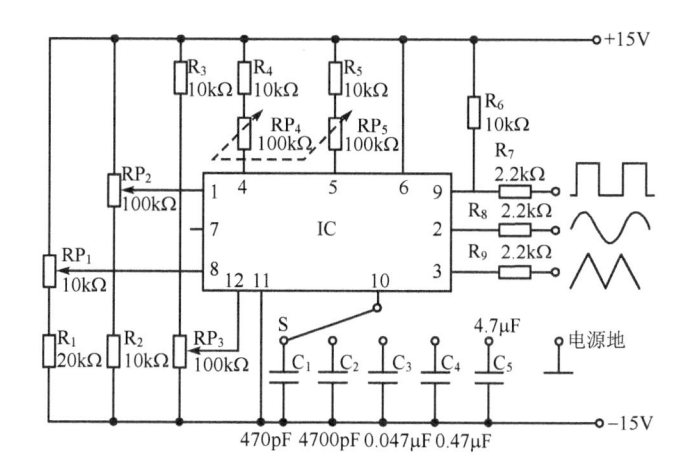

图 5.29　函数信号发生器

此电路可同时输出正弦波（2 脚）、三角波（3 脚）和方波（9 脚）。集成电路 ICL8038 的方波输出端（9 脚）为集电极开路形式，一般需在正电源与其之间外接一电阻，其阻值常选用 10kΩ 左右；外围阻容网络由 RP_1、$C_1 \sim C_5$ 组成，频率调节用开关 S 改变外接电容，可获得 1Hz~100kHz 的频率范围输出，电容 C_1（470pF）、C_2（4700pF）、C_3（0.047μF）、C_4（0.47μF）、C_5（4.7μF）分别对应 1Hz~10Hz、10Hz~100Hz、100Hz~1kHz、1kHz~10kHz、10kHz~100kHz 五段输出频率。

S 为频率粗调，改变频率倍率。RP_1、RP_4、RP_5 为频率细调，RP_4、RP_5 采用双连线性电位器，便于频率刻度，可获得所需要的输出频率；RP_2、RP_3 为正弦波尖峰圆滑调节，调整电位器 RP_2、RP_3 可使正弦波失真度减小到 0.5%左右，同时使正弦波趋于稳定。

该电路输出电平特性：方波输出幅度是从 0V 到电源电压，三角波输出幅度是 1/3 的电源电压，正弦波输出幅度是 1/4 电源电压。电路采用双电源供电时，输出波形的直流电平为零；采用单电源供电时，输出波形的直流电平为 1/2 电源电压。

3．组装与调试

（1）电路组装

按图 5.29 组装电路，用做频率范围调整的电容器 $C_1 \sim C_5$ 选用云母、聚苯乙烯电容和聚碳酸酯电容。电阻器 R_4、R_5、RP_4、RP_5 应选用允许标准偏差为±0.1%的元件，并用表认真测量，满足使用要求。

（2）电路的调试

1）用示波器分别观察 3 种波形，测量输出电压的幅度。

2）频率调节：调整频率开关 S 和电位器 RP_1、RP_4、RP_5，测量各种波形的输出频率变化范围；用双踪示波器两两比较 3 种波形的频率和幅度，并计录不同挡位频率变化情况。

3）正弦波失真度调节：调整电位器 RP_2、RP_3，用示波器观察正弦波输出端（ICL8038 的 2 脚），使输出正弦波的失真度最小，用 BS—1 型失真度仪测量输出端非线性失真，输出正弦波（在50%占空系数下）失真小于1%。

函数信号发生器电路元器件清单如表5.16所示。

表5.16 函数信号发生器电路元件清单

符号	规格	名称	符号	规格	名称
IC	ICL8038	函数发生器集成电路	R_7、R_8、R_9	2.2kΩ	1/4W 碳膜电阻
RP_1	10kΩ	金属陶瓷精密多圈电位器	C_1	470pF	云母电容
RP_2、RP_3	100kΩ	金属陶瓷精密多圈电位器	C_2	4700pF	云母电容
RP_4、RP_5	100kΩ	双连金属陶瓷多圈电位器	C_3	0.047μF	聚苯乙烯电容
R_1	20kΩ	1/4W 金属膜电阻	C_4	0.47μF	聚苯乙烯电容
R_2、R_3、R_6	10kΩ	1/4W 金属膜电阻	C_5	4.7μF	聚碳酸酯电容
R_4、R_5	10kΩ	1/4W±0.1%精密金属膜电阻			

5.5.2 高频函数信号发生器

现代电子测量、控制、通信系统等技术领域中，具有频率范围宽、分辨率高、快速转换的多种模式的信号源是非常重要的。采用单片函数发生器ICL8038制作的信号发生器，但它们只能产生300kHz以下的中、低频的正弦波、矩形波（含方波）和三角波（含锯齿波），而且频率与占空比不能单独调节，两者互相影响，这就给实际应用带来了许多不便。此外，扩展功能较少，调节方式也不够灵活，且无法满足高频精密信号源的要求。

MAX038型单片集成高频精密函数发生器具有较高的频率特性，频率范围很宽，功能较全，单片集成化，外围电路简单，使用方便灵活等优点。

1. 集成电路MAX038的电路原理

MAX038型单片集成电路能产生精确的高频正弦波、矩形波（含方波）、三角波和锯齿波，输出波形既可以人工设定，亦可以由微机或其他数字手段控制；频率范围很宽，从0.1Hz直到20MHz，最高可达40MHz，频率设定分为粗调和细调两种。改变振荡电容充、放电电流，可以大幅度调节频率，改变FADJ端的电位，能对频率进行精细调节；对于输出波形，电压幅度均为$2V_{P-P}$，对于地电位而言则是$-1\sim+1V$，输出阻抗小于0.1Ω，低阻抗输出能力可以达到±20 mA；占空比调节范围宽，最大调节范围为10%~90%（一般应用在15%~85%的范围内），且占空比与频率均可单独调节，互相影响；输出波形失真小，正弦波总谐波失真度仅为0.75%，占空比调节的非线性度只有20%；内部基准电压源的电压值为2.50V±0.02V，电压温度系数低至20×10^{-6}/℃，利用该基准电压源不仅可以提供充、放电的电流I_{IN}，以确定频率值，还能设定FADJ端的电压，实现频率微调，此外还可设定DADJ端的电压，调节占空比；内含一个相位比较器，用于锁相环；具有扫描工作方式，扫描电压外部设置；采用5V双电源供电，电压范围±4.75~±5.25V，允许变化±15%，电流约80mA，典型功耗为400 mW。

MAX038的主要应用有精密函数波形发生器、压控振荡器、频率调制器、脉宽调制器、锁相环、频率合成器、正弦波或矩形波调频发生器等。其外部引脚排列如图5.30所示，内部电路结构框图如图5.31所示。

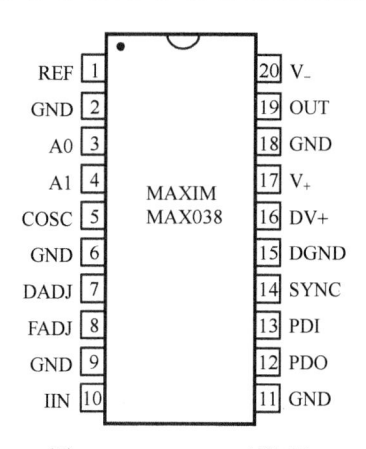

图 5.30　MAX038 引脚图

集成电路 MAX038 有 20 个引脚，其直插式封装引脚排列，引脚名称及功能如表下。

1 脚（REF）是 2.5V 基准电压输出端；2 脚（GND）是地；3 脚（A0）和 4 脚（A1）是波形选择输入，TTL/CMOS 兼容；5 脚（COSC）是外部电容接线端；6 脚（GND）是地；7 脚（DADJ）是占空比调节输入端；8 脚（FADJ）是频率调节输入端；9 脚（GND）是地；10 脚（IIN）是频率控制电流输入端；11 脚（GND）是地；12 脚（PDO）是相位检测器输出端，若相位检测器不用，可将此端接地；13 脚（PDI）是相位检测器参考时钟输入端，若相位检测器不用，可将其接地；14 脚（SYNC）是 TTL/CMOS 兼容输出端，参考值在 DV_+ 和地之间，可以使内部振荡器与外部信号同步，若此脚不用，则让它开路；15 脚（DGND）是数字地，为使 SYNC 失效或 SYNC 不用，则让它开路；16 脚（DV_+）是数字 +5V 供电输入端，如果不用 SYNC，则让它开路；17 脚（V_+）是 +5V 供电输入端；18 脚（GND）是地；19 脚（OUT）是正弦波、方波、三角波输出端；20 脚（V_-）是 −5V 供电输入端。注意：5 个地（GND）在内部没有互相连接，应用时要把 5 个地连接到靠近芯片的一个近地点。

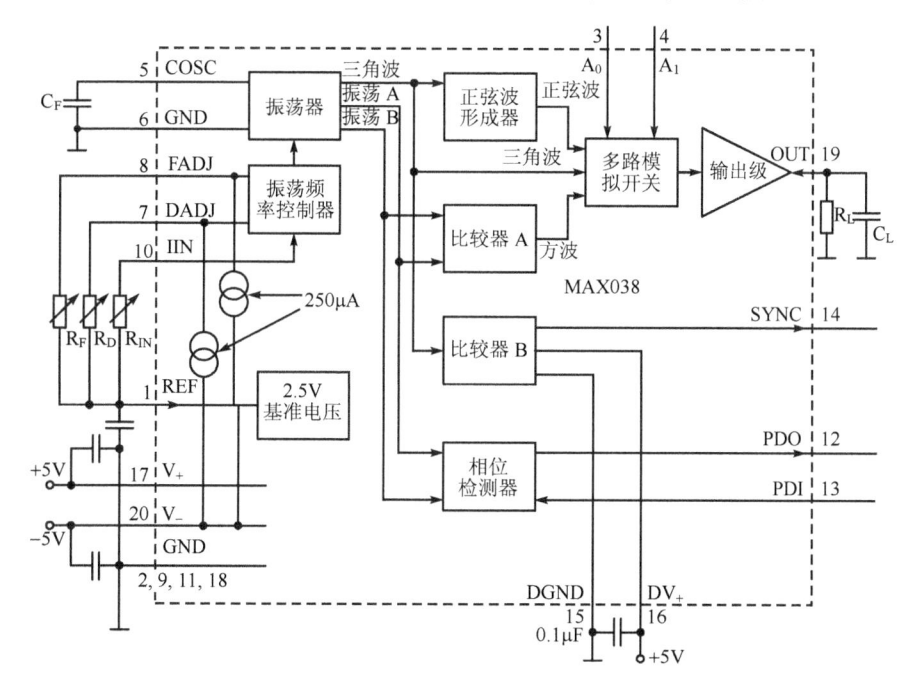

图 5.31　MAX038 内部电路结构图

集成电路 MAX038 的内部主要包括振荡器、振荡频率控制器、2.5V 基准电压源、正弦波形成器、电压比较器 A、电压比较器 B、多路模拟开关、输出级和相位检测器。

MAX038 内部结构中的基本振荡器是以恒流向电容器 C_F 充电和放电的张弛振荡器，可同时产生三角波和矩形波，三角波再由正弦形成电路转变为正弦波。三种波形进入多路模拟开关，由地址线 A_0 和 A_1 选择输出的波形。不管是什么波形或频率，输出放大器都产生一个等幅的峰峰值为 2V（±1V）的信号。

振荡器中 C_F 的充电和放电电流是由流入 IIN 的电流来控制的，改变 C_F 和 IIN 端电流的值能控制振荡器的频率。流入 IIN 端的电流可由 2μA 变化到 750μA，对任一 C_F 值可产生大于两个数量级（100 倍）的频率变化。另外，在 FADJ 引脚上加±2.4V 的电压可以改变±70% 的标称频率（$V_{FADJ}=0$ 时的频率），这种方法可以对频率进行精细调整。

输出波形占空比可由加到 DADJ 引脚上的电压来控制，其变化从 10%变化到 90%。这个电压改变了 C_F 充、放电电流的比值，而维持频率近似不变。当 FADJ 和 DADJ 接地（$V_{FADJ}=V_{DADJ}=0$）时，可以产生具有 50%占空比的标称频率的信号。REF 引脚的 2.5V 基准电源可以用固定电阻简单地连接到 IIN、FADJ 或 DADJ 引脚，也可用电位器从这些输入端接到 REF 端进行调整。输出频率反比于电容器 C_F，选择 C_F 的值可以产生高于 20MHz 的频率。

三角波同时被送入一个产生高速矩形波（SYNC）的比较器中，输出一个占空比固定为50%的矩形波，它可以用来同步其他的振荡器。SYNC 电路具有单独的电源引线因而可以被禁止。由基本振荡器产生的另两个 90°相移的矩形波送到一个"异或"相位检测器的一边。相位检测器的输入端（PDI）可接到一个外部的振荡器。相位检测器的输出端（PDO）是一个可以直接连接到 FADJ 输入端的电流源，用一个外部的振荡器来同步 MAX038。

输出信号频率控制由注入 IIN 引脚的电流、COSC 引脚电容和 FADJ 引脚上的电压决定。

输出频率粗调可通过改变 COSC 引脚电容和注入 IIN 引脚的电流；改变 COSC 引脚电容，可以达到分段调节频率；调节 REF 引脚与 IIN 引脚之间电阻 R_{IN}，来改变注入 IIN 引脚的电流，可在分段内连续调节输出频率。采用内基准时，在 $R_{IN}=V_{REF}/I_{IN}=V_{REF}/f \cdot C_F$，因此 R_{IN} 的阻值范围是 12.5~500kΩ。芯片最佳性能是注入 IIN 引脚的电流在 10~400μA 时，当只需固定频率时，应设置注入 IIN 引脚的电流为 100μA。COSC 引脚所接电容 C_F 为 20pF~100μF。使用小电容获得高频时，C_F 电容必须用短引线，使分布电容减至最小。在 COSC 引脚及其引线周围用一个接地平面来减小其他杂散信号的耦合。COSC 引脚电容 C_F 的漏电流以及所需输出频率的精度限制了低频范围；具有较高精度的最低工作频率通常用 10μF 以上的非极性化电容获得。

输出频率微调时，可改变 FDAJ 端的电压，能对频率进行精细调节。FDAJ 端电压 V_{FADJ} 在±2.4V 范围内变化时，输出频率的变化率为±70%。因此，可在 REF 端与 FADJ 端之间接一个可变电阻 R_F，若 MAX038 内部 FADJ 端电流 I_{FADJ} 以 250μA 恒流至 V-端，$R_F=(V_{REF}-V_{FADJ})/I_{FADJ}$。不作频率微调时，FADJ 端不得开路，必须经 12kΩ 电阻接地，达到禁止使用之目的，此时值只能通过 R_{IN} 进行粗调。

MAX038 内部有 2.5V 基准电压源，最大输出电流为 4mA，灌入电流是 50μA。REF 端有三个作用：第一向振荡频率控制器提供 I_{IN}；第二给 FADJ 端提供电压，进行频率微调；第三为 DADJ 端提供电压，以调节占空比。当然它也可用于 MAX038 外部的其他应用。可以用 0.01μF 的旁路电容旁路 V_{REF} 以减小噪声。

占空比调节通过改变 DADJ 端的电压，能控制波形的占空比。如 DADJ 引脚接地（$V_{DADJ}=0V$）时，占空比为 50%（允许有 2%的误差）。V_{DADJ} 由±2.3V 范围变化时，占空比从

10%变成90%。正弦波未调整（$V_{DADJ}=0V$）的占空比是50%±2%，而偏离准确的50%产生偶次谐波；欲获得完全对称的正弦波形，需加上很小的校准电压，允许范围是±100mV，校准后，严格等于50%，可消除波形失真。

需要指出，在调节占空比时应尽量避免输出频率发生变化。仅当占空比在15%~85%时，且25μA<I_{IN}<250μA时，对输出频率的影响为最小。

输出级能输出幅度为2V_{P-P}的有关波形，对地对称，即对地电位而言则是−1~+1V。输出阻抗小于0.1Ω，可直接向50pF的容性负载提供的驱动电流为±20mA。若负载电容C_L>50pF，则应通过电阻或缓冲器接负载。输出波形种类由逻辑地址引脚A_0、A_1的逻辑电平来设定；当$A_0=A_1=0$时，输出矩形波；$A_0=1$、$A_1=0$时，输出三角波；A_0任意、$A_1=1$时，输出正弦波。输出波形切换可以在任意时候进行，而不管输出信号的相位。切换时间小于0.3μs，但是输出波形可能有延续0.5μs的过渡状态。

2．高频函数信号发生器的电路

高频函数信号发生器的电路，如图5.32所示。

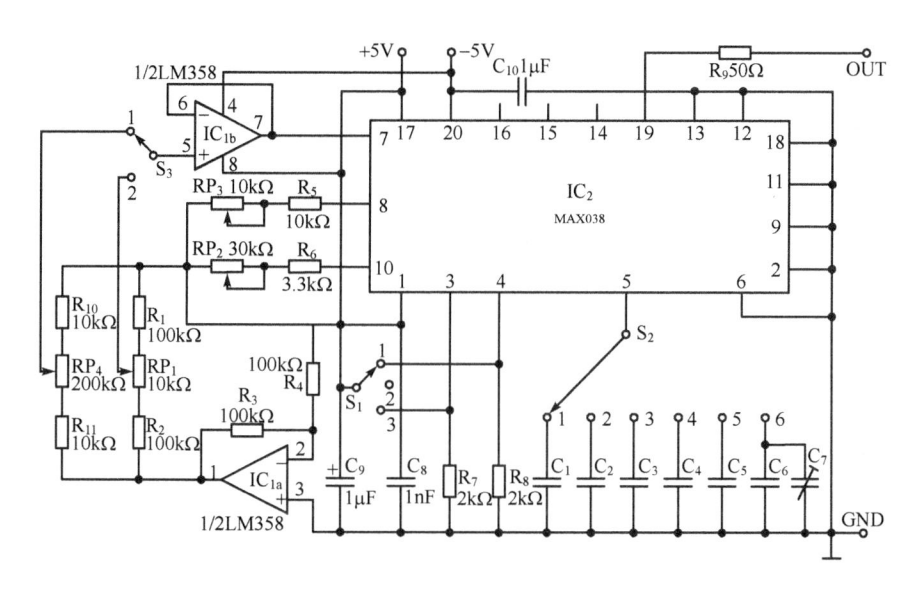

图5.32 高频函数信号发生器

由集成电路IC_2（MAX038）构成10Hz~10MHz的函数发生器，频率的范围设定以10倍进行，共分六大挡，由定时电容C_1~C_7在10μF~100pF范围进行切换实现，具体定时电容、开关S_2挡位与输出频率分段的对应关系见表5.17。但是考虑到印制板配线分布电容的影响，在输出频率1~10MHz分段时，定时电容C_6与C_7并联，微调电容C_7可满足输出频率范围的调整。

表5.17 定时电容与输出频率分段的对应关系

开关S_2序号	1	2	3	4	5	6
电容符号	C_1	C_2	C_3	C_4	C_5	C_6、C_7
电容值	10μF	1μF	0.1μF	0.01μF	1000pF	51pF+25pF
频率分段	10~100Hz	100~1000Hz	1~10kHz	10~100kHz	100~1MHz	1~10MHz

由 IC_2 的 10 脚（MAX038 的输入端 IIN）的电流对 5 脚所接定时电容充放电来设定振荡频率，用电阻 R_6、RP_2 把 IC_2 的 1 脚内部 2.5V 基准电压变换成电流，调节 RP_2 改变充放电电流，可进行输出频率粗调。电阻 R_5、RP_3 接 IC_2 的 1 脚内部 2.5V 基准电压，为 IC_2 的 8 脚（FADJ 端）提供电压，调节 RP_3 可微调输出频率。

由 IC_2 的 19 脚通过电阻 R_9（50Ω）输出幅度恒定值为 $2V_{P-P}$ 的有关波形，对地对称，即对地电位而言则是 -1~+1V；输出波形的选择通过调节开关 S_1 挡位，任选一种输出波形，具体的开关 S_1 挡位与输出波形的对应关系见表 5.18 所示。

表 5.18 逻辑地址与输出波形的对应关系

开关 S_1 挡位	逻辑地址引脚		输 出 波 形
	A_0	A_1	
1	0	1	正弦波
2	0	0	方波、矩形波
3	1	0	三角波、锯齿波

集成电路 IC_1 和电阻 R_1~R_4、R_{10}、R_{11}、RP_1、RP_4 和开关 S_3 组成精密占空比调整电路，IC_{1a} 将 IC_2 的 1 脚内部 +2.5V 基准电压变换成 -2.5V 基准电压，由 IC_{1a} 的 1 脚输出。开关 S_3 控制占空比变化范围；S_3 在挡位 1 时，调节 RP_4 可使 IC_2 的 7 脚（DADJ 端）电压 V_{DADJ} 由 ±2.3V 范围变化，占空比从 10% 变成 90%，输出矩形波和锯齿波；S_3 在挡位 2 时，调节 RP_1 可使 IC_2 的 7 脚（DADJ 端）电压精确为 0V，占空比准确调整为 50%，输出的正弦波、方波和三角波失真度最小。具体的占空比和开关 S_3 挡位与输出波形的对应关系见表 5.19 所示。

表 5.19 占空比与输出波形的对应关系

开关 S_3 挡位	占 空 比	输 出 波 形
1	10%~90%	矩形波、锯齿波
2	50%	正弦波、方波、三角波

3. 组装与调试

高频函数信号发生器要长期稳定的输出频率，必须精选高精度的金属膜电阻和低温度系数、介质损耗小的电容，对电容 C_1~C_7 要求高质量、高精度，否则影响正常的充放电，造成频率不稳定，需仔细精选。其中，C_1、C_2 首选频率特性好，介质损耗小的聚碳酸酯电容，其次选用无极性钽电容或钽电解电容；C_3、C_4 选用温度系数小，介质损耗小聚苯乙烯电容；C_5、C_6 选用高性能云母电容。另外，焊接电阻、电容的引线要短，以减小分布参数的影响。集成电路 IC_2 的 2、9、11、18 脚（GND）要大面积集中焊接，电容 C_1~C_7 的接地引脚要集中在 IC_2 的 6 脚（GND）大面积接地焊接。注意 C_1、C_2 若选用钽电解电容，应将正极性端接地。

高频函数信号发生器主要调试输出频率和波形。将数字频率计和示波器分别接高频函数信号发生器输出端，调节开关 S_2 和电阻 RP_2，观察数字频率计，使输出频率分段范围满足要求；调节 RP_3 使输出频率固定某一点上，观察数字频率计，输出频率应稳定。输出频率固定某一点上，调整开关 S_1 和 S_3 输出正弦波，反复调节 RP_1 使占空比准确调整为 50%，输出正弦波的波形失真最小，用 BS—1 型失真度仪测量输出端非线性失真，正弦波总谐波失真度应 ≤0.75%；调整开关 S_1 和 S_3 输出矩形波，调节 RP_4 改变占空比，用示波器观察输出波形占空比的变化应在 10%~90% 范围。用示波器观察各种波形的输出幅度，对地应为恒定值 $2V_{P-P}$。

高频函数信号发生器的电路元器件清单见表 5.20 所示。

表 5.20 高频函数信号发生器的电路元器件清单

符 号	规 格	名 称	符 号	规 格	名 称
IC_1	LM358	低功耗双运放	C_1	10μF	聚碳酸酯电容
IC_2	MAX038	函数发生器集成电路	C_2	1μF	聚碳酸酯电容
RP_1、RP_3	10kΩ	金属陶瓷精密多圈电位器	C_3	0.1μF	聚苯乙烯电容
RP_2	30kΩ	金属陶瓷精密多圈电位器	C_4	0.01μF	聚苯乙烯电容
RP_4	200kΩ	金属陶瓷精密多圈电位器	C_5	1nF	云母电容
R_1、R_2	100kΩ	1/4W±1%金属膜电阻	C_6	51pF	云母电容
R_3、R_4	100kΩ	1/4W±0.1%精密金属膜电阻	C_7	25pF	微调高频瓷介电容
R_5	10kΩ	1/4W±1%金属膜电阻	C_8	1nF	高频瓷介电容
R_6	3.3kΩ	1/4W±0.1%精密金属膜电阻	C_9、C_{10}	1μF/25V	钽电解电容
R_7、R_8	2kΩ	1/4W 碳膜电阻			
R_9	50Ω	1/4W±1%精密金属膜电阻			
R_{10}、R_{11}	10kΩ	1/4W±0.1%精密金属膜电阻			

5.6 遥控电路

5.6.1 红外遥控电路

红外遥控，是指利用红外线作为传递信号的媒介，从而实现对设备的远距离操作。所用红外线的波长介于红光和微波之间的近红外区（0.77~3μm）。红外遥控电路技术广泛应用于彩色电视机、录像机、VCD/DVD 视盘机、空调器、电风扇等现代家用电子产品中，而且渗透范围越来越广。它具有下列优点：红外线发射器件体积小，使用方便；采用音频编解码电路，抗干扰性能好；灵敏度高，控制距离可达 10m 以上。

1. 红外遥控电路组成及原理

红外遥控电路系统由红外遥控发射器（简称遥控器）和红外遥控接收器组成，如图 5.33 所示。遥控器由红外光 PCM（脉冲调制编码）编码发送单元、红外光发送二极管、驱动晶体管等组成。接收器由 PIN 光电二极管，前置放大器，谐振电路，脉冲波整形电路及 PCM 解调、解码单元组成。

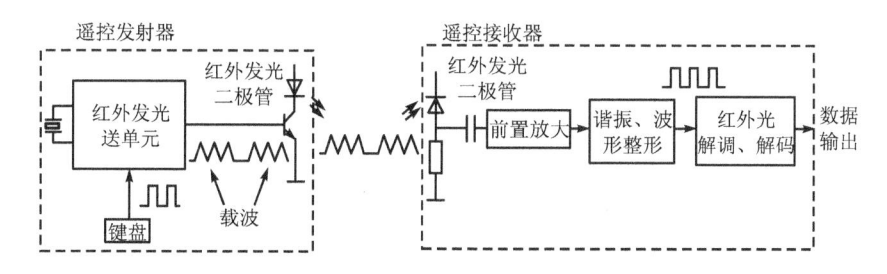

图 5.33 红外遥控电路系统

红外光 PCM 发送单元将遥控按键信号经 PCM 编码转变成相应的数字信号，经驱动晶体管、红外发光二极管发出 900nm 的红外光，PIN 光电二极管接收红外光信号经前置放大器放大滤波，然后经过谐振检波由 PCM 解调、解码单元还原遥控按键信号，从而去控制继电器以此实现红外遥控操作。

2．红外遥控电路应用

下面介绍一种适用于高档玩具的遥控电路，它有四个功能键，可用来对遥控汽车模型的前进、倒退、转向及停车进行操纵。

（1）遥控发射电路

遥控发射电路由专用红外编码集成电路 8801 及外围元件组成，如图 5.34 所示。

当按下 S_1~S_4 任何一个键时，+9V 电源经电阻 R_1、R_3、R_4 中一个，再经 VD_8 或 VD_{10}，流过 R_8 及 R_{11}，使 VT_1、VT_2 相继导通，给 8801 供电，同时 9 脚输出经编码、调制的脉冲串，经 VT_3、VT_4 放大后由红外发光二极管 VD_5、VD_6 发射出去。红外光发二极管工作距离不仅与红外光发光二极管上流过的电流有关，也与受光元件的灵敏度有关，为了使遥控信号送到较远的距离，应使发光二极管上流过较大的电流，因此 VT_3、VT_4 组成的复合管放大电流以驱动发光二极管。键按下一次仅输出一个脉冲串，即 LED 只闪亮一次，表示信号已发出，但是当没有按键按下时，V_1、V_2 截止 8801 不供电，没有脉冲串输出。所以在遥控器上一般不装电源开关。

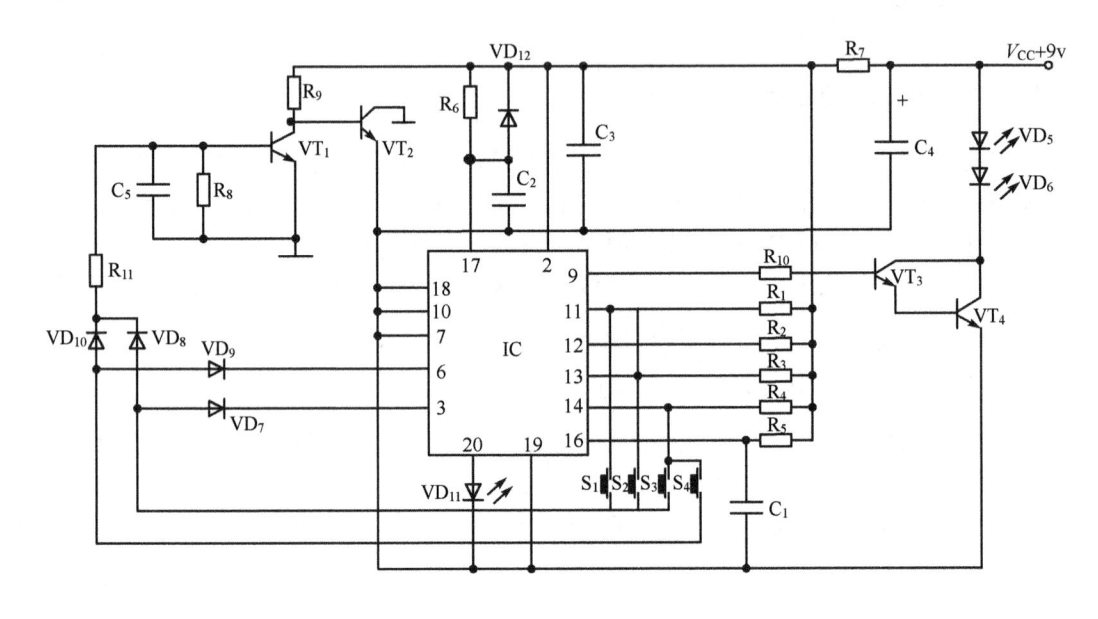

图 5.34 四通道遥控发射电路

元器件选用可参照表 5.21。

表 5.21 元器件清单

符　　号	规　　格	名　　称
IC	8801	红外编码集成电路
VT_1、VT_3	9013	NPN 三极管（β>100）
VT_2	9012	PNP 三极管（β>100）
VT_4	8550	NPN 三极管

续表

符 号	规 格	名 称
VD_5、VD_6	PH303	红外发射二极管
VD_{11}	FG112001	红色发光二极管
$VD_7 \sim VD_{12}$	IN4148	二极管
R_1、R_2、R_3、R_4、R_6、R_8	10kΩ	1/8W 碳膜电阻
R_5	82kΩ	1/8W 金属膜电阻
R_7	560Ω	1/4W 金属膜电阻
R_9	15kΩ	1/8W 碳膜电阻
R_{11}	200kΩ	1/8W 碳膜电阻
C_1	56pF	磁片电容
C_2	1μF/16V	电解电容
C_3、C_5	0.1μF	磁片电容
C_4	220μF/16	电解电容

（2）遥控接收器

接收器主要由红外前置放大集成电路 MC3373 和译码器 8802 及外围元件组成，如图 5.35 所示。MC3373 具有灵敏度高、一致性好、调试简单等优点。

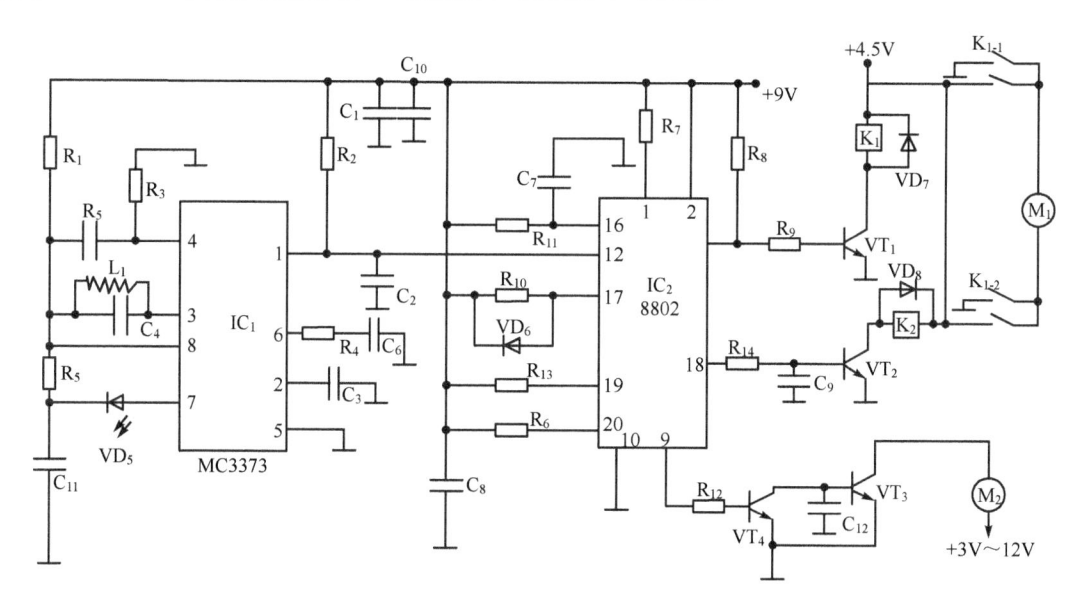

图 5.35 遥控接收器电路

接收器工作原理：红外信号由光电二极管由 7 脚输入，信号经放大后由 1 脚输出到 8802 的 12 脚。当接收到发送器按下"S_1"信号时，11 脚电压由 2.5V 变成 0.25V，K_1 释放；18 脚电压由 0V 变成 5V 左右，K_2 吸合，电动机反转，实现"倒退"功能。当接收到发送器按下"S_2"信号时，9 脚电压由 0V 变成 4.4V 左右，VT_3、VT_4 导通，驱动直流电动机实现"转向"功能。若再按一下"S_2"，则 9 脚变成 0V。当接收到发送器按下"S_3"信号时，11 脚电压由 0.25V 上升到 2.5V 左右，VT_1 导通，K_1 吸合，电动机通电正转，实现"前进"功能。当接到发送器按下"S_4"信号时，8802 复位，即 11、8、9 脚均转到 0V，从而实现"停车"功能（S_1：倒退，S_2：转向，S_3：前进，S_4：停车）。

元器件选用可参照表 5.22。

表 5.22 元器件清单

符 号	规 格	名 称	符 号	规 格	名 称
IC_1	MC3373P	红外前置放大集成电路	R_{12}、R_{14}	$3.3k\Omega$	1/8W 碳膜电阻
IC_2	8802	译码器	R_{10}	$47k\Omega$	1/8W 碳膜电阻
VT_1、VT_2、VT_4	9014	NPN 三极管	R_{13}	$8.2k\Omega$	1/8W 碳膜电阻
VT_3	8550	PNP 三极管	C_1	$220\mu F$	电解电容
VD_5	PH302	光电二极管	C_2	$0.01\mu F$	涤纶电容
VD_6、VD_7、VD_8	1N4148	二极管	C_3	$0.047\mu F$	瓷片电容
R_1	390Ω	1/4W 金属膜电阻	C_4	4700pF	瓷片电容
R_2	$82k\Omega$	1/8W 碳膜电阻	C_5、C_9、C_{11}	$10\mu F$	电解电容
R_3	$220k\Omega$	1/8W 碳膜电阻	C_6	$4.7\mu F$	电解电容
R_4	68Ω	1/2W 金属膜电阻	C_7	56pF	瓷片电容
R_5、R_9	$1k\Omega$	1/8W 碳膜电阻	C_8、C_{10}、C_{12}	$0.1\mu F$	电解电容
R_6、R_7	$15k\Omega$	1/8W 碳膜电阻	K_1、K_2		开关
R_8	$4.7k\Omega$	1/8W 碳膜电阻	M_1、M_2		直流电动机
R_{11}	$100k\Omega$	1/8W 碳膜电阻			

3. 安装与调试

接收管可用多只并联,其接收面以不同方向放置,可组成无方向性遥控。

有刷的直流电动机在启动或运行时会产生火花而造成电磁干扰,它会影响附近电路的正常工作,可通过在电动机的两端加上电感、电容来消除干扰。

供给电动机和继电器的电压为 4.5V,供给集成电路的电压为 9V。继电器在 3V 时能正常工作,若采用 3V 电动机,可用 3V 供电。

5.6.2 无线遥控电路

无线遥控,是通过无线电波在空中传递控制信号,对设备进行远距离的控制。与红外遥控相比,既保持了原电路的功能,又增加了控制范围,不受物体阻隔和方向限制,因此无线遥控在军事、工业及国民经济的许多部门的应用越来越广泛,如无人驾驶飞机、导弹、人造卫星、油田各油井的监控、地铁机车无人驾驶设备、自来水管的自动检测等。

1. 无线遥控电路组成及原理

无线遥控设备由发射机、接收机和执行机构三部分组成。发射机主要包括编码电路和发射电路,接收机由接收电路及译码电路组成,如图 5.36 所示。

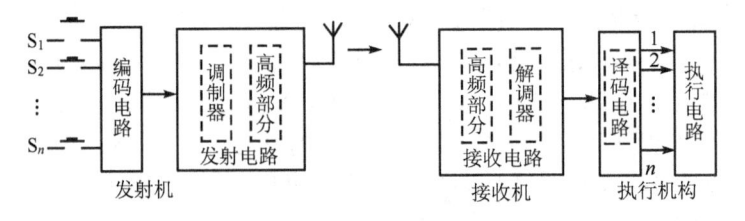

图 5.36 无线遥控设备方框图

编码电路由操纵器控制,操纵者通过操纵器使编码电路产生频率较低的电信号,通过调制器把它调制到高频载波上,由发射天线发送出去。接收天线将接收到的微弱信号经接收机高频部分选频和放大后,送到解调器,然后经译码电路对各种指令信号进行鉴别,再送到相应的执行放大电路,驱动执行机构动作,从而实现对外被控设备的各种操作。

2. 无线遥控电路实例

下面介绍一种新型无线遥控传输电路,如图 5.37 所示。发射机和接收机的电路型号分别为 TWH630 和 TWH631,分别由内藏天线的发射机电路和内藏天线的接收机电路组成,可方便地制作出微型的、传输距离远、抗干扰能力强的各种无线遥控装置。

(1) 工作原理

多路编码遥控锁存电路由 TWH9256、TWH9257 编译码电路、双 D 解发器 CD4013、TWH630/631 及外围电路组成。

TWH630/631 构成的 265MHz 载频发射接收电路,TWH9256 对 TWH630 载频信号进行编码调制后向空间发射指令信号。在接收端,TWH631 接收到编码信号后通过 TWH9257 进行译码,然后经过四片双 D 触发器 CD4013 锁存输出。操作发送端控制指令按键,每按一次键,对应的继电器吸合,再按一次,对应的继电器释放,从而实现编码遥控。电路中 TWH9256/TWH9257 编码电路属于 8421 码的控制方式,这种编码可再扩展。如果需要控制更多路输出时,可在解码器和触发器之间加入 4~16 线译码器可使控制位数达到 16 位。

(2) 元器件选用

元器件选用可参照表 5.23。

表 5.23 元器件清单

符 号	规 格	名 称
IC_1	TWH9256	编译码电路
IC_2	TWH9257	
IC_3、IC_4、IC_5、IC_6	CD4013	双 D 触发器
VT_{17}、VT_{18}、VT_{19}、VT_{20}	9014	三极管
VD_1	2DW9	稳压二极管
VD_2	BT201A 型红色	发光二极管
$VD_3 \sim VD_{18}$	IN4148	二极管
R_1、R_2、R_3、R_4	20kΩ	1/8 碳膜电阻
R_5、R_7	220kΩ	1/8 碳膜电阻
R_6	47kΩ	1/8 碳膜电阻
R_8、R_9、R_{10}、R_{11}	10kΩ	1/8 碳膜电阻
R_{12}、R_{13}、R_{14}、R_{15}	10kΩ	1/8 碳膜电阻
R_{16}	100kΩ	1/8 碳膜电阻

(3) 安装调试

1) 调制发射时,有可能出现高频电路对编码电路的干扰问题,在高频发射功率较大时尤为明显,可通过两种办法来解决:一,把编码电路板置于屏蔽盒内;二,在电路中加入隔离措施,在编码电路的输出端接几十微亨的小电感,再去调制高频。高频电路与编码电路共用一组电源时,编码电路的电源应接高频退耦电路。

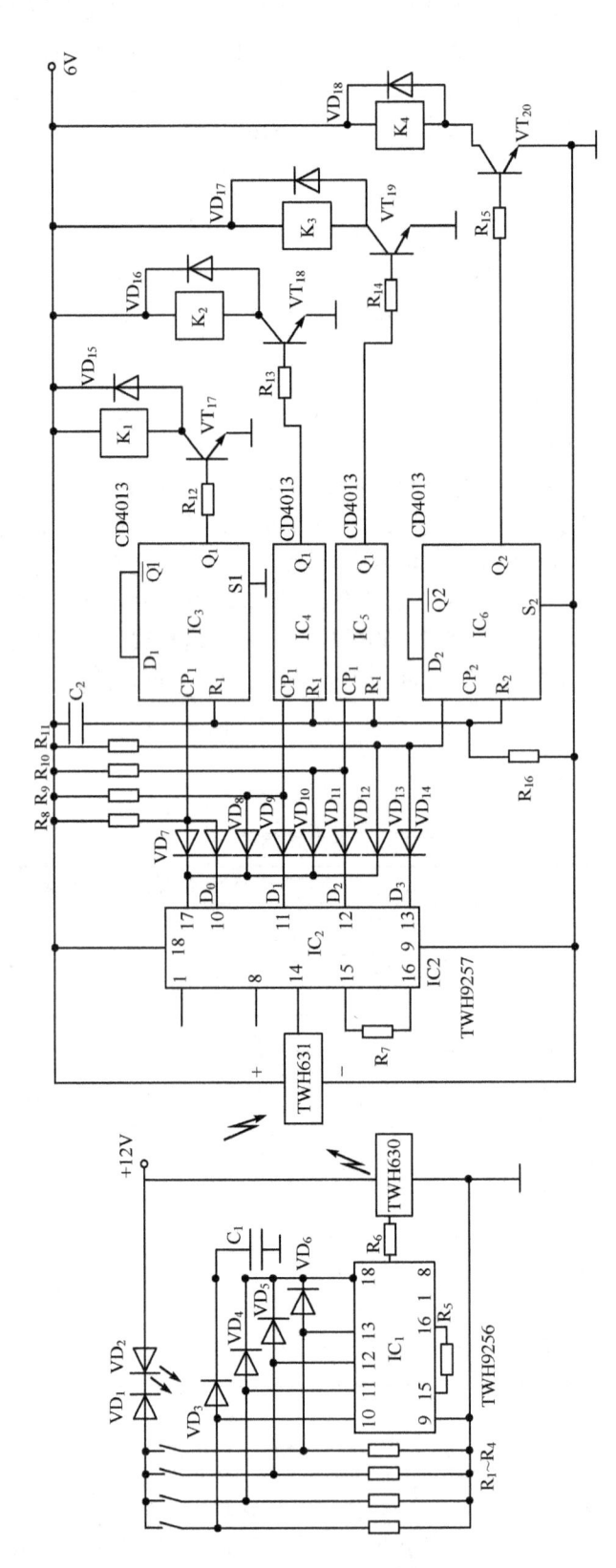

图 5.37 多路编码遥控锁存输出电路

2）发射机与接收机必须配套使用，它们的编号须相同，发射机和接收机可以分别与编号相同的多个接收机和发射机相配。

3）发射机和接收机为了防止因屏蔽而使遥控距离太近或失去遥控功能的情况发生，应尽量避免安装在金属壳体内，特别是接收电路，若无法避开金属物，应选用 TWH632 外接天线的接收电路。

5.7 数字频率计的制作

数字频率计是近代电子技术领域重要的测量工具之一，同时也是其他许多领域广泛应用的测量仪器。数字频率计具有测量精度高、读数直观、使用方便的优点。下面介绍简易数字频率计的原理、制作和调试方法。

5.7.1 数字频率计的性能指标

本节介绍的频率计采用模拟石英钟集成电路和 CMOS 数字集成电路，其性能指标如下：
① 测量范围：1Hz~99.999kHz。
② 分辨率：1Hz。
③ 输入灵敏度：<30mV。
④ 输入阻抗：1MΩ。
⑤ 输入电容：15pF。
⑥ 输入波形：正弦波、方波、三角波等。
⑦ 最高输入电压：50V。
⑧ 显示方式：5 位 LED 数码管显示。

5.7.2 数字频率计的工作原理

数字频率计原理框图见图 5.38，电路原理图见图 5.39。被测信号经放大、整形后，送入闸门电路，由时基脉冲产生器产生的时基信号经门控电路形成控制方波，在方波期间开启闸门，计数器进行计数，并以十进制的方式显示结果。

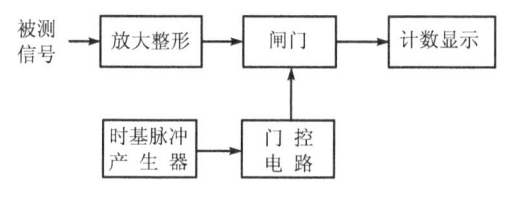

图 5.38 数字频率计原理框图

1. 被测信号处理电路

被测信号处理电路由 VT_3、VT_4、VD_3、VD_4、D_5、D_6 及外围元件组成，对输入信号进行放大、整形处理。输入信号由 "IN" 输入，VT_3、VT_4 组成宽频带放大器，VT_3 为场效应管，用于提高输入阻抗。CMOS 反相器 D_5、D_6 和电阻 R_{14}、R_{15} 构成施密特触发器，将模拟信号变换成边沿陡直的方波脉冲送入计数器。VD_3、VD_4 为保护二极管。

2. 五位计数显示电路

电路采用 5 片 CD4026（IC_3~IC_7）和 5 个 LED 数码管组成 5 位十进制计数显示器。CD4026

内部包括十进制计数器和 7 段译码器两部分，译码输出可以直接驱动 LED 数码管。R 为清零端，当 R=1 时，计数器直接清零。INH 端接闸门控制信号，当 INH=0 时，计数器开始计数，当 INH=1 时，停止计数，但显示的结果被保留。电路采用 12V 供电，以满足直接驱动 LED 的要求。

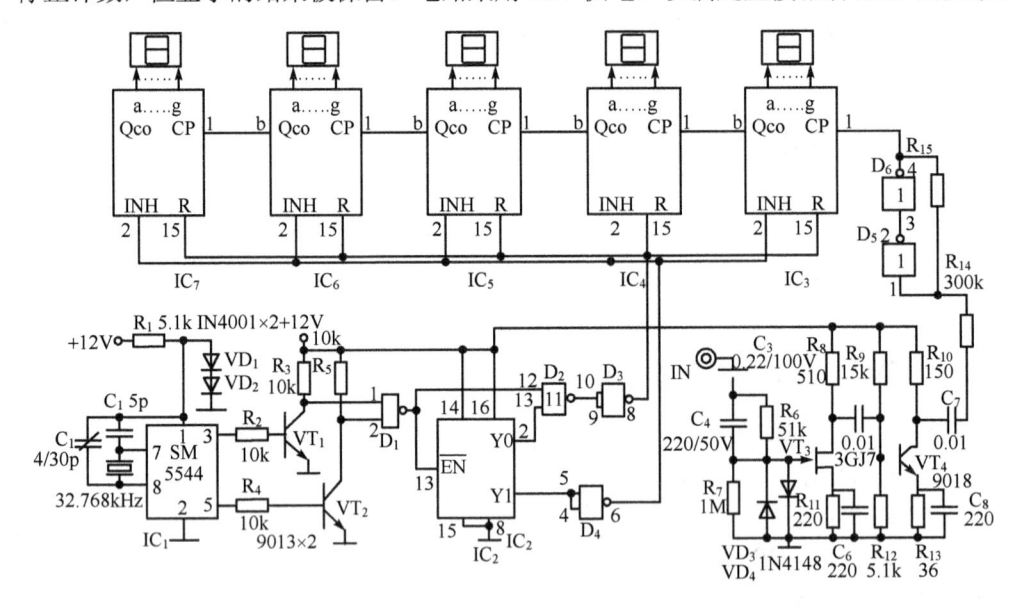

图 5.39　数字频率计电路原理图

3. 闸门控制电路

闸门控制电路由 IC_1、IC_2、D_1、D_2、D_3、D_4、VT_1、VT_2 组成。IC_1 为石英钟集成电路 SM5544，该集成电路内包含 32.768 kHz 晶振、多级分频、放大驱动等电路，OSC_1、OSC_2 外接 32.768kHZ 晶振，VD_1、VD_2、R_1 为其提供 1.5V 电源电压。OUT_1、OUT_2 两个引脚交替输出窄脉冲信号，脉宽 31.25ms，周期 2s，OUT_1 与 OUT_2 输出脉冲时差 1s，由于石英钟电路工作电压为 1.5V，而整个系统工作电压为 12V，因而用 VT_1、VT_2 进行逻辑电平转换，反相输出后再通过与非门 D_1 输出周期 1s 的窄脉冲串，如图 5.40 所示。八进制计数/分配器 IC_2 和与非门 D_2、D_3、D_4 对秒脉冲信号进行处理，形成清零信号 R 和闸门控制信号 INH，使计数器按"清零（31.25ms）→计数（1s）→显示（6.96875s）→清零……"的模式循环工作。在一个循环中，清零和计数的时间一共只有 1s 多，而显示时间将近 7s，可以方便地读取数据。

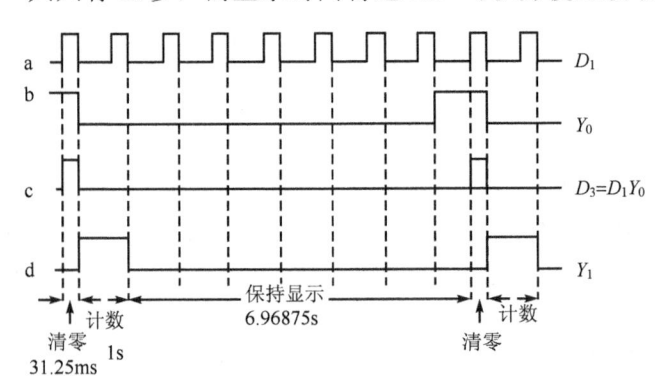

图 5.40　门控电路输出波形

5.7.3 数字频率计的制作与调试

在制作数字频率计前首先要选择元器件，表 5.24 列出了数字频率计的主要元件清单。其引脚见图 5.41。

表 5.24 主要元件清单

符　号	规　格	名　称
IC_1	SM5544	石英钟集成电路
IC_2	CC4022	CMOS 八进制计数/分配器
$IC_3 \sim IC_7$	CC4026	CMOS 十进制计数/7 段译码器
$D_1 \sim D_4$	C036	CMOS4 个 2 输入与非门
$D_5 \sim D_6$	C033	CMOS 六反向器
VT_1，VT_2	9013	三极管
VT_3	3GJ7	场效应管
VT_4	9018	三极管
VD_1，VD_2	1N4001	二极管
VD_3，VD_4	1N4148	二极管
R_1，R_{12}	5.1kΩ，1/8W	碳膜电阻
R_2，R_3，R_4，R_5	10kΩ，1/8W	碳膜电阻
R_6	51kΩ，1/8W	碳膜电阻
R_7，R_{15}	1MΩ，1/8W	碳膜电阻
R_8	510Ω，1/8W	碳膜电阻
R_9	15kΩ，1/8W	碳膜电阻
R_{10}	150Ω，1/8W	碳膜电阻
R_{11}	220Ω，1/8W	碳膜电阻
R_{13}	36Ω，1/8W	碳膜电阻
R_{14}	300kΩ1/8W	碳膜电阻
C_2	4~30pF	半可调电容
C_3	0.22μF/100V	涤纶电容
C_4	220μF/50V	电解电容
C_5，C_7	0.01μF	瓷片电容
C_6，C_8	220μF/10V	电解电容
C_1	5pF	瓷片电容

数字频率计可分装在二块印制电路板上：主电路板和控制电路板。

输入信号放大与整形电路以及计数显示电路安装在主电路板上。数码管全部焊在电路板铜箔面上，以便电路板装入机壳后，可从显示窗口看到数码管。为防止干扰，信号输入放大与整形电路应加以屏蔽，可用薄铜皮或铁皮制一屏蔽罩将这部分电路罩起来，并将屏蔽罩接地。

控制电路板包括闸门产生和控制电路，电源电路。

主电路板固定在面板后边，控制电路板、电源电路板以及电源变压器固定在面板上。输入插座至主电路板输入端的连线须用屏蔽线，探头线也用长度约 1m 的屏蔽线制作。

(a) 共阴数码管

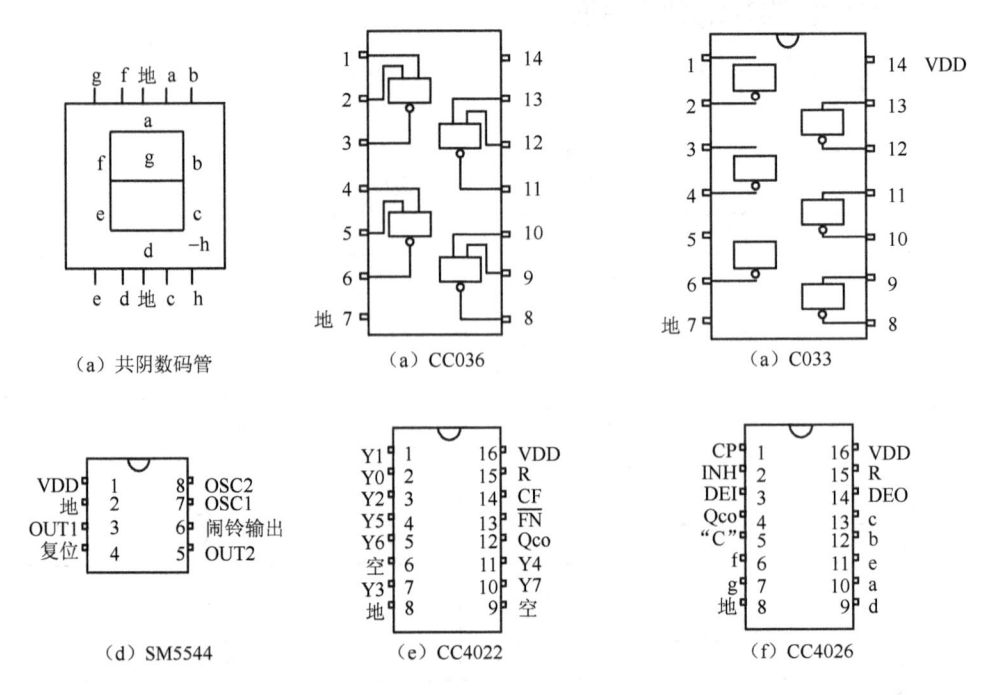

(a) CC036

(a) C033

(d) SM5544

(e) CC4022

(f) CC4026

图 5.41 集成电路引脚图

将各部分连接好，反复核对无误后，便可通电调试。主要是调整晶振频率为准确的 32.768kHz，其他部分无需调试。调试方法有两种：一种是用标准多功能数字频率计测量与非门 D_1 输出的秒脉冲信号周期，调节晶振微调电容 C_1、C_2，使周期 $T=1s$（必须精确）。另一种方法是用本机与标准数字频率计同时测量某一信号，调节 C_1、C_2，是本机读数与标准数字频率计一致。

5.8 超外差式晶体管收音机

5.8.1 超外差式晶体管收音机电路工作原理

1. 超外差式收音机组成框图

超外差式晶体管收音机电路组成如图 5.42 所示。接收天线将各广播电台发射的高频调幅信号接收下来，通过输入回路选出某种频率的信号，再由变频级把这个高频调幅信号变成一个频率较低的调幅波，此调幅波载频为 465kHz，称为中频信号，然后由中频放大级将中频信号放大，在经过检波级检出音频信号。为得到足够的输出功率，对音频信号进行前置低放和功率放大，最后由扬声器将功放级的电流信号转变为声音。

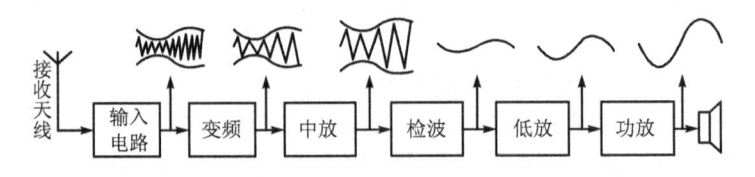

图 5.42 超外差式收音机组成框图

2. 输入电路

输入电路又称输入调谐回路，其作用是把磁性天线上感应的各种高频信号有选择地送到变频级。在图 5.43 中，由磁性天线 B_1 的初级 L_1、双连可变电容器 C_{1-A}、补偿电容 C_{T-A} 组成并联谐振回路，转动收音机调谐旋钮改变 C_{1-A} 容量，随着 C_{1-A} 的容量从最大变化到最小，天线输入回路的调谐频率应从最低的 525kHz 到最高的 1605kHz 连续变化，当某一电台的频率等于回路谐振频率时，线圈 B_1 中感应出的信号电压最大，耦合到次级的信号电压也就最大。其他频率的电台信号电压在 B_1 上感应出的电压很小，这些频率的电台信号就被抑制掉了。由此，可选择所需要的电台。

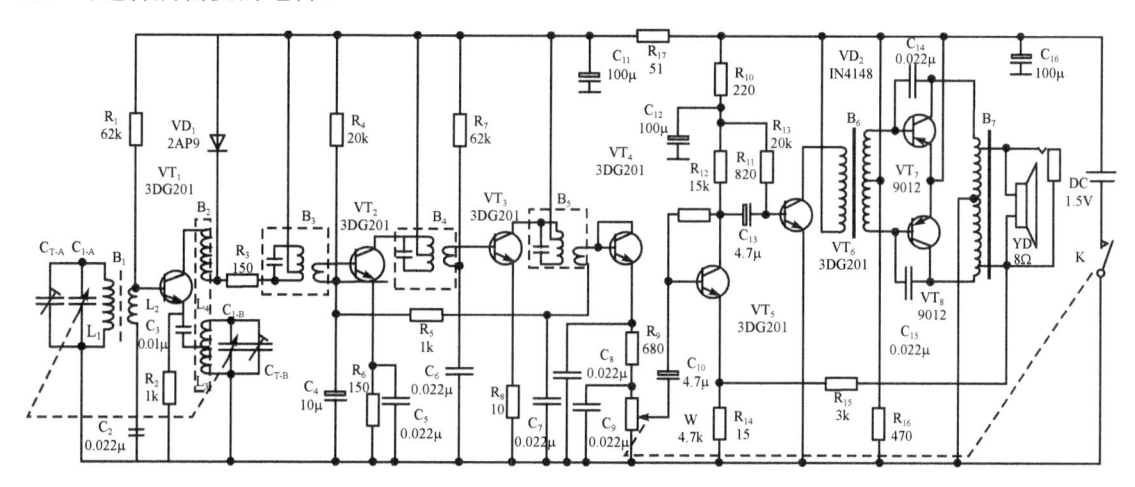

图 5.43 超外差式晶体管收音机电原理图

3. 变频电路

变频级的作用是将输入电路选出的信号（载波频率为 f_s 的高频调幅波）与本机振荡器产生的振荡信号（频率为 f_r 的高频等幅波）进行混频，结果从中频变压器得到的是一个固定中频频率（465kHz）的调幅波，这个过程叫变频。为了简化电路，一般收音机都用一只晶体管兼作混频和本机振荡。

在图 5.43 中，由 R_1、R_2、R_3 和 VT_1 组成电流负反馈偏置电路，其中 R_1 是上偏流电阻，用来调节晶体管工作电流，R_2 为电流负反馈电阻，R_3 的大小也能影响 BG_1 的工作电流，同时又能使频率高端与频率低端灵敏度均匀，减小强信号引起自激啸叫，一般可在 100~470Ω 范围内选择。中波变频级工作电流一般以 0.3~0.5mA 为好。这样可使变频级的增益大，噪声小。

由输入电路选择到的高频调幅信号（频率为 f_S），经 L_1 耦合到 L_2，加到 VT_1 的输入端。

本机振荡电路可产生高频等幅电压。本机振荡频率 f_r 与信号载波 f_s 之差为 465kHz。因为中波接收信号的频率范围为 525~1605kHz，所以本机振荡频率范围要在 990~2070kHz 的范围内连续变化。这样就能保证双连不管在什么位置，都能使 $f_r-f_s=465$kHz。

本机振荡电路由同轴双连的另一连 C_{1-B}、补偿电容 C_{T-B}、垫整电容 C_3 和振荡线圈 L_3 以及变频管 VT_1 组成。振荡回路是怎样实现高频等幅振荡的呢？在收音机接通电源的一瞬间，电流 I_c 流过 B_2 的次级 L_4，通过电感的耦合作用，L_4 的感应电压耦合给 L_3。L_3 上的感应电压在振荡回路中引起振荡，产生振荡电流，通过 C_3 把振荡电流由 VT_1 发射极注入，加到发射机和基极组成的输入回路。振荡电流的注入，引起 I_c 更大变化，再通过 L_4 对 L_3 的正反馈，将产生更强的振荡电压,直至使振荡电压在一定的幅度上稳定下来,这就实现了高频等幅振荡。

外来的高频等幅信号和本机振荡信号同时加到 VT_1 的输入回路。VT_1 的工作点选在输入特性曲线的非线性区,这两种频率的信号混频的结果产生了新的频率成分:f_S、f_T、$f_T \pm f_S$、$2f_T \pm 2f_S$……。其中 f_T-f_S 就是所需要的中频信号(465kHz)。中频信号通过中频变压器 B_3 和回路电容组成的滤波器滤除其他频率成分,将 465kHz 中频信号通过 B_3 次级耦合到 VT_2 基极进行中频放大。

4. 中频放大电路

中频放大器是超外差式收音机的重要组成部分。质量较好的中频放大器应有较高的增益,足够的通频带(使包含音频成分的中频信号全部不失真地输出)和阻带(使通带以外的频率全部衰减),以保证整机的灵敏度、选择性和频率响应。

在图 5.43 中,由中放管 VT_2、VT_3,中频变压器 B_4、B_5 和阻容元件组成两级中频放大器。B_4、B_5 的初级电感和并联电容组成中心频率为 465kHz 调谐回路,此回路作为中放管的集电极负载,可实现选频放大。第一级中放的偏置电流不宜过大,因为这一级有自动增益控制(简称 AGC)。工作点应调在增益变化较大的位置,这样才能使自动增益控制作用明显。一般第一中放的集电极电流选在 0.25~0.45mA 左右,由上偏置电阻 R_4 调整。第二级中放集电极电流常选在 0.6~1.2mA,由偏置电阻 R_7 调整。

5. 检波电路

检波电路可从调幅中频信号中解调出音频信号。在图 5.43 中,经中频放大后的信号由 B_5 次级输出到 VT_4 基极,利用 VT_4 的 b-e 结实现检波。电阻 R_9、C_8、C_9 组成Π型滤波器,滤除检波后的残留中频信号。含有直流的音频信号通过音量电位器 W 送往前置低频放大器。音量电位器也是检波器的负载电阻。控制电位器中心点的位置,可改变送入下级的音频信号幅度,从而实现音量控制。

6. 低频放大电路

低频电压放大级应有足够的电压增益以便推动功率放大级。此外,低频放大级还应有足够宽的频响,并且要求非线性失真小,噪声小。

在图 5.43 中,VT_5 为前置低放,VT_6 为功放推动级。音频信号电压由音量电位器取出,经耦合电容 C_{10} 加到 VT_5 基极,经 VT_5 放大后,再经过 C_{13} 耦合到 VT_6 基极,经进一步放大后,通过输入变压器把放大后的音频信号耦合给功率放大级。

7. 功率放大器

收音机功率放大级应能产生足够的输出功率,用来推动扬声器发出声音。同时要求功率放大器的非线性失真小,频率响应宽,效率高。

图 5.43 中,由 VT_7、VT_8 组成乙类推挽功率放大电路,VD_2、R_{16} 为 VT_7、VT_8 的分压式偏置电路,使两个功放管有一定的静态工作电流。推动级 VT_6 输出信号由输入变压器 B_6 的初级耦合到次级,次级的两端分别接 VT_7、VT_8 的基极,两个信号大小相等、相位相反,使得 VT_7、VT_8 轮流导通,两个管子的导通电流合成一个完整的信号波形。合成信号由输出变压器输出,推动扬声器发声。

8. 自动增益控制电路

不同的电台发射的电磁波,在收音机的天线上感应出的信号电压相差很大。较近、较强的电台可高达几十毫伏,而远地小功率电台只有几个微伏。收音机的增益是以能接收到弱电台而设计的。当接收到强信号时,各级管子就会因输入信号过大而产生非线性失真,使收音机放出的声音变得很难听。如果为了收听强电台而降低收音机各级增益,又降低了收音机灵敏度。为了改善收听效果,使收音机既能收到远地弱电台,又能很好接收本地强电台,超外差收音机广泛采用自动增益控制电路(AGC 电路)。

图 5.43 中,中放输出信号经 R_5、C_4 滤波后,形成随信号强弱变化的直流电压,此直流分量经 B_3 加到 VT_2 基极。当接收强信号时,检波器输出直流分量大,VT_2 基极电流减小,引起一中放增益下降,减弱了强信号的输出。当接收弱信号时,检波输出直流分量减小,一中放基极电流上升,增益增大。这样就保证了收音机在各种信号环境下均能稳定工作。

5.8.2 超外差式收音机的组装与调试

收音机组装主要是正确焊接电路板。首先按照元件清单清点元件,图 5.43 对应的元件清单如表 5.25,对元件进行测试,对引脚处理成型。然后对照电原理图和印制板图进行插件和焊接。最后进行整机装配和调试。调试收音机一般按以下步骤进行。

表 5.25 超外差式晶体管收音机元件清单

符 号	规 格	名 称	符 号	规 格	名 称
VT_1、VT_2、VT_3、VT_6	3DG201(兰)	三极管	R_9	680Ω	1/8W 碳膜电阻
VT_4、VT_5	3DG201(绿)	三极管	R_{10}	220Ω	1/8W 碳膜电阻
VT_7、VT_8	9012	双 D 触发器	R_{11}	820Ω	1/8W 碳膜电阻
VD_1	2AP9	二极管	R_{12}	15kΩ	1/8W 碳膜电阻
VD_2	1N4148	二极管	R_{14}	15Ω	1/8W 碳膜电阻
B_2	MU10-92	本振线圈	R_{15}	3kΩ	1/8W 碳膜电阻
B_3	TF10-921	中周	R_{16}	470Ω	1/8W 碳膜电阻
B_4	TF10-922	中周	R_{17}	51Ω	1/4W 碳膜电阻
B_5	TF10-923	中周	C_{1-A}、C_{1-B}、C_{T-A}、C_{T-B}	CBM-223P	双连可变电容器
B_1	R4h-B-5×13×100	磁棒、线圈	C_2、C_5、C_6、C_7、C_8、C_9、C_{14}、C_{15}	0.022μF	瓷片电容
B_6		输入变压器	C_3	0.01μF	瓷片电容
B_7		输出变压器	C_4	10μF/6V	电解电容
R_1、R_7	62kΩ	1/8W 碳膜电阻	C_{10}、C_{13}	4.7μF/6V	电解电容
R_2、R_5	1kΩ	1/8W 碳膜电阻	C_{11}、C_{12}、C_{16}	100μF/6V	电解电容
R_3、R_6	150Ω	1/8W 碳膜电阻	W	4.7kΩ	音量电位器
R_4、R_{13}	20kΩ	1/8W 碳膜电阻	YD	0.25/8Ω	扬声器
R_8	10Ω	1/8W 碳膜电阻			

1. 调整各级静态工作点

各级工作点电流的测量通常是将万用表置于直流电流挡,串入集电极电路可直接读出工作点电流值。若与要求的数值有偏差,可通过改变偏置电路的上偏置电阻达到要求的数值。

调整时将偏置电阻用一个较大阻值的电位器代替，调整完成后，测量电位器实际阻值，找一个阻值相同的固定电阻焊上即可。工作点的调整一般从后往前逐级调整。调整中若发现某级电流忽大忽小，应检查是否有电台信号串入，可旋动调谐旋钮偏离电台。

2．中频变压器的调整

（1）使用仪器调整

调节信号产生器，使其输出信号频率为 465kHz，放"调幅"且调制信号置"1kHz"。将信号源输出通过 0.01μF 电容接至二中放基极，把被调收音机双连全部选入，调节信号发生器输出幅度，使收音机扬声器收到 1kHz 声音，用无感起子调整中周磁芯，使声音最大。随后将信号移至以中放、变频级基极，调整相应中周使扬声器声音最大，调整过程中要适时减小信号源输出幅度，反复进行，使调整更准确。

（2）使用标准收音机调整

调整标准收音机，在频率低端收到某一电台，把该收音机与被测收音机地线相连，再从标准收音机检波输入端引一导线，并在导线上串 0.01μF 电容器，从后向前分别接至被调收音机二中放、一中放、变频管基极，调节相应中周，以被调收音机声音最响且不失真为准。经过反复调整，可使各种周谐振于 465kHz。

3．调整频率范围

调节信号产生器，使其输出信号频率为 525kHz，放"调幅"且调制信号置"1kHz"。把被调收音机双连全部旋入，将信号源输出接一导线并在被测收音机磁棒上绕 3~5 圈，调节本振中周磁帽，使被测收音机收到 1kHz 信号。然后调节信号产生器，使其输出信号频率为 1605kHz，被调收音机双连全部旋出，调节 C_{T-B}，使被测收音机收到 1kHz 信号。重复调整几次，中波段频率范围就调好了。

4．三点统调

频率范围调好后，可进行统调。实际中，不可能在整个波段内做到高频信号与本振信号保持相差 465kHz，只能在频段的高端、低端和中间实现相差 465kHz，即三点统调。实现三点统调的具体方法是：使收音机在低端收到一电台，调整天线线圈在磁棒上的位置，使电台声音最大；再使收音机在高端收一电台，调整 C_{T-A}，使该台声音最大。如此反复调整几次，最后把磁棒线圈用蜡封固。

5.9 开关控制电路

5.9.1 电子调光灯电路的制作

1．电路功能

电子调光灯由白炽灯、灯罩、蛇皮管、底座、球形旋扭、控制电路、橡皮线夹、电源线及电源插头等组成，可直接应用 220V 市电供电，通过球形旋钮调节控制电路的工作状态来控制白炽灯的功率，使白炽灯的功率根据具体情况可在 15~40W 范围内连续可调。

2. 电子调光灯的工作原理

白炽灯泡的灯丝一般由很细的钨丝绕成螺旋形，它有很高的熔点（3680K）和很低的蒸发率，可以在很高的温度（2400~2600K）下长期工作。当电流通过它时，灯丝发热呈白炽状态而发光，所以白炽灯属于热辐射电光源。改变灯丝的电流就能改变灯泡的工作温度，白炽灯泡发光强度便发生变化。电子调光灯的发光强弱是通过电子电路使灯丝的电流变化而实现的。图 5.44 是电子调光灯电子控制电路的原理图。其中电源开关 S、灯泡 H、双向晶闸管 VS、电感 L_1 与电源构成主回路。如果 S 闭合且 VS 导通时，灯泡便有电流通过，若 VS 不导通、灯泡中就没有电流。电位器 RP_1、RP_2、电阻 R、电容 C_2 和双向二极管 SD 组成晶闸管 VS 的触发电路。其中，RP_1、RP_2、R 和 C_2 组成 RC 相移电路。假定拆除 SD，C_2 两端的电压 U_C 滞后电源电压 U_i 角度 α，u_i、u_C 的波形如图 5.45 所示，当 RP_2 阻值调至最大时，滞后角度 α 最大，当 RP_2 阻值调至最小时，滞后角度 α 最小。将双向二极管连接上后，晶闸管就受移相电压的控制，当移相电压达到双向二极管的阈值电压 VT_+ 和 VT_- 时，导通触发 VS 使其由关断状态转为导通状态，当输入电压变化到零电位时，晶闸管自动关断，这样通过灯泡的平均电流受电位器的控制，所以调整电位器旋钮可以方便地调整灯光的强弱。L_1 和 C_1 构成高频滤波器，用来防止通过灯泡电流的高次谐波对附近收音机或电视机等设备的干扰。由于 L_1 的线径较粗且匝数少，C_1 容量很小，所以它们的阻抗不会影响灯泡的亮度。

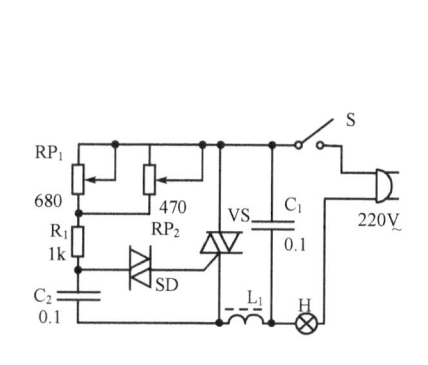

图 5.44　电子调光灯控制电路

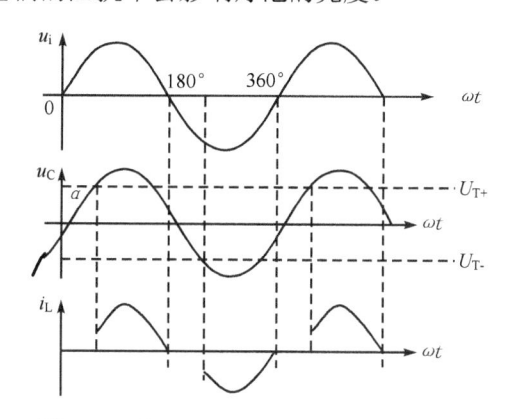

图 5.45　电子调光灯控制电路的电压波形

3. 电子调光灯的调试与常见故障的检修

按照原理电路图制作出印制版电路，焊接元件后，进行调试：首先将微调电阻 RP_1 调到中间位置，然后接通电源，调 RP_2 使灯光最暗，用小改锥微调 RP_1，调到灯丝暗红即可。调试过程中常见的故障和排除方法如下。

（1）白炽灯不亮

灯泡不亮的原因有：灯丝烧断，灯头与灯座接触不良，电源开关损坏，连线断路，控制电路中双向二极管断路或移相电容被击穿等。检修时，先察看灯丝是否烧断，若灯丝断，应更换灯泡。若灯丝没断，检查灯头与灯座接触是否良好，有时灯座的中心磷铜电极被压低，灯泡拧入后接触不上，可用绝缘工具将该电极拨正挑起，使灯泡拧入后与其可靠的接触。若灯泡仍不亮，用万用表的电阻挡测量电源开关，若在开关闭合位置，测量其电阻为无穷大，说明开关已损坏，该开关通常位于电位器的内部，不易修复，一般需更换。对双向二极管和移相电容可用替换法判定其是否损坏。

（2）电子调光灯调光不正常

电子调光灯在最亮位置不能调光，其原因有：晶闸管 VS 被击穿短路、双向二极管 SD 短路、电容虚焊或内部开路等。检修时，在断电后直接用万用表测量晶闸管 VS 两端的电阻，若阻值较小，说明晶闸管应更换。双向二极管 SD 和移相电容 C_2 仍用替换法判断。

电子调光灯在最暗的位置不能调光，大多是由于电位器 RP_2 磨损，动臂未与碳膜片接触所致。检查时，可将电位器引线焊下，用万用表电阻挡测量其动臂引脚（即中间焊片）与其他两端的电阻，若为无穷大，即表明有此故障；若测出阻值不超出标称值，且随转轴的转动变化，则表明电位器是好的。由于多数情况下，总是将灯光调到最强的位置使用，只有在特殊需要时才调为弱光。这样，每次开灯后都要将电位器顺时针旋足，关灯时又要将它旋回，时间长了很容易磨损。为了减轻磨损，可将原来焊在电位器上下两端的引线交换。这样，刚一开灯光最亮，需要暗光时，再将旋钮顺时针旋转。

电子调光灯调不到最亮，开灯后灯能亮，就表明主回路是正常的，故障在触发电路，主要原因是 RP 磨损，电阻无法调到零，或移相电容 C_2 严重漏电，需更换。

电子调光灯调不到最暗，其故障也出在触发电路。主要原因是 C_2 开路或虚焊或微调电阻 RP_1 动臂的位置改变，使阻值减小。检修时，如果怀疑电容内部开路，可以用一个同规格的电容代换实验。如果怀疑 RP_1 阻值改变，只要将 RP_2 调在灯光最暗的位置，用小改锥微调 RP_1，调到灯丝暗红就可以了。

最后需指出，调光灯的灯泡以选 25~40W 为宜。功率太大，不仅容易损坏晶闸管，还有可能烤坏灯罩。

4．电子调光灯控制电路元件清单

电子调光灯控制电路元件清单如表 5.26 所示。

表 5.26 元器件清单

符号	名称	规格	符号	名称	规格
RP_1	微调电阻	680Ω	C_2	电容	0.1μF/50V
RP_2	可调电阻	470Ω	SD	双向二极管	
R_1	电阻	1kΩ、0.5W	VS	双向可控硅	1A/400V
C_1	电容	0.1μF/400V	L_1	电感	300μH

5.9.2 声光控照明电路的制作

1．电路功能

声光控电路是目前应用非常广泛的一种自动控制电路，广泛应用于楼梯照明灯的自动控制。当光线照度较强或无声音时照明灯不亮，只有光线较暗，且声音较强时，照明灯才会发光，应用非常方便。

2．电路及工作原理

声光控电路原理图如图 5.46 所示。

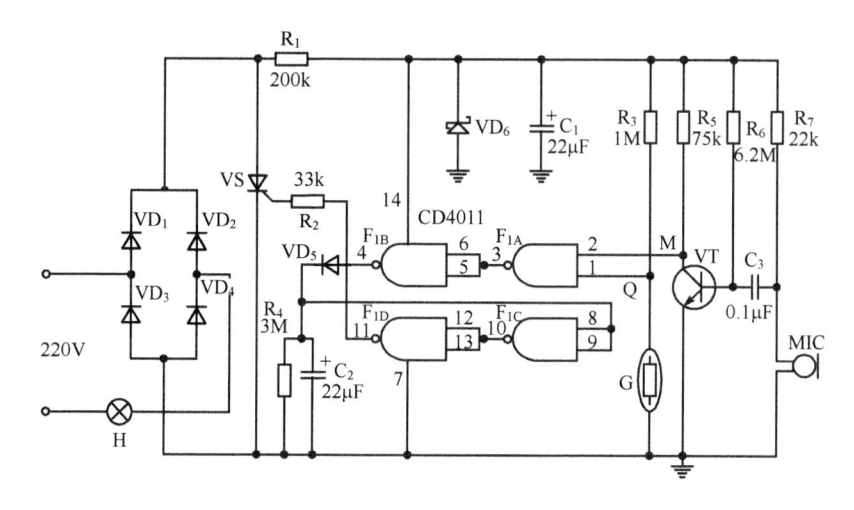

图 5.46 声光控照明电路原理图

在图 5.46 所示电路中，220V 市电经二极管 $VD_1 \sim VD_4$ 整流电路的整流，R_1、VD_6、C_1 组成 +9V 稳压滤波电路，三极管 VT 从 R_5 获得正向偏置。当有较强的光线照射到光敏电阻 G 上时，G 阻值变小，Q 点处于低电位，加到与非门 F_{1A} 的一个输入端 1 脚，此时不管 2 脚输入为什么电平，其输出端均为高电平，F_{1B} 则输出低电平。此时，8、9 脚输入低电平，F_{1C} 输出高电平，于是 F_{1D} 输出低电平，因此晶闸管 VS 是关断的，电灯 H 不亮。当光线较弱时，G 阻值增大，近于断开状态，于是 Q 点为高电位。但如果没有声音信号，驻极体话筒阻值较大，VT 的基极电位较高，VT 呈导通状态，则 M 点仍处于低电位，所以 F_{1A} 仍输出高电平，电灯 H 仍然不亮。只有光线较弱，且有声音信号存在时，声音信号使话筒 MIC 产生电信号。此信号经 C_3 耦合到三极管 VT 的基极，使 VT 瞬时截止，M 点迅速变成高电位。这时，M、Q 两点均处于高电位，使得 F_{1A} 输出端为低电位，F_{1B} 输出高电位，使二极管 VD_5 导通，C_2 迅速充电；与此同时，F_{1C} 输入高电平，输出低电平，F_{1D} 输出高电平，VS 经 R_2 获得高电位而导通，电灯 H 点亮。

一般声音信号存在时间较短，所以 VT 的截止时间也较短。但灯 H 应有一定的点亮时间，这就需要一定的时间延迟，其工作过程是：当声音信号消失后，M 点恢复到低电平状态，于是 F_{1A} 输出高电平，F_{1B} 输出低电平，VD_5 截止。这时充足了电的 C_2 开始时仍有电压，其高电位加到 F_{1C} 输入端，使 F_{1C} 输出低电平，F_{1D} 输出高电平，使 VS 导通，使 H 继续点燃；同时 C_2 通过 R_4 放电，随着时间的推移，C_2 两端的电压逐渐降低，当低到一定电平，促使 F_{1C} 输出高电平，VS 立即关断，从而使电灯 H 熄灭。

3. 元件说明、测试与筛选

常用电子元器件的判别、测试在本书前面章节已有介绍，在此不再赘述，以下只详细介绍一下在本节中用到的几种电子元器件。

（1）驻极体话筒

驻极体话筒由于其体积小、结构简单、价格低廉，近年来获得了广泛应用。驻极体话筒属于电容式话筒的一种，它是在电容器金属极板之间加上一层驻极体薄膜，作为电介质。当薄膜受声波作用而振动时，就引起电容量的变化，并在极板上产生电荷。如果施以直流电源电压，即可输出音频信号，实现声—电转换。其使用寿命可达几年至几十年。

用万用表检查驻极体话筒的方法如下：选择 R×100Ω 挡，将黑表笔接话筒正极，红表笔接负极，然后正对着话筒吹一口气，表针应作大幅度摆动，假如表针不动，可交换表笔位置后重新试验。若表针仍然不动，说明话筒已经损坏；摆动幅度很小，表明话筒灵敏度低。

（2）CC4011

四组 2 输入端与非门，属 CMOS 电路，其电源电压可取 3~18V，使用过程中须注意其使用方法。

4. 电路的装配、焊接与调试

（1）电路焊接

根据声、光控照明电路电路图及印制电路板图，进行各种元器件的插装及焊接。

在各种元器件的插装及焊接中，除了驻极体话筒焊在线路板焊接面中，光敏电阻将其管腿留有较长部分焊好，并将其反转至线路板焊接面外，其余元器件均按常规插装、焊接。

（2）调试

焊接完毕，检查无误后，即可检查本装置工作是否正常。

检查时，可在晚上或用黑色绝缘胶布将光敏电阻遮挡后进行。将声、光控照明电路串入 220V 市电靠近零线端，给出一个声音信号，看电灯是否能点亮，并能在延迟一段时间后熄灭，若能，则证明该电路一切正常。

在本装置中，延迟时间的长短取决于电阻器 R_4 和电容器 C_2 的乘积，即 $\tau=R_4C_2$。当电阻器 R_4 阻值一定时，适当增大或减小 C_2 的容量，可延长或缩短延迟时间，如表 5.27 所示。

表 5.27 （电阻 R_4=3MΩ时）

C_2 电容量	延迟时间	C_2 电容量	延迟时间
4.7μF	15s	47μF	150s
10μF	30s	100μF	300s
22μF	60s		

当电容器 C_2 容量一定时，适当增大或减小 R_4 的阻值，可延长或缩短延迟时间，如表 5.28 所示。

表 5.28 （电容 C_2=22μF 时）

R4 阻值	延迟时间	R4 阻值	延迟时间
500kΩ	10s	6MΩ	130s
1MΩ	20s	12MΩ	260s
3MΩ	60s		

在本电路中，驻极体话筒 MIC 灵敏度由 R_7 调整，适当调整 R_7，可改变 MIC 的灵敏度。当 R_7=22kΩ时，有效距离在十米左右，就可以使电灯 H 亮。若将 R_7 改为 44kΩ，有效距离将缩短至 5m 左右。

（3）常见故障检查与维修

接入电源后，如果灯不能点亮，则应检查电路。

首先应检查整个电路，看各引脚有无虚焊，有无连焊。

其次应该检查 $VD_1 \sim VD_4$ 和 C_1，因这些元件直接和 220V 市电相连，看是否被击穿。

再次检查除 IC 外的其他外围电路，看有无击穿和损坏，若有，应将其用好的元器件替换。由于 IC 易损坏，在焊接 IC 时，最好先在线路板上焊上集成电路管座，整个电路焊接完毕后，将 IC 最后直接插装在管座上，如果 IC 有损坏，可直接用镊子拔下，更换新的即可。

(4) 总装

整个电路焊接、调试完成后，可将其安装在大小适中的，用绝缘材料制作的机壳中，将光敏电阻从机壳面板的小方孔中伸出。驻极体话筒 MIC 紧贴在机壳面板正面稍低于光敏电阻下方的小圆孔中，在话筒口径范围内适当开若干个小孔，用于透声。

线路板用固定螺丝直接固定在机壳上，外面再罩上外壳用于绝缘。注意，用来固定的螺丝一定不能与壳内电路板及元器件相碰，以免造成事故。

由于该装置直接与 220V 市电有直接联系，故要特别注意绝缘问题，绝不能用铝、铁等导电材料制成的外壳。

5. 元器件清单

声光控照明电路元器件清单如表 5.29 所示。

表 5.29 声光控照明电路元器件清单

符号	名称	规格	符号	名称	规格
R_1	电阻	RJX-0.125W 220kΩ	C_3	电容	0.1μF/60V
R_2	电阻	RJX-0.125W 33kΩ	$VD_1 \sim VD_5$	二极管	IN4007
R_3	电阻	RJX-0.125W 1MΩ	VD_6	二极管	2CW16
R_4	电阻	RJX-0.125W 3MΩ	VT	三极管	9014
R_5	电阻	RJX-0.125W 75kΩ	VS	单向晶闸管	944
R_6	电阻	RJX-0.125W 6.2MΩ	G	光敏电阻	MG44
R_7	电阻	RJX-0.125W 22kΩ	MIC	驻极体话筒	CZN17
C_1、C_2	电容	22μF/50V	F_1	集成电路	CC4011 或 CD4011

5.9.3 用专用模块组成的路灯控制电路

1. SL 系列声控集成电路工作原理及引脚排列

声控集成电路是一种利用声音去控制电路通断的电子开关，它将声音转换成电信号，经放大、整形，输出一个开关信号去控制各种电器的工作，在自动控制工业电器和家用电器方面有广泛的用途。

一般情况下，声控开关电路包括放大、延时、整形、选频、触发及驱动六部分，根据功能的不同可对相应的部分进行调整，其基本框图如 5.47 所示。

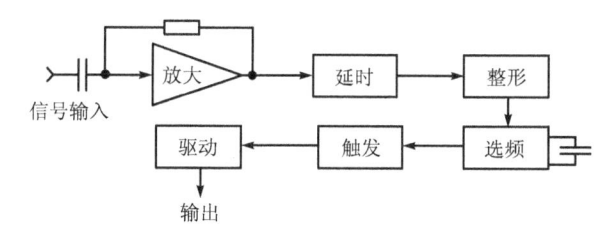

图 5.47 声控开关电路结构图

SL 系列模块是一种软封装声控集成电路，它由放大器、双稳态电路、缓冲器及驱动电路等部分组成，可用于声控玩具、电动汽车等方面。SL 系列有 SL517、SL518、SL519，SL517 可用做集电极输出或发射极输出，SL518 只做发射极输出，SL519 做集电极输出。SL 系列以其电压低、灵敏度较高、驱动电流较大、装制调试简便、性能稳定可靠而应用广泛。图 5.48 为 SL518 外形及引脚排列。

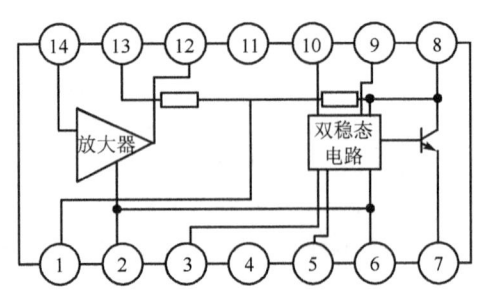

1—退耦；2—接地；3—消振；4—空；5—消振；6—接地；7—输出；8—电源；
9—截止触发端；10—导通触发端；11—空；12—放大器输出；13—接驻极体话筒；14—输入端

图 5.48 SL518 外形及引脚排列

2．SL518 应用电路

声控路灯由前置放大、声控电路 SL518、可控硅和稳压电源组成，如图 5.49 所示。以 SL518 发射极的输出电流控制可控硅的导通或截止，使 220V 电压接入或切断，以控制路灯的亮和暗。若将 HL 处接成插座即成开关，可作控制电扇、收录机的电源开关。稳压电源中的稳压二极管 H27A3 稳压值为 6.8V，功率为 0.5W，也可用其他型代用。本电路接地端接有 220V 的一端，连接时尽可能以零线接地，制作时和调试时不要接触接地线，使用时宜配制一个外壳。

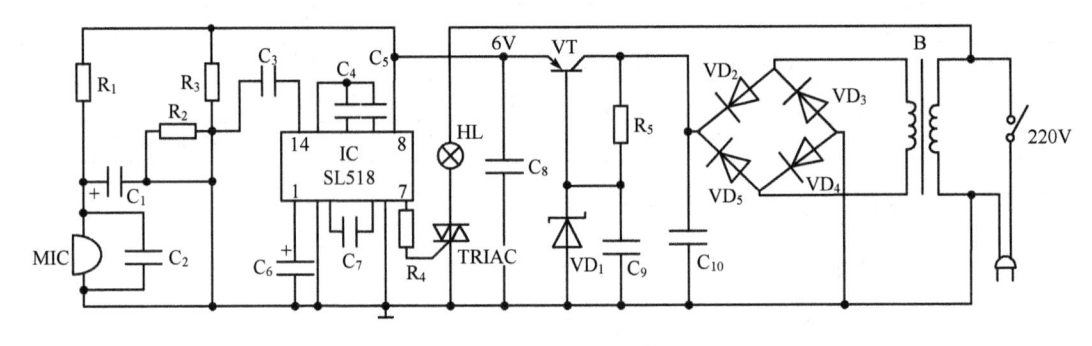

图 5.49 声控路灯结构图

3．元器件选用

元器件选用可参照表 5.30。

表 5.30 元器件清单

符　号	规　格	名　称	符　号	规　格	名　称
IC	SL518	声控集成电路	R_5	2kΩ	1/8 碳膜电阻
VT	8050	NPN 晶体三极管	$C_1、C_3、C_4、C_5$	1μF	电解电容
TRIAC	BCM1AM（1A/600V）	双向可控硅	C_2	2200F	瓷片电容
VD_1	H27A3（6.8V）	稳压管	C_6	47μF	电解电容
$VD_2 \sim VD_5$	IN4001	二极管	C_7	0.022F	涤纶或瓷介电容

续表

符 号	规 格	名 称	符 号	规 格	名 称
R_1	82kΩ	1/8 碳膜电阻	C_8	100μF	电解电容
R_2	120kΩ	1/8 碳膜电阻	C_9	10μF	电解电容
R_3	3kΩ	1/8 碳膜电阻	C_{10}	220μF	电解电容
R_4	150Ω	1/4 金属膜电阻	MIC		驻极体话筒

4．组装与调试

1）如在开关启动后，出现击掌、喊话、敲击等声音后不能自动完全熄灭，可在 R_3 上并接一个 470pF 电容。

2）如果出现间歇振荡，可将 C_3 换成 0.33μF 电容即可清除。

3）本电路中，驻极体话筒 MIC 灵敏度可由 R_1 来调整，当 R_1=82kΩ，有效距离在 4~5m 左右，就可使电灯 HL 亮，若将 R_1 改为 160kΩ，有效距离缩至 2~3m。C_2 用于消除误动作，宜直接焊在话筒上，容量可在 1000pF~0.022μF 间取。

5.9.4 用光敏电阻制作夜间标志灯控制电路

1．电路功能

城镇道路长时间使用常出现路面损坏，而路基下埋设有各种各样的电线电缆、管道管件，它们一旦损坏，就需要将道路扒开施工，到了晚间，若不加特殊标记，往往引起各种交通事故，造成人身伤亡。下面介绍一种夜间标志灯控制电路，该标志灯在白天熄灭，晚上当光线暗到一定程度时标志灯以一定的节奏闪亮，非常醒目，提醒路人和车辆注意安全，避免发生意外事故。

2．电路及工作原理

标志灯控制电路如图 5.50 所示。电路由环境光强检测电路、超低频多谐振荡器和直流电源电路组成。环境光强检测电路由光敏电阻 RG_1、可变电阻和三极管 VT 组成。超低频多谐振荡器由 R_1、R_2、VD_1、C_1 和 IC_1 组成，其工作状态受环境光强检测电路的控制。直流电源电路由 VD_3、C_2、VD_2 和 R_5、C_3 组成，在白天时，由于环境光线较强，RG_1 呈低阻，VT 导通，IC_1 的 4 脚为低电平，可控硅 VS 一直关断，标志灯一直不亮。晚上，当光线暗到一定程度时，RG_1 阻值较大，VT_1 截止，IC_1 的 4 脚变为高电平，IC_1 输出的正半周使可控硅导通，标志灯点亮；其输出的负半周使可控硅 VS 截止，标志灯熄灭，这样标志灯就不停的闪亮。调节 RP_1 可以改变标志灯开始闪烁时的环境光强。

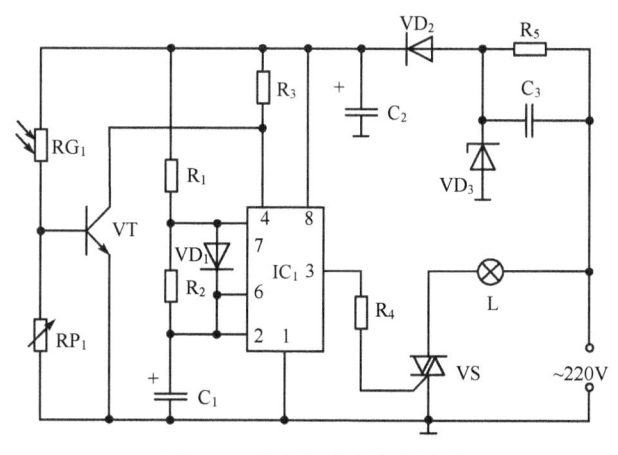

图 5.50 夜间标志灯控制电路

3. 元器件选用

元器件的选用如表 5.31 所示。

表 5.31 元器件清单

符 号	名 称	规 格	符 号	名 称	规 格
RG_1	光敏电阻	MG45（亮阻<10 kΩ，暗阻>100 kΩ）	R_5	电阻器	270 kΩ/0.25W
RP_1	可变电阻器	22kΩ	VS	双向可控硅	1A/400V
VT	三极管	9014	VD_3	稳压二极管	2DW9
VD_1、VD_2	二极管	1N4007	IC_1	定时电路	NE555
R_1、R_2	电阻器	68kΩ/0.25W	C_1	电解电容器	47μF/16V
R_3	电阻器	3 kΩ/0.25W	C_2	电解电容器	470μF/16V
R_4	电阻器	470Ω/0.25W	C_3	电解电容器	0.47μF/400V

4. 制作与调试

在制作此电路时，须注意：光敏电阻应露出玻璃泡以接收光线，同时应安装在环境光线能照射到而标志灯照不到的位置；焊接 NE555 时基集成电路时应使用小功率电烙铁，并利用余热焊接，有条件的可在安装集成电路处先焊接一块集成电路管座，以便更换集成电路。

调试时先将 RP_1 调至最大，然后遮住光敏电阻 RG_1，使照到其上的光线强度暗到一定程度，慢慢由大到小调节 RP_1，直到标志灯由熄灭状态变为开始闪烁即可。

安装时可以用白色透光塑料板做好一个小型灯箱，在箱体上用醒目的色彩写上"此处施工注意安全"字样，将标志灯装于箱体内，把箱体安放到施工位置。

5.9.5 红外线自动控制水龙头的制作

一体化红外自动水龙头，结构简单，成本低廉，便于普及。非常适合医院、宾馆、饭店及家庭使用。

1. 红外线自动控制水龙头工作原理

电路如图 5.51 所示。它由红外发射电路、红外接收电路、选频放大电路、驱动电路、电源及执行电路等几部分组成。

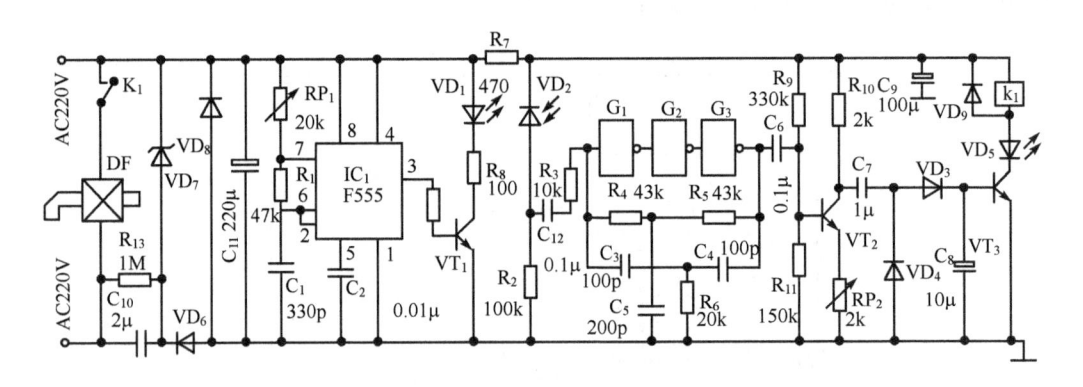

图 5.51 电路原理图

发射电路由 IC_1、RP_1、R_1、C_1、C_2、VT_1、VD_1 等元件构成，IC_1 及外围元件构成多谐振

荡电路，选择 RP_1、R_1、C_1 使其振荡频率为 38kHz。振荡信号由 3 脚输出，经 VT_1 进行功率放大后，驱动红外发光二极管 VD_1 发出红外光脉冲。

VD_2 是红外光敏二极管，当人体接近水龙头时，反射光被 VD_2 接收，当 VD_2 受到红外光脉冲照射时，其内阻作同频率的变化，变化的电阻与 R_2 分压后，便在 C_{12} 左端产生一微小的同频率的交流电信号，经 C_{12} 耦合给选频放大器，选频放大器由 CMOS 非门 G_1、G_2、G_3 及 R_3、R_4、R_5、R_6、C_3、C_4、C_5 构成，R_4、R_5 既是 RC 双 T 选频网络的元件，又是将 G_1~G_3 偏置在线性工作区的负反馈偏置电阻，双 T 选频网络在此为放大器的交流负反馈通道，当输入信号频率满足 $f_0=1/2\pi RC (R=R_4=R_5, R_6=R/2, C=C_3=C_4, C_5=2C)$ 时，反馈通道的交流阻抗最大，也就是交流负反馈系数最小，放大器放大倍数最大，故电路将选出频率为 f_0 的信号进行放大。选出的信号再经 C_6 耦合至 VT_2 等构成的交流放大器进一步放大，以达到一定幅值。

VD_3、VD_4、C_8 将 C_7 送来的具有一定幅值的交流信号进行半波整流和滤波，变为直流电压作用于 VT_3 基极，VT_3 导通，驱动 K_1 吸合，电磁阀通电开通，同时，发光二极管 VD_5 发光，指示出此刻的电路状态。

VD_6、VD_7、VD_8 以及 C_{10} 构成电容降压半波整流稳压电路。

2．元件选用

G_1~G_3 用一片 4000 系列 CMOS 六非门 CD4069 或 74HC04。VD_3、VD_4 VD_9 用 1N4148，VD_6、VD_8 用 1N4007，VD_7 用 6V/1W 硅稳压管。K_1 用 JRX-13F。DF 用 DF-1 型电磁阀。VT_1~VT_3 用 CS9013，$\beta \geqslant 100$。C_{10} 用电扇电容，耐压要大于 400V。电阻 R_8 用 1W 金属膜电阻。元器件清单如表 5.32 所示。

表 5.32　元器件清单

符　号	规　格	名　称	符　号	规　格	名　称
G_1~G_3	CD4069	CMOS 六非门	R_9	330kΩ	1/8W 碳膜电阻
VD_3、VD_4、VD_9	1N4148	二极管	R_{10}	2kΩ	1/8W 碳膜电阻
VD_6、VD_8	1N4007	二极管	R_8	100Ω	1W 金属膜电阻
VD_1	TLN101	红外发射二极管	R_{13}	1MΩ	1/2W 金属膜电阻
VD_2	PH302	红外接收二极管	RP_1	20kΩ	半可调电阻
VD_5	2EF30	红色发光二极管	RP_2	2kΩ	半可调电阻
VD_7	2CW(6V/1W)	稳压管	C_{10}	2μF	无极性电容耐压>400V
VT_1~VT_3	CS9013	NPN 小功率三极管（$\beta>100$）	C_1	330pF	瓷片电容
K_1	JRX-13F	继电器	C_2	0.01μF	涤纶电容
DF	DF-1	电磁阀	C_3、C_4	100pF	瓷片电容
R_1	47kΩ	1/8W 碳膜电阻	C_5	200pF	瓷片电容
R_2	100kΩ	1/8W 碳膜电阻	C_6	0.1μF	涤纶电容
R_3	10kΩ	1/8W 碳膜电阻	C_7	1μF	电解电容耐压 25V
R_7	470Ω	1/8W 碳膜电阻	C_8	10μF	电解电容耐压 25V
R_4、R_5	43kΩ	1/8W 碳膜电阻	C_9	100μF	电解电压耐压 25V
R_6	20kΩ	1/8W 碳膜电阻	C_{11}	220μF	电解电压耐压 25V
R_{11}	150kΩ	1/8W 碳膜电阻	C_{12}	0.1μF	涤纶电阻

3．安装调试

首先，将 VD_1 与 VD_2 靠近，并将 RP_2 调至最小，调节 RP_1，使发射与接收频率相同，VT_3

导通，VD_5发光。然后，拉开 VD_1 与 VD_2 的距离，约 3m 左右，并将 VD_1 与 VD_2 发光面与受光面相对，观察 VT_3 是否导通，若不导通，再微调 RP_1 来达到要求。这样初调之后，将 VD_1 与 VD_2 装入如图 5.52 所示的反射式发射—接收装置中（壳体用不透光的塑料或其他材料加工而成，发射与接收窗口用红色透光有机玻璃）。当有人体或有物体靠近发射与接收窗口时，VD_1 发出的光脉冲反射到 VD_2，使电路动作。反射距离可通过 RP_2 来调整，方法是将手或物体移至发射与接收窗口，距离约 30cm 左右（也可视具体情况而定），调整 RP_2 使 VT_3 处于临界导通状态即可。

调整完毕后，将电路板及图 5.52 所示的反射式装置安装在一体，并装在水龙头上方，见图 5.53。当有人洗手或用水时，水龙头便自动出水，离开时自动断水。

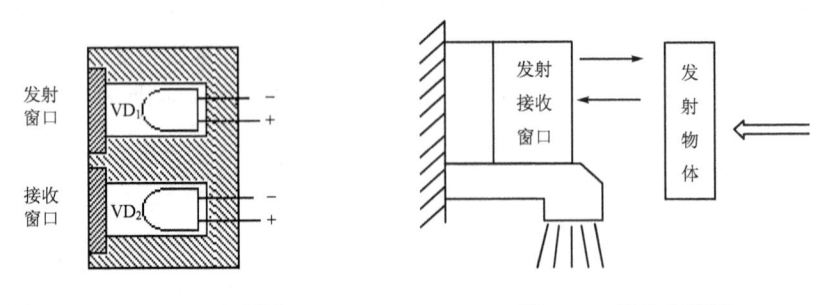

图 5.52　VD_1、VD_2 安装图　　图 5.53　整体安装图

注意事项：由于电路采用电容降压，电路板可能带有市电，调试安装时，人身不得触及带电线路，以免发生危险。电路要用绝缘材料封闭好，防止进水，也防止人们触及电路。

5.10　自动控制和检测电路

5.10.1　交通信号灯控制电路的制作

利用单片机和发光二极管组成的模拟交通信号灯控制电路如图 5.54 所示。

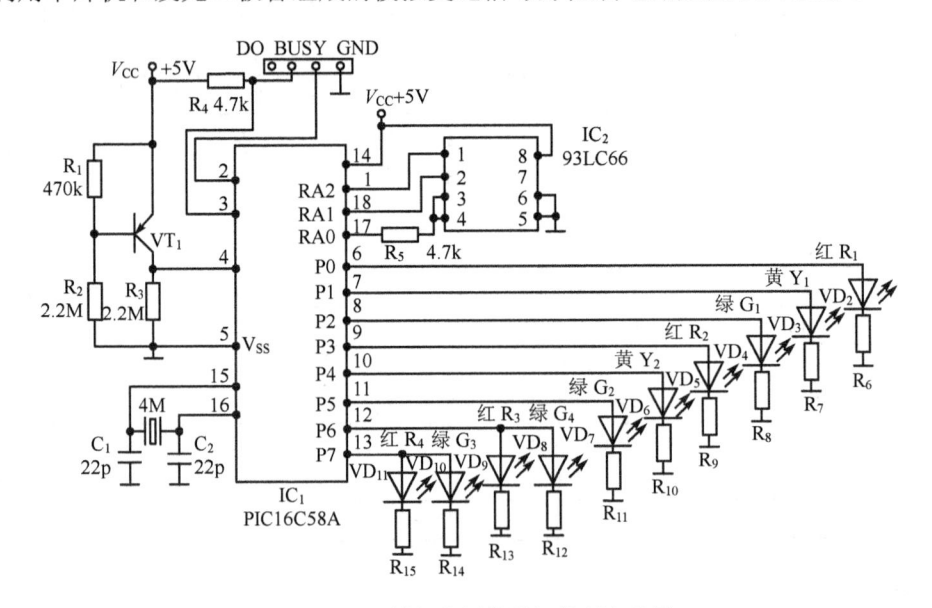

图 5.54　模拟交通信号灯控制电路图

电路控制采用 PIC16C58A 单片机,它的晶振电路、程序存储器、数据接口、复位电路与电话自动报警器电路中的接法相同。IC_1 的 8 个双向可独立编程 I/O 口(P_0~P_8)直接驱动 8 个发光二极管以模拟交通灯。8 个口均设置为输出状态,其中 P0、P1、P2 控制南北方向红、黄、绿三个信号灯。P3、P4、P5 控制东西方向红、黄、绿三个信号灯,P6 控制南北方向人行道红、绿灯,P7 控制东西方向人行道红、绿灯。程序框图如图 5.55 所示。

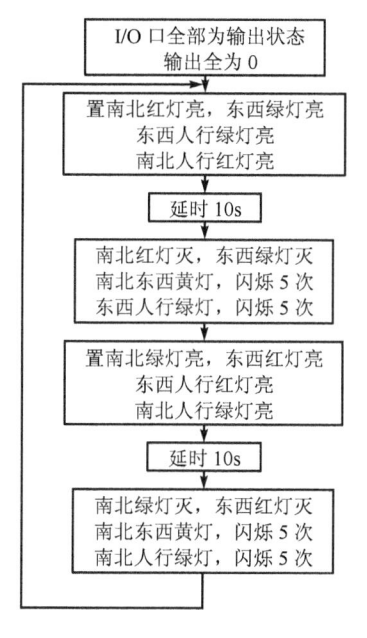

```
┌─────────────────────┐
│  I/O 口全部为输出状态  │
│     输出全为 0       │
└──────────┬──────────┘
           ↓
┌─────────────────────┐
│ 置南北红灯亮,东西绿灯亮│
│    东西人行绿灯亮    │
│    南北人行红灯亮    │
└──────────┬──────────┘
           ↓
      ┌ 延时 10s ┐
           ↓
┌─────────────────────┐
│ 南北红灯灭,东西绿灯灭 │
│ 南北东西黄灯,闪烁 5 次│
│ 东西人行绿灯,闪烁 5 次│
└──────────┬──────────┘
           ↓
┌─────────────────────┐
│ 置南北绿灯亮,东西红灯亮│
│    东西人行红灯亮    │
│    南北人行绿灯亮    │
└──────────┬──────────┘
           ↓
      ┌ 延时 10s ┐
           ↓
┌─────────────────────┐
│ 南北绿灯灭,东西红灯灭 │
│ 南北东西黄灯,闪烁 5 次│
│ 南北人行绿灯,闪烁 5 次│
└─────────────────────┘
```

图 5.55 程序框图

使用 PIC 系列单片机汇编语言,根据程序框图可编制出控制程序。通过开发器下载到程序存触器中。为了省去使用开发器的麻烦,国内已将 PIC16C58 单片机注入 BASIC 语言——PICBASIC 的解释程序而生产出型号为 PIC58BS、PS1008 系列单片机,它通过固化在芯片内部的 BASIC 解释程序,提供 33 条 BASIC 语句,用户的 PICBASIC 原程序由 PC(运行 PICBASIC 程序)编辑、调试和下装,它既有单片机实用、廉价、省电、小巧、可靠的特点,又有 BASIC 语言易学易用、开发周期短的特点。适合于工业控制、仪器仪表等智能电器产品。

下面给出使用 BASIC 语言编制的交通灯控制程序。

程序清单:

```
        pins=%00000000      '端口清零
        dirs=%11111111      '置 I/O 端口为输出状态
main:   pins=%00000000      '
        pins=%01100001      '南北红灯、东西绿灯亮、东西人行绿灯、南北人行红灯亮
        pause   10000       '延迟 10 秒
mb:     pins=%01010010      '南北东西黄灯、东西人行绿灯亮
        pause   300         '南北人行红灯闪烁五次
        pins=%00000000      '间隔 0.3 秒
        pause   300
```

```
            b1=b1+1
            if b1<5 then mb
            pins=%10001100    '南北绿灯、东西红灯亮
            pause 10000      '南北人行绿灯、东西人行红灯亮
       mc:  pins=%10011110    '南北东西黄灯、东西人行红灯亮
            pause 300        '南北人行绿灯闪烁五次。
            pins=%00001100    '间隔0.3秒
            pause 300
            b2=b2+1
            if b2<5 then mc
            b1=0
            b2=0
            goto main
```

元器件清单如表5.33所示。

表5.33 元器件清单

符 号	规格型号	名 称	符 号	规格型号	名 称
VT_1	9012	三极管	R_4、R_5	4.7kΩ 1/8W	碳膜电阻器
VD_2、VD_5、VD_8、VD_{10}	FG112001	红色发光二极管	$R_6 \sim R_{15}$	100Ω/4W	碳膜电阻器
VD_4、VD_7、VD_9、VD_{11}	FG142001	绿色发光二极管	C_1、C_2	22pF	瓷片电容
VD_3、VD_6	FG132001	黄色发光二极管	IC_1	PIC16C58A	单片机
R_1	470kΩ/8W	碳膜电阻器	IC_2	93LC66	存储器
R_2、R_3	2.2MΩ 1/8W	碳膜电阻器			

5.10.2 电话自动报警器的制作

1．电路功能和特点

1）利用公共电话网作传输媒体，只要安装了电话的用户，即可安装此报警器。

2）报警器具有自动、快速、准确的特点，当警情发生时，能自动拨打预存的三组电话号码或寻呼机号码，对方摘机后自动播放已录制好的语音报警内容。若遇到对方占线，能在2秒内转发下一组号码，并能按照发号、检测、放音的顺序自动循环。

3）触发接口采用断路触发方式，并且可以将防盗、烟感、有害气体等多个探头串联使用，便于扩充功能。

2．电路组成及工作原理

电路由单片机控制电路、信号检测电路和录放音电路组成。控制部分采用PIC16C58A单片机，信号检测电路采用LM567音频译码器，录放音部分采用SR9G10语音录放电路。整个电路设计为一个控制组件，安装于成品电话机内，配合原电话机的存储与快速拨号功能完成自动报警。电路框图如图5.56所示，电原理图如图5.57所示。

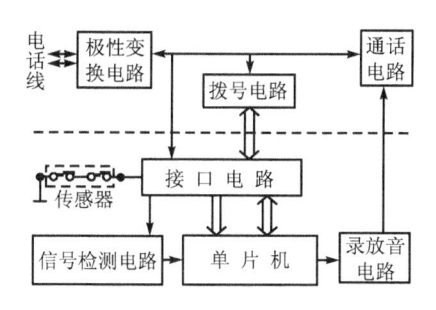

图 5.56 电路框图

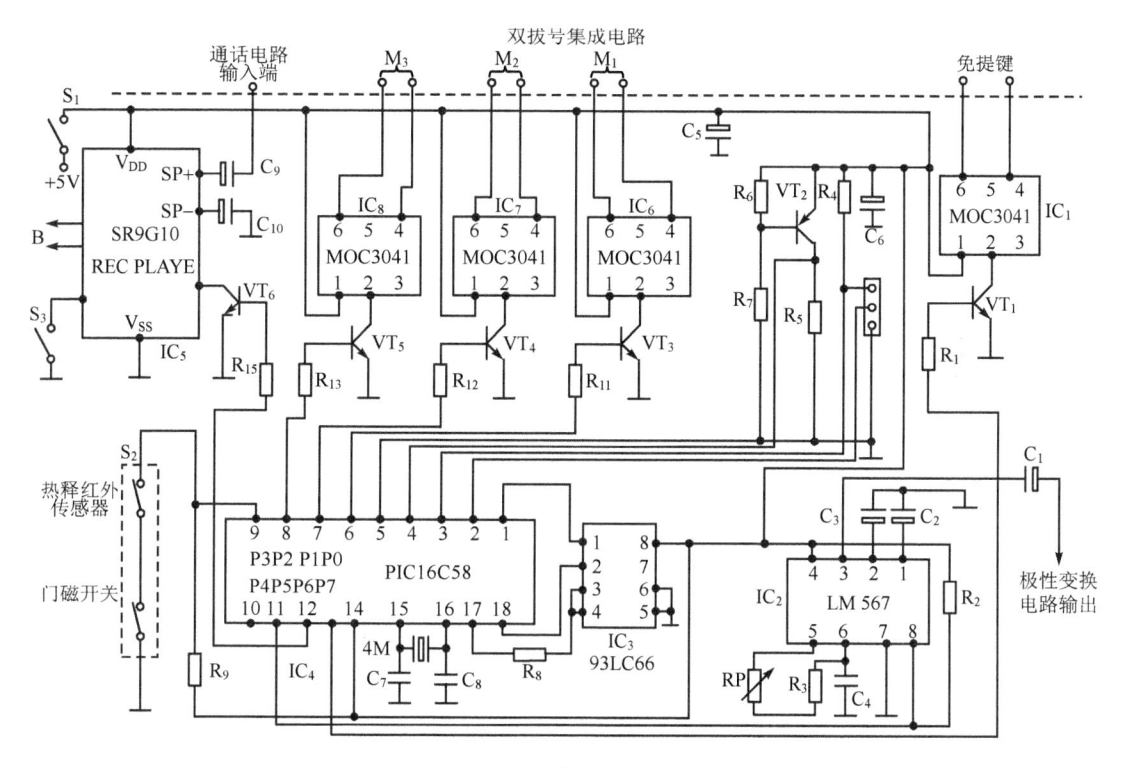

图 5.57 整机电原理图

(1) 单片机控制电路

控制电路采用 PIC16C58A 单片机,其引脚图如图 5.58 所示。它的外围电路简单,图 5.57 中的 IC$_4$ 的 5 接地,IC$_4$ 的 14 接+5V 电源,PIC16C58A 内部设有上电复位电路。当电源电压下降到 2.3V 时,4 脚在 VT$_2$ 射极低电平控制下复位。IC$_4$ 的 2、3 脚作为与 PC 交换数据的接口。IC$_4$ 的 1、18、17 脚分别与 IC$_3$ 的 1、2、3 脚相连。作为与 EEPROM 交换数据的接口,IC$_3$ 采用 93LC66,作为程序存储器,容量为 512B。与 PC 相连时,可在线调试、修改和下装程序。IC$_4$ 的 15、16 脚外接 4MHz 晶振,形成工作时钟。IC$_4$ 的 6~13 脚为 8 个双向可独立编程的 I/O 口(P0~P7)。其中 P0、P1、P2 设置为输出状态,作为三组电话号码的发号触发器。端口输出高电平时,通过 VT$_3$、VT$_4$、VT$_5$ 分别使 IC$_6$、IC$_7$、IC$_8$ 双向光耦的 4、6 脚导通,实现短路发号过程。P3 设置为输入状态,作为传感器触发信号输入口。P5 设置为输入状态,作为音频信号检测输入口。P6 设置为输出状态,高电平时通过 VT 启动录放音电路放音。P7 设置为输出状态,高电平时通过 VT$_1$、IC$_1$ 完成电话机的摘机、挂机过程。

（2）信号检测电路

由外线经电容 C_1 耦合来的调制信号需进行解调处理，去掉 450Hz 的载频。为提高判断和控制的准确度，这里采用 LM567 音频译码器（锁相环）完成解调过程。LM567 的内部电路和外围元件接法如图 5.59 所示。它由正交相位探测器、锁相环组成。配以适当外围元件，可构成音频译码器。音频信号通过 C_1 由 3 脚输入，内部正交相位探测器比较输入信号和锁相环电流控制振荡器产生的信号的频率和相位，当某一连续信号落在给定的通频带内时，锁相电路即将信号锁定，同时内部晶体管受控导通，8 脚输出低电平。

LM567 内部振荡器频率 f_0 可以在 0.1~500Hz 范围内预先设定。通过选取 R_3、C_4 实现。作电话信号检测电路时，解调的信号载频为 450Hz，其内部振荡频率 f_0 应按照下式确定。

$$f_0 = 1/(1.1 \times R_3 \times C_4) \tag{5-1}$$

即根据公式（5-1）将内部振荡器频率 f_0 设置在 450Hz。R_3 通常在 2~20kΩ内取值。现取 20kΩ代入（5-1）式，算出 $C_4=0.1\mu F$。R_3 串入 RP 进行微调。中心频率确定后，电路的通频带由下式求得：

$$\Delta f = \sqrt{V_i/(f_0 \times C_3)} \tag{5-2}$$

V_i 为输入音频信号的有效值，小于 200mV 时上式成立。当 C_3 在 0.1~0.47μF 内取值时，Δf 分别为 66Hz 和 30Hz。带宽范围在 $0.14f_0$ 至 $0.07f_0$ 之间。本电路 C_3 取 0.1μF 完全满足电话载频 450±20Hz 的要求。

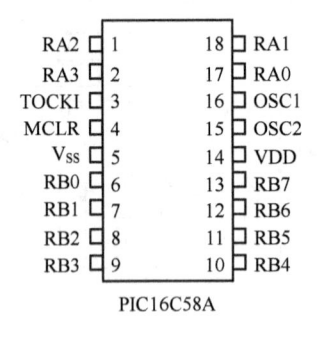

图 5.58　PIC16C58A 引脚图

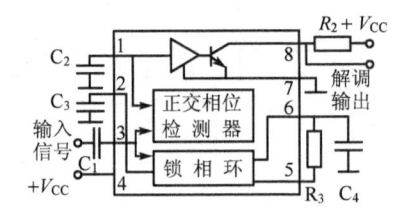

图 5.59　LM567 内部电路及外围元件

主要元器件清单如表 5.34 所示。

表 5.34　主要元器件清单

型　号	规　格	名　称	型　号	规　格	名　称
IC_1、IC_6、IC_7、IC_8	MOC3041	双向光耦	R_6、R_7	2.2MΩ1/8W	碳膜电阻
IC_2	LM567	音频锁相环	C_1	1μF/160V	电解电容
IC_3	93LC66	存储器	C_2	4.7μF/10V	电解电容
IC_4	PIC16C58A	单片机	C_3	0.1μF	电解电容
IC_5	SR9G10	语音录放电路	C_4	0.1μF	瓷片电容
VT_1、VT_3、VT_4、VT_5、VT_6	9013	三极管	C_5	100μF/25V	电解电容
VT_2	9012	三极管	C_6	47μF/25V	电解电容
R_1、R_2、R_9、R_{11}、R_{12}、R_{13}、R_{15}	10kΩ1/8W	碳膜电阻	C_7、C_8	22pF	独石电容

续表

型　号	规　格	名　称	型　号	规　格	名　称
R_3	15kΩ1/8W	碳膜电阻	C_9、C_{10}	4.7μF/50V	电解电容
R_4、R_8	4.7kΩ1/8W	碳膜电阻	B		话筒
R_5	330kΩ1/8W	碳膜电阻	RP	20kΩ	可调电阻

（3）录放音电路

预存储电话号码发出后，经过延迟判别，若接通且对方摘机，由单片机发出放音指令，通过 R_{15}、V_6 使放音电路被触发，开始播放已录制好的语音报警内容。录放音电路采用 SR9G10 不分段软封装电路。此电路采用单片结构，不需外接 IC，录音时间为 10s，录音内容能长久保存，不怕掉电，并可无限次录放音。每次录放音结束后自动进入低功耗状态。

录音过程是在电源开关放"开"时，接通录音开关 S_3，对话筒 B（MIC）讲话，可将 10s 的报警内容录制在存储器中。

（4）传感器电路

1）门磁开关：门磁开关常用干簧管制作，是一种在玻璃管内封装两个或三个触头组成的机械开关，它的结构如图 5.60 所示。干簧管的玻璃外壳直径为 2~5mm，长度为 15~50mm（分成小、中、大型）其触头尺寸不同，工作电流也不同，小型干簧管的工作电流小于 100mA，大型干簧管的工作电流可达 5A，制作门磁开关用小型即可。门磁开关分为两部分，一部分装有干簧管和两根引线，通常装于房门、抽屉的固定部分，另一部分装有永久磁铁，安装在门扇或抽屉活动部分。安装时应保证在房门关闭、抽屉推入时两部分对齐，离开距离不大于 5mm。用做防盗报警传感器时，应选常开型开关，房门关闭时，磁铁磁场使触点吸合，打开房门时触点断开。

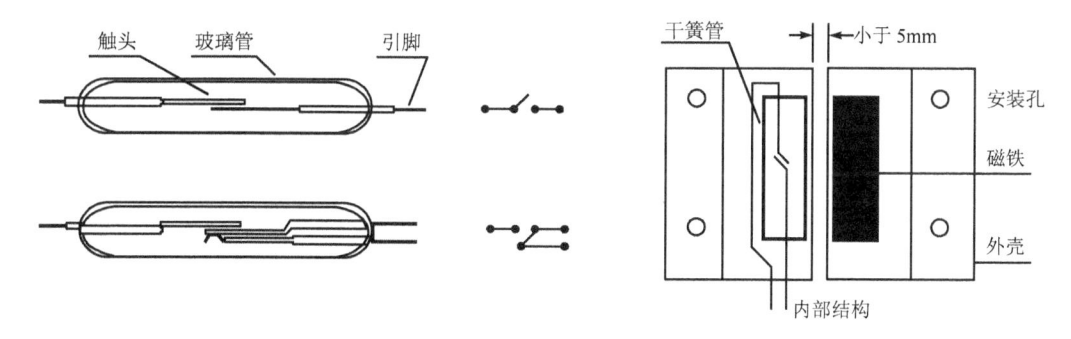

图 5.60　干簧管及门磁开关结构

2）热释电红外传感器：热释电红外传感器是 80 年代发展起来的一种新型高灵敏度探测元件，后来被广泛应用在安全防范领域。

a．热释电红外传感器的结构及工作原理

热释电红外传感器的外形及内部结构如图 5.61（a）所示，热释电红外传感器由敏感元件、场效应管、滤光片组成。敏感元件用一种高热电系数的材料（如锆钛酸铅、碳酸锂）制成尺寸为 2mm×1mm 的探测元件，在探测器内装入两个探测元件，并将两个探测元件以反极性串联，以抑制自身温度变化而形成的干扰，而将探测到的人体红外辐射信号转变成微弱的电压信号。

场效应管构成源极跟随器，将敏感元件输出的微弱电压信号进行放大、阻抗变换后从源极输出。高值电阻 Rg 用来释放栅极电荷，使场效应管正常工作。

滤光片装在传感器顶端，可通过的光波长范围为 7~10μm，正好符合人体红外辐射范围，可有效地滤除电灯、太阳光等干扰。

为了提高探测灵敏度，在探测器前面加装一菲涅尔透镜，它实际上是一个透镜组，它的每一个单元透镜都只有一个不大的视场角，而相邻的两个单元透镜的视场既不连续，也不重叠，存在一个盲区。这样，在探测器前方便产生一个交替变化的"盲区"和"高灵敏区"，当人在该监视范围内运动时，人体红外辐射不断地从"盲区"进入"高灵敏区"，这样就使敏感元件接收到忽强忽弱的脉冲信号，经场效应管放大后，可将信号提高 70dB 以上，能检测出 10~20m 范围内人的行动。菲涅尔透镜如图 5.61（b）所示。

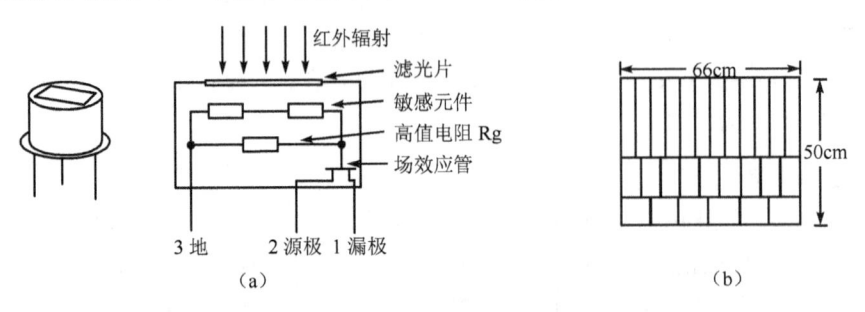

图 5.61 热释电红外传感器的外形、内部结构及菲涅尔透镜

b. 热释电红外探测器

热释红外探测器输出的信号频率极低（约 0.1~10Hz），电压幅度很小（小于 1mV）在实际使用中为了达到满意的控制要求，专业厂家将放大器和信号处理及延时部分制成专用集成电路。下面要介绍的 SNS9201 是一种 CMOS 数模混合热释电红外信号处理电路。

SNS9201 的内部原理框图见图 5.62，下面介绍 SNS9201 的工作过程。

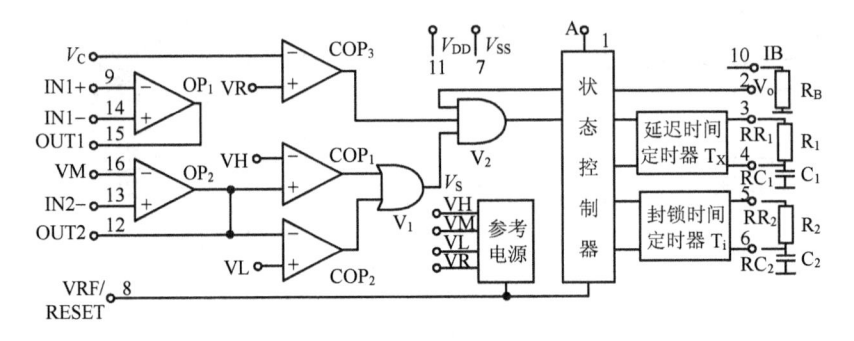

图 5.62 SNS9201 的内部原理框图

人体红外传感信号首先进入由运放 OP_1、OP_2 组成的两级放大器。OP_1、OP_2 为可编程高阻抗运放，由 R_B 编程电阻设置运放输入偏置电流。OP_1、OP_2 中间需插入低通滤波器，将 10Hz 以上的高频干扰信号滤除掉。

电压比较器 COP_1、COP_2 组成双向窗口鉴幅器，窗口上限 $V_H=0.7V_{DD}$，窗口下限 $V_L=0.3V_{DD}$。当 $V_{DD}=5V$ 时。可有效抑制±1V 以内的噪声干扰，提高系统的可靠性。V_1 为信号输入或门，COP_1 或 COP_2 有一个翻转输出高电平，即可使 V_1 输出高电平触发信号 V_S。

COP_3 是电压比较器，当输入电压 $V_C<V_R(=0.2V_{DD})$ 时，COP_3 输出为低电平，使与门 V_2 无法翻转；当 $V_C>V_R$ 时，COP_3 输出为高电平，打开与门 V_2，V_S 能触发后级电路。

V_S 的上跳沿将启动延迟时间定时器,并使 V_0 端输出为高电平,进入延时周期 T_X,T_X 时间结束时,V_0 下跳回低电平,同时启动封锁时间定时器进入封锁周期 T_i,在 T_i 周期结束时,整个电路又进入待触发状态。延迟时间定时器的设置是为了有足够的时间去稳定地控制负载,如使灯、报警讯响器工作一定时间后自动关闭。封锁时间定时器的设置是为了抑制负载切换过程中产生的各种干扰,避免系统造成误触发。这两个时间的最佳取值在具体应用中由实验确定。

使用时可将热释电红外探测器的输出接至 SNS9201 的运放 OP_1,作为传感器的前置放大,由 OP_2 构成双向鉴幅器处理电路,检出有效触发信号去启动延迟时间定时器。控制信号由 2 脚输出,后边可通过一个晶体管推动继电器动作。他能自动开启各类白炽灯、荧光灯、讯响器、自动门、电风扇、烘干机、电暖气、电磁阀水龙头、摄像机等装置。

(5)电路工作过程

工作过程如下,断路式传感器 S_2 一旦被触发,单片机 P_3 检测到高电平信号,经过适当延时后,摘机并控制发号电路发第一组号码,话路接通且对方摘机后,控制录放音电路向通话电路播放语音报警信息 30s,然后发第 2 组号码。若发号后遇到对方占线,出现忙音,可跳过放音过程,迅速转发后面一组号码,依次循环,直到准确无误地将警情传给对方,即完成语音报警全过程。程序中第一个延迟时间设计为 25s,是为住宅主人进门后留有 25s 的时间关断报警器电源,以免产生误报。从发号到检测判断的延迟时间为 1.8s,此时间是按 8 位电话号码的快速发号时间确定的。双音频电话的单频持续时间为 120ms,位间隔为 108ms,8 位号码的持续时间为:120×8+108×7=1.716s。取 1.8s,可保证单片机判断时发号已结束,以免造成判断错误。程序框图如图 5.63 所示。

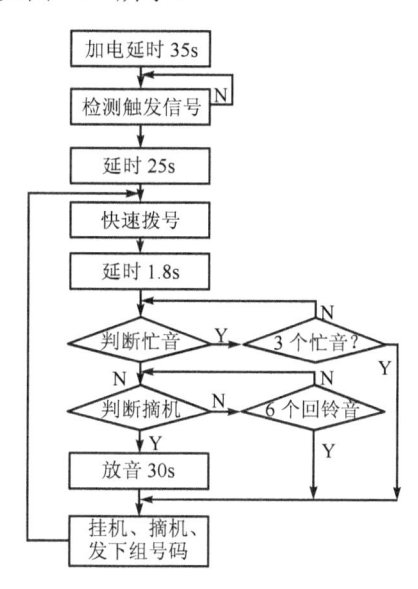

图 5.63 程序框图

3. 电路调试

1)整个控制电路组装在一个 13cm×5cm 的印制电路板上,电源使用 4 节 5 号碱性电池。将组装好的电路板安装在成品电话机内(多数电话机具有富裕空间)。通过插头与原电话机相应点连接,其中光耦器 IC_6、IC_7、IC_8 的三对输出分别与双音频拨号集成电路的 M_1、M_2、M_3

相连（M_1、M_2、M_3 为三个存储拨号键，可从机壳外按键直接对应的电路板上的相应接点），IC_1 的输出接免提键，也可用上面方法找到，IC_2 的 3 脚通过 C_1 接极性变换电路的输出（在电路板上找到桥式二极管电路，两个负端连在一起的即为输出点），放音电路的输出接至通话电路输入端（可通过电容话筒找到）。

2）触发开关 S_2 的选择与安装。S_2 可以是门磁开关、热释红外传感器、微波传感器、烟雾传感器或其他有害气体泄漏传感器。

3）调试电路时先将编制好的程序通过计算机输入到单片机，将与电话机连接的引线分别接到双音频电话的相应位置，接通电源。打开录音开关并录制语音报警内容。在双音频电话机上存储三组电话号码。

4）信号检测电路的调试。在摘机状态用三用表直流电压挡测量 IC_2 的 8 脚应为低电平，若为高电平可调整电位器 RP。

整机调试。断开触发开关记录延迟时间并观察发号和检测过程，若遇对方占线，应在收到三个忙音后转发下组号码，若接通后无人摘机，应在六个回铃音后转发下组号码。若遇到检测失常，通常先检查信号检测电路 LM567 的工作状态。

练习题：

1. 在图 5.2 晶体管串联稳压电源电路中，若输出电压可调范围不对称，高电压范围大，低电压范围小，应如何调整？
2. 在图 5.2 晶体管串联稳压电源电路中，若要减小纹波，应采取哪些措施？
3. 在图 5.7 音频功率放大电路中，C_9、C_{10} 的作用是什么？
4. 在图 5.9 无线调频话筒电路中，若发现传输距离变短，试分析可能出现故障的元件。
5. 数字万用表与模拟万用表在使用上有何区别？
6. 试归纳 ICL8038 与 MAX038 函数信号发生器集成电路的异同点，如何用它们制作信号源？
7. 试归纳红外遥控电路与无线遥控电路的异同点。
8. 收音机 AGC 电路滤波电容与检波电路滤波电容有何区别？为什么？
9. 在超外差式收音机中为什么要设置中频放大器？
10. 检波电路工作点为什么要设置在非线性区？
11. 乙类推挽功率放大器和甲类功率放大器相比，哪一种失真小？为什么？
12. 在图 5.57 电话自动报警器电路中，试画出 LM567 的 3 脚（解调输入）和 8 脚（解调输出）在忙音状态下的波形。

注：为配合本教材的电子制作练习，http://www.dzzzuo.cn 网站提供上述实用电路成套元件和调试资料。

附录 A 试 题

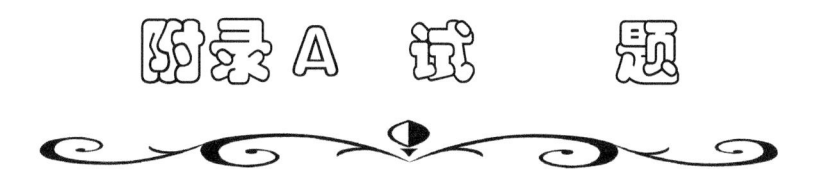

无线电装接工（中级）试题—1

（知识试题）

题号	一	二	三	四	五	总分
总分						

得 分	
阅卷人	

一、判断题（每题 1 分，共 20 分。正确的在括号内打"√"，错误的打"×"）

1．自动增益控制电路的作用是当输入信号强度在一定范围内变化时，输出信号的幅度基本不变。（   ）
2．射极输出器能抑制零点漂移。（   ）
3．编码和译码电路是时序逻辑电路。（   ）
4．功率因数是有功功率与无功功率之比。（   ）
5．利用负反馈，不仅可以稳定放大器的工作点，而且可以稳定放大器的增益。（   ）
6．在三极管放大电路中，三极管的引脚 e 和 c 对调后，电路将处于饱和状态。（   ）
7．温度变化是造成放大器的静态工作点不稳定的主要因素。（   ）
8．"MOS"电路的"与非"门输入端不用时可以悬空。（   ）
9．OCL 电路是指既无输出耦合变压器，也无输出耦合电容的功率放大电路。（   ）
10．在印制电路板上焊接元件时，通常先焊较高的元件后焊较低的元件。（   ）
11．高频信号发生器通常能输出调幅波。（   ）
12．频率特性测试仪是扫描信号发生器和示波器的组合。（   ）
13．导线同接线端子焊接有三种基本形式：绕焊、钩焊、搭焊。其中绕焊的可靠性最好。（   ）
14．用毫伏表测量电路中某点信号电压时，应先连接信号线，再接底线。（   ）
15．OTL 电路就是输出耦合变压器的功率放大器。（   ）
16．荧光数码管是一种指形金属外壳的电子管。（   ）
17．D/A 转换器可以将输入的二进制数字信号转换成模拟信号，并以电压或电流的形式输出。（   ）
18．模拟万用表欧姆挡较准确的读数范围是 0.1~10 倍欧姆中心值。（   ）
19．万用表的电压量程越大，表内阻越小。（   ）
20．示波器的带宽越宽，能测量的信号频率越高。（   ）

二、选择题（每题1分，共15分。请将正确答案填入空格）。

1. 示波管电子束聚焦是依靠_____完成的。
   A．非均匀电场　　　　　　　　B．均匀电场
   C．非均匀磁场　　　　　　　　D．均匀磁场

2. 在收音机电路中，比较 AGC 电路滤波电容与检波电路滤波电容，其特点是：_____。
   A．AGC 电路滤波电容比检波电路滤波电容大
   B．AGC 电路滤波电容比检波电路滤波电容小
   C．两个电容大小相当

3. 一色环电阻的四个环依次为黄、紫、红，其阻值为_____。
   A．$47\Omega\pm10\%$　　　　　　　　B．$4.7k\Omega\pm5\%$
   C．$4.7k\Omega\pm20\%$　　　　　　　D．$47\times10^2\Omega\pm10\%$

4. 焊料对焊体的润湿角 θ 为_____。
   A．$>90°$　　　　B．$90°$　　　　C．$<90°$

5. 用一只伏特表测量一只接在电路中的稳压二极管（2cw13）的电压，读数只有0.7V，这种情况表明该稳压二极管_____。
   A．工作正常　　　B．接反　　　C．处于击穿状态

6. 整流电路加了滤波电容后，输出电压将_____。
   A．上升　　　　B．下降　　　　C．不变

7. 仪表的准确度等级用_____来表示。
   A．绝对误差　　B．相对误差　　C．系统误差　　D．最大引用误差

8. 焊接印制电路板时，烙铁头温度应在_____左右。
   A．450℃　　　B．300℃　　　C．250℃　　　D．100℃

9. 元器件引线成型，引线折弯处距离根部至少要有_____。
   A．2cm　　　　B．2mm　　　　C．5mm　　　　D．5cm

10. 乙类推挽功率放大器和甲类功率放大器相比，有如下特点：_____。
    A．乙类推挽功率放大器失真小，甲类功率放大器失真大；
    B．乙类推挽功率放大器失真大，甲类功率放大器失真小；
    C．两种功率放大器失真都很大。

11. 双稳态触发器原来处于"1"态，若使其翻转为"0"态，应采用的触发方式是_____。
    A．计数触发　　　B．单边触发　　　C．单边触发和计数触发

12. 将 MOS 集成电路存放在金属屏蔽盒内，是防止外界电场将_____击穿。
    A．栅极　　　　B．源极　　　　C．漏极

13. 如图1所示电路中，U_a 为一矩形波。当 A 点电位为零伏时，F 点的输出为_____，A 点电位为+12V 时，F 点输出为_____。
    A．正脉冲　　　　B．负脉冲　　　　C．矩形波
    D．正负尖脉冲　　E．0

14. 模拟式电子电压表与万用表交流挡比较，其特点是_____。
    A．模拟式电子电压表灵敏度高，上限频率低；

B．模拟式电子电压表灵敏度低，上限频率高；
C．模拟式电子电压表灵敏度高，上限频率高；

15．收音机检波电路工作点要设置在_____。
A．非线性区　　　　　B．线性区　　　　　C．击穿区

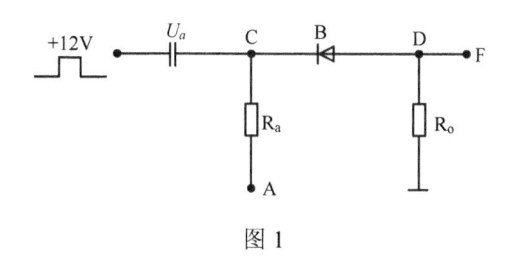

图1

三、填充题（每格1分，共25分）

1．元件经过浸锡后，其浸锡层要求达到_____、_____、_____、_____。

2．晶体管的焊接时间不超过_____，而集成电路每个焊接点的焊接时间不超过_____。

3．对焊点的质量要求是_____、_____、_____、和_____。

4．屏蔽可分为_____、_____和_____。

5．串联稳压电路应包括五个环节_____、_____、_____、_____、_____。

6．一般来说，电容器两端的电压不能_____。RC电路暂态过程所需的时间，通常是认为时间常数的_____倍。

7．单项桥式整流的输出波形与_____整流的输出波形一样，但每只二极管承受的最大反向电压只是它的_____。

8．稳压二极管工作在_____区域，二极管工作在_____区域，单结晶体管工作在_____区域。

四、作图题和计算题（共20分）

1．某晶体管收音机的输出阻抗为200Ω，现需要阻抗为8Ω的扬声器，而输出变压器的原边为200匝，为了使扬声器获得最大功率，求匹配时变压器次级的匝数？（4分）

2．图2所示电路中，已知 $R_1=10Ω$，$R_2=20Ω$，$E_1=10V$，$E_2=20V$，$I_s=1A$，求经过 R_2 的电流 I？（4分）

3．画出超外差式调幅收音机的方框图，并简述工作原理？（8分）

4．二进制数与十进制数互换算。（2分）
(1) $(110101)_2 = ($　　　　$)_{10}$
(2) $(27)_{10} = ($　　　　$)_2$

5．画出下图3所示电路的阻抗频率特性图。（2分）

图 2

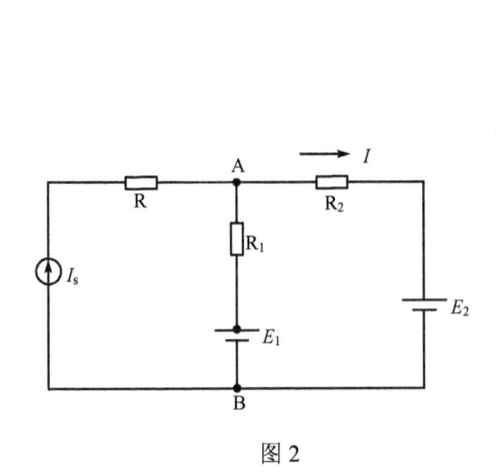

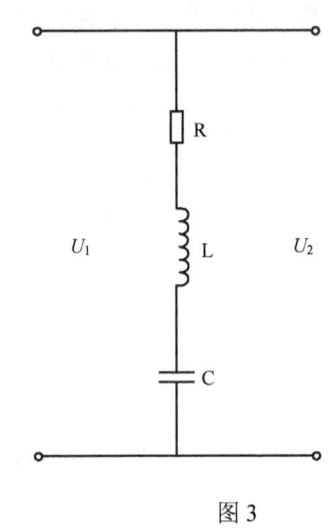

图 3

五、问答题（共 20 分）

1. 简述无线电整机的安装原则和基本要求。（5 分）

2. 通用示波器 Y 通道为什么要设置延迟线？它起什么作用？内触发信号是在延迟线前还是延迟线后引出？（4 分）

3. 简述助焊剂的作用及基本要求？（4 分）

4. 对图 4 所示的 3~6V，200mA 稳压电源电路进行分析。（7 分）

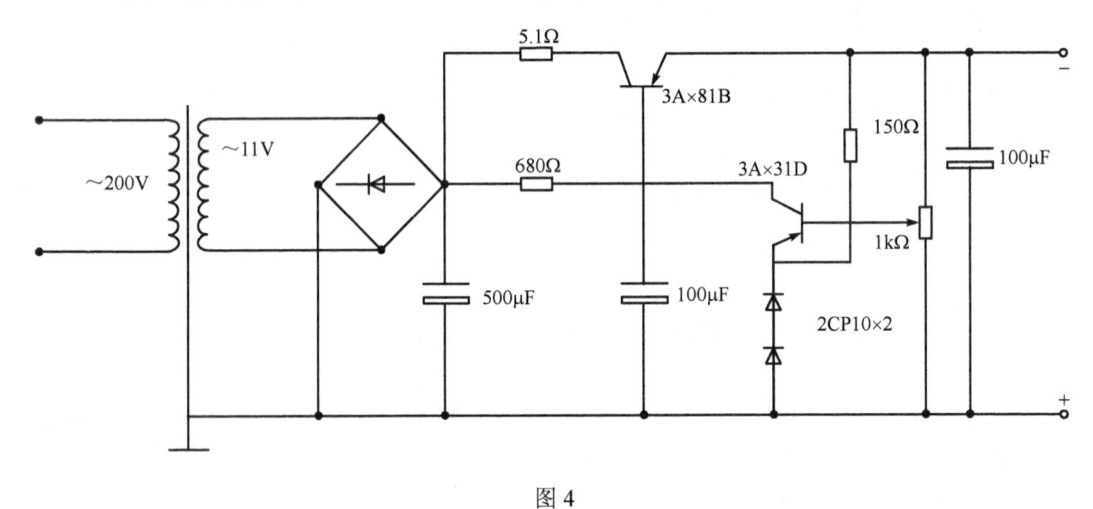

图 4

无线电装接工（中级）试题—I（知识试题）标准答案

一、判断题

1.（√）　2.（×）　3.（×）　4.（×）　5.（√）
6.（×）　7.（√）　8.（×）　9.（√）　10.（×）
11.（√）　12.（√）　13.（√）　14.（×）　15.（×）

16.（√） 17.（√） 18.（√） 19.（×） 20.（√）

二、选择题

1.（A） 2.（A） 3.（C） 4.（C） 5.（B）
6.（A） 7.（D） 8.（B） 9.（B） 10.（B）
11.（B） 12.（A） 13.（B、E） 14.（C） 15.（A）

三、填充题

1. 牢固均匀、表面光滑、无孔状、无锡瘤
2. 5~10s、4s
3. 可靠电连接、足够机械强度、光洁整齐外观、湿润角小于90°
4. 电屏蔽、磁屏蔽、电磁屏蔽
5. 整流滤波、取样、基准、放大、调整
6. 突变、4~5
7. 全波、一半
8. 反向击穿、正向导通、负阻区

四、作图题和计算题

1. 解：$\because k^2 = E_i/E_c = 25 \quad \therefore k=5$
    $\because k = N_1/N_2 \quad \therefore N_2 = N_1/K = 200/5 = 40$ 匝

2. 解：（1）图2上标定各支路电流方向
    （2）用节点A，由克氏定律
    $I_1 + I_S = I$
    $E_1 - E_2 = I_1 R_1 - I R_2$
    $I_1 + 1 = I$
    $10 - 20 = 10 I_1 - 20 I$ $\qquad I = 0$

3. 超外差式调幅收音机的方框图如图5所示。

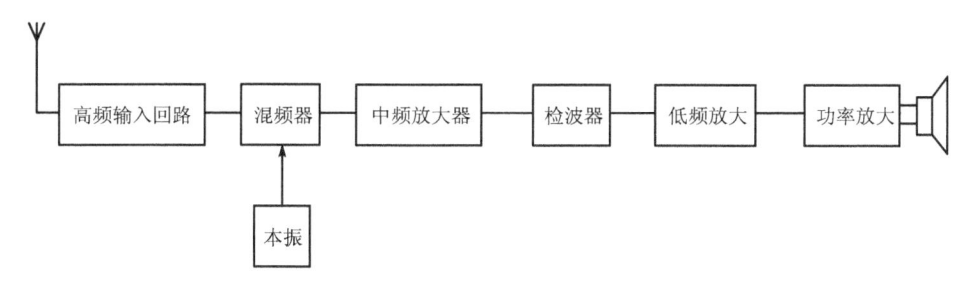

图5

天线接收高频调幅信号经高频输入选择送入混频，本机振荡产生比欲接收信号频率高405kHz等幅振荡信号送入混频，非线性进行混频利用放大器产生载波为465kHz的中频调幅信号，经中频放大送入检波器；将中频调幅信号中的音频信号取出来，经低放功放送入扬声器，发出声音。

4. （1）$(110101)_2 = (2^5 + 2^4 + 0 \times 2^3 + 2^2 + 0 \times 2^1 + 2^0)_{10} = (53)_{10}$
   （2）$(27)_{10} = (11011)_2$

阻抗频率特性图如图 6 所示。

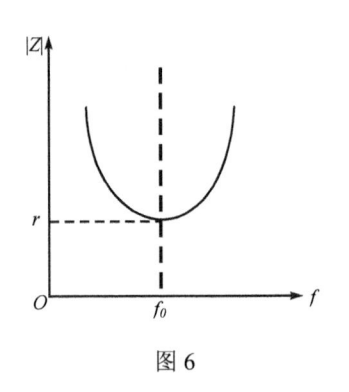

五、问答题

1．答：安装原则：先轻后重、先铆后装、先里后外、先低后高，上道工序不得影响下道工序的安装。

基本要求：牢固可靠，不损伤元件，避免碰坏机箱及元器件的涂敷层，不破坏元器件的绝缘功能，安装体的方向、位置要正确。

2．答：目的是为了能观察到信号的前沿。在内触发状态从 Y 通道取出信号形成扫描电路同步脉冲，到扫描产生有一定延迟。为补偿这种延迟，需将送到 Y 偏转系统的信号也延迟一定时间，保证扫描开始后信号送入，信号前沿正常显示。

内触发信号应取自延迟线前面。

3．答：作用：除去氧化膜，防止氧化，减小表面张力使焊点美观。

要求：① 熔点应低于焊料。
② 表面张力、黏度、比重应小于焊料。
③ 残渣应容易清洗。
④ 不能腐蚀材料。
⑤ 不能产生有害气体和臭味。

4．答：输出电压 3~6V，输出电流 200mA。四个 2cp10 组成桥式整流输出 12V 直流电压。（2 分）

3A×81B 为调整管。5.1Ω 电阻用以保护调整管。（2 分）

3A×31D 为比较放大管。（1 分）

1kΩ 电位器为取样电路调节输出电压。（1 分）

2cp10 两支串联代替稳压管以取得基准电压。（1 分）

无线电装接工（中级）试题—Ⅱ

（技能试题）

试题名称：焊接和调试晶体管超外差式收音机

一、考核内容：

1．测试各元器件，判断质量好坏。
2．电路焊接工艺及焊接质量。
3．调试电路

要求频率范围：535~1605kHz。灵敏度：<1.0mV/m。

选择性：>20dB。电源消耗：零讯时约 9mA，最大输出时约 80mA。

二、试题说明：

1．发放印制电路板和电路原理图。

2. 发放元器件一套，未操作前不允许测试和成型处理。
3. 自带万用表及常用工具。

三、考核时间：180 分钟。

注：正式考试前 15 分钟检查元器件。不算考核时间。

评分标准与记分表

姓名：　　　　考号：　　　工位号：　　　单位：

项目	考核内容	考核要求	配分	评分标准	扣分	得分	备注
1	元器件测试	会用万用表检测元件	5	不会测试扣 5 分			
2	焊接工艺 焊接质量	1. 焊接步骤和手工艺规范 2. 外观整齐清洁，元件排列合理 3. 焊点质量达到要求 4. 元件成型与定位高度合理	40	1. 元件分布高低不一，整体乱，扣 5~10 分 2. 焊点粗糙、拉尖、夹杂，每处扣 2 分 3. 整体焊点太差，扣 10~15 分 4. 出现虚焊漏焊错焊，每处扣 10 分 5. 损坏元器件，每只扣 5 分			
3	调试电路 收音性能	1. 频率范围正确 2. 能接收 3~5 台 3. 音质好 噪声小 无自激 4. 选择性灵敏度好	45	1. 频率范围偏差较大，扣 5~10 分 2. 噪声大，自激，扣 5~10 分 3. 选择性较差，扣 5~10 分 4. 收不到台，有噪声工作点正常，扣 10 分 5. 完全收不到台，扣 20~40 分			
4	安全文明操作	遵守操作规程	10	违反规程扣 10 分			
5	操作时间	180 分钟		超时每分钟扣 0.5 分，允许超时 15 分钟			
评委		监考		主考	总分		

反侵权盗版声明

电子工业出版社依法对本作品享有专有出版权。任何未经权利人书面许可，复制、销售或通过信息网络传播本作品的行为；歪曲、篡改、剽窃本作品的行为，均违反《中华人民共和国著作权法》，其行为人应承担相应的民事责任和行政责任，构成犯罪的，将被依法追究刑事责任。

为了维护市场秩序，保护权利人的合法权益，我社将依法查处和打击侵权盗版的单位和个人。欢迎社会各界人士积极举报侵权盗版行为，本社将奖励举报有功人员，并保证举报人的信息不被泄露。

举报电话：（010）88254396；（010）88258888
传　　真：（010）88254397
E-mail：dbqq@phei.com.cn
通信地址：北京市万寿路173信箱
　　　　　电子工业出版社总编办公室
邮　　编：100036